普通高等院校机电工程类规划教材

计算机辅助设计制造实训指导

谢黎明　沈浩　靳岚　主编

清华大学出版社
北京

内 容 简 介

本书为工程训练教材。全书内容广泛,包括数控加工工艺基础(包括数控车削、数控铣削及线切割等)和加工程序编制等方面的理论知识、计算机技术辅助工艺设计(XACA 工艺图表)以及数控车、铣床的结构特点及操作加工方法。

本书为高等学校机械类现代工程技术训练教材,也可作为近机械类或非机械类实践教学教材。

版权所有,侵权必究。举报: 010-62782989,beiqinquan@tup.tsinghua.edu.cn。

图书在版编目(CIP)数据

计算机辅助设计制造实训指导/谢黎明,沈浩,靳岚主编. --北京:清华大学出版社,2011.12(2024.1重印)
(普通高等院校机电工程类规划教材)
ISBN 978-7-302-27174-1

Ⅰ. ①计… Ⅱ. ①谢… ②沈… ③靳… Ⅲ. ①机械制造工艺-计算机辅助设计-高等学校-教学参考资料 Ⅳ. ①TH162

中国版本图书馆 CIP 数据核字(2011)第 217418 号

责任编辑:庄红权
责任校对:赵丽敏
责任印制:沈　露

出版发行:清华大学出版社
网　　址:https://www.tup.com.cn,https://www.wqxuetang.com
地　　址:北京清华大学学研大厦 A 座　　邮　编:100084
社 总 机:010-83470000　　邮　购:010-62786544
投稿与读者服务:010-62776969,c-service@tup.tsinghua.edu.cn
质量反馈:010-62772015,zhiliang@tup.tsinghua.edu.cn
印 装 者:三河市人民印务有限公司
经　　销:全国新华书店
开　　本:185mm×260mm　　印　张:22.25　　字　数:508 千字
版　　次:2011 年 12 月第 1 版　　印　次:2024 年 1 月第 8 次印刷
定　　价:65.00 元

产品编号:044452-04

前 言

21世纪之初,中国工程院的调查报告指出:中国的制造业直接创造国民生产总值的约1/3,占整个工业生产的4/5左右,为国家财政提供1/3以上的收入,贡献出口总额的90%。处于工业中心地位的制造业,特别是装备制造业是国民经济持续发展的基础,是工业现代化建设的发动机和动力源,是技术进步的主要舞台,是国家安全的重要保障,是国际竞争中取胜的法宝。只有用先进的制造技术不断地改造和提升各产业部门的装备和生产运行水平,发展现代文明的物质基础,才能实现对环境友好的可持续发展。

20世纪以来,数控加工技术已经成为金属切削加工技术的重要发展方向之一。航天航空、汽车船舶、模具制造及高精仪器等对数控切削加工的高需求,推动着数控技术的迅猛发展及广泛应用。

数字化设计制造的根本是数控技术,数控技术是现代制造业实现自动化、柔性化、集成化生产的基础,离开了数控技术,先进制造技术就成了无本之木。数控技术的广泛应用给机械制造业的生产方式、管理模式带来深刻的变化,其关联效益和辐射能力更是难以估计。数控技术及数控装备已成为关系国家战略地位和体现国家综合国力水平的重要基础性产业,其水平高低是衡量一个国家制造业现代化程度的核心标志,实现制造装备及生产过程数字化,已经成为当今制造业的发展方向。

我国数控技术及产业虽然在改革开放以来取得了显著的成就,但是与发达国家相比仍然有较大的差距,其原因是多方面的,但最重要的是数控人才的匮乏。目前,随着数控技术在我国的普及和发展,国内数控机床用量的剧增,迫切需要培养大量高素质、能力强的数控人才。为此,在本书编写过程中,作者从高等教育的实际出发,以培养应用型人才为目的,在理论上以"必需、够用"为度,加强实践的针对性和技术的实用性,以数控机床的结构、数控加工工艺及数控编程为主要内容,培养学生的动手能力和创新意识。

本书作为高等工科院校的实训教材,力求反映数控技术、数控加工工艺、数控编程和数控机床的基本知识,并兼顾到理论联系实际,层次合理,叙述简练,便于实训教学。

本书编写时参阅了很多院校和企业的教材、资料和文献,部分来源于网络,并得到很多专家和同事的支持和帮助,在此谨致谢意!在本书的出版过程中,得到了兰州理工大学技术工程学院等单位的大力支持,在此表示诚挚的感谢!

由于编写时间仓促和水平、经验所限,书中难免存在缺点和不当之处,敬请广大读者批评指正。

编 者

2011.10

目 录

第1章 数字化设计制造技术概论 ·············· 1

- 1.1 数字化设计技术 ·············· 1
- 1.2 数字化制造技术 ·············· 3
- 1.3 数字化设计制造技术的主要内容 ·············· 4
- 1.4 数字化制造技术的未来发展方向 ·············· 8

第2章 数控加工程序编制基础 ·············· 9

- 2.1 数控编程的基本概念 ·············· 9
  - 2.1.1 数控加工工作过程 ·············· 9
  - 2.1.2 数控程序编制的定义 ·············· 10
  - 2.1.3 数控程序的编制方法 ·············· 10
  - 2.1.4 数控加工常用术语 ·············· 13
- 2.2 数控加工程序的程序段结构和常用编程指令 ·············· 15
  - 2.2.1 数控加工程序的程序段结构 ·············· 15
  - 2.2.2 常用编程指令 ·············· 18
- 2.3 数控程序编制的内容及步骤 ·············· 24
  - 2.3.1 加工工艺决策 ·············· 24
  - 2.3.2 刀位轨迹计算 ·············· 25
  - 2.3.3 编制或生成加工程序清单 ·············· 26
  - 2.3.4 程序输入 ·············· 26
  - 2.3.5 数控加工程序正确性校验 ·············· 26
- 2.4 编程实例 ·············· 26
- 2.5 数控加工过程仿真 ·············· 27

第3章 计算机辅助工艺设计 ·············· 29

- 3.1 CAXA工艺图表简介 ·············· 29
  - 3.1.1 系统特点 ·············· 29
  - 3.1.2 CAXA工艺图表的运行 ·············· 30
  - 3.1.3 系统界面（图形与工艺） ·············· 30
  - 3.1.4 常用术语释义 ·············· 32
  - 3.1.5 文件类型说明 ·············· 33
  - 3.1.6 常用键盘与鼠标操作 ·············· 33

3.2 工艺模板定制 34
　　3.2.1 工艺模板概述 34
　　3.2.2 绘制卡片模板 35
　　3.2.3 定制工艺卡片模板 38
　　3.2.4 定制工艺规程模板 47
3.3 工艺卡片填写 50
　　3.3.1 新建与打开工艺文件 50
　　3.3.2 单元格填写 51
　　3.3.3 行记录的操作 62
　　3.3.4 自动生成工序号 65
　　3.3.5 卡片树操作 66
　　3.3.6 卡片间关联填写设置 71
　　3.3.7 与其他软件的交互使用 72
　　3.3.8 取消/重复 75
3.4 工艺附图的绘制 75
　　3.4.1 利用电子图板绘图工具绘制工艺附图 75
　　3.4.2 向卡片中添加已有的图形文件 78
3.5 高级应用功能 83
　　3.5.1 卡片借用 83
　　3.5.2 规程模板管理与更新 86
　　3.5.3 统计功能及统计卡片的制作 88
　　3.5.4 工艺规程检索 93
　　3.5.5 基于网络的配置 94
3.6 打印 95
　　3.6.1 绘图输出 95
　　3.6.2 批量打印 98
　　3.6.3 打印排版 99
3.7 知识库管理 100
　　3.7.1 数据库常用操作 100
　　3.7.2 系统知识库 101
　　3.7.3 自定义知识库 102
3.8 实例 104

第4章 数控车削加工 108

4.1 数控车工艺分析 108
　　4.1.1 数控车削加工工件的装夹及对刀 108
　　4.1.2 数控车削加工工艺制定 115
　　4.1.3 零件图形的数学处理及编程尺寸设定值的确定 117

         4.1.4 数控车削加工工艺路线的拟定 ························· 120
         4.1.5 数控车削加工工序的设计 ····························· 126
    4.2 数控车削的自动编程 ··· 129
         4.2.1 CAXA 数控车用户界面及主要功能 ··············· 130
         4.2.2 CAXA 数控车界面说明 ································ 131
         4.2.3 CAXA 数控车基本操作 ································ 132
    4.3 CAXA 数控车加工的主要内容 ······························· 136
         4.3.1 常用术语 ·· 137
         4.3.2 刀具库管理 ··· 139
         4.3.3 主要加工方法 ··· 143

第 5 章 数控铣削加工 ·· 168
    5.1 数控铣床加工工艺基础 ··· 168
         5.1.1 选择并确定数控铣削加工部位及工序内容 ········ 168
         5.1.2 零件图样的工艺性分析 ································· 169
         5.1.3 保证基准统一的原则 ····································· 171
         5.1.4 分析零件的变形情况 ····································· 171
         5.1.5 零件的加工路线 ·· 173
         5.1.6 数控铣削加工顺序的安排 ······························ 174
         5.1.7 常用铣削用量的选择 ····································· 175
         5.1.8 模具数控加工工艺分析举例 ·························· 178
    5.2 CAXA 制造工程师简介及运行环境说明 ················· 179
         5.2.1 CAXA 制造工程师窗口界面 ······················· 180
         5.2.2 常用键含义 ··· 182
         5.2.3 文件的读入 ··· 183
         5.2.4 零件的显示 ··· 184
         5.2.5 曲线的绘制 ··· 186
         5.2.6 曲线的编辑 ··· 187
         5.2.7 几何变换——平移 ·· 188
    5.3 CAXA 制造工程师 CAM 系统 ································ 189
         5.3.1 CAXA 制造工程师 CAM 系统自动编程的基本步骤 ············· 190
         5.3.2 CAXA 制造工程师 CAM 系统的相关操作及设定 ············· 190
         5.3.3 粗加工方法 ··· 204
         5.3.4 精加工方法 ··· 208
         5.3.5 后置处理 ·· 216
    5.4 CAXA 制造工程师编程实例 ···································· 224
         5.4.1 五角星的造型与加工 ····································· 224
         5.4.2 鼠标的曲面造型与加工 ································· 236

5.4.3　凸轮的造型与加工 ……………………………………………………… 243

第6章　数控线切割加工工艺及编程 …………………………………………………… 254
6.1　数控线切割加工概述 ………………………………………………………… 254
6.2　数控线切割加工的主要工艺指标及影响因素 ……………………………… 256
　　　6.2.1　数控线切割加工的主要工艺指标 ……………………………………… 256
　　　6.2.2　影响数控线切割加工工艺指标的主要因素 …………………………… 257
6.3　数控线切割加工工艺分析 …………………………………………………… 259
　　　6.3.1　零件图工艺分析 ………………………………………………………… 259
　　　6.3.2　工艺准备 ………………………………………………………………… 261
　　　6.3.3　工件的装夹和位置校正 ………………………………………………… 264
　　　6.3.4　加工参数的选择 ………………………………………………………… 268
6.4　数控电火花线切割编程方法 ………………………………………………… 270
　　　6.4.1　3B格式编程（无间隙补偿程序）……………………………………… 270
　　　6.4.2　4B格式编程（有间隙补偿程序）……………………………………… 272
　　　6.4.3　ISO格式编程 …………………………………………………………… 272
6.5　线切割加工基本操作 ………………………………………………………… 274

第7章　数控车床操作实训 ……………………………………………………………… 277
7.1　数控车床简介 ………………………………………………………………… 277
7.2　数控车床的主要加工对象 …………………………………………………… 280
7.3　数控车床的安全使用常识 …………………………………………………… 281
7.4　CAK63系列数控车床简介 …………………………………………………… 282
7.5　数控车床控制面板（FANUC Oi系统）简介 ……………………………… 284
　　　7.5.1　CAK63数控系统操作面板 ……………………………………………… 284
　　　7.5.2　数控车床操作面板 ……………………………………………………… 287
7.6　FANUC Oi系统常用功能界面 ……………………………………………… 290
7.7　FANUC Oi系统加工程序的编辑 …………………………………………… 294
7.8　FANUC Oi系统车床常用代码 ……………………………………………… 296
7.9　FANUC Oi系统设置工件零点的几种方法 ………………………………… 297
7.10　数控车床的操作 …………………………………………………………… 298

第8章　数控铣床操作实训 ……………………………………………………………… 304
8.1　数控铣床简介 ………………………………………………………………… 304
　　　8.1.1　数控铣床的分类 ………………………………………………………… 304
　　　8.1.2　数控铣床的主要结构 …………………………………………………… 305
　　　8.1.3　数控铣床的主要加工对象 ……………………………………………… 308
　　　8.1.4　数控铣床的控制功能 …………………………………………………… 309

  8.2 数控铣床的基本操作 ………………………………………………………… 311
    8.2.1 XK714 数控铣床介绍 ……………………………………………………… 311
    8.2.2 XK714 数控铣床基本操作 ………………………………………………… 312

第 9 章 实训项目 ……………………………………………………………………… 319

  9.1 实训目的和要求 ……………………………………………………………… 319
  9.2 实训内容和步骤 ……………………………………………………………… 319
  9.3 进度安排与成绩考核 ………………………………………………………… 321
  9.4 实训过程中的注意事项 ……………………………………………………… 322
  9.5 减速箱部件的数控加工实例 ………………………………………………… 323
  9.6 二维文字加工实训 …………………………………………………………… 330
  9.7 二维外轮廓加工实训 ………………………………………………………… 331
  9.8 二维内型腔加工实训 ………………………………………………………… 332
  9.9 孔及外轮廓加工实训 ………………………………………………………… 333
  9.10 子程序应用实训 …………………………………………………………… 334
  9.11 数控铣削综合训练 ………………………………………………………… 335

附录 数控加工实训报告 ……………………………………………………………… 337

参考文献 ………………………………………………………………………………… 344

第1章 数字化设计制造技术概论

数字化设计与制造技术是指利用计算机软硬件及网络环境,实现产品开发全过程的一种技术,即在网络和计算机辅助下通过产品数据模型,全面模拟产品的设计、分析、装配、制造等过程。数字化设计与制造不仅贯穿于企业生产的全过程,而且涉及企业的设备布置、物流物料、生产计划、成本分析等多个方面。数字化设计与制造技术的应用可以大大提高企业的产品开发能力、缩短产品研制周期、降低开发成本、实现最佳设计目标和企业间的协作,使企业能在最短时间内组织全球范围的设计制造资源开发出新产品,大大提高企业的竞争能力。

1.1 数字化设计技术

数字化设计,可以分成"数字化"和"设计"两部分。

数字化就是把各种各样的信息用二进制的数字来表示,数字化技术起源于二进制数学,在半导体技术和数字电路学的推动下,使得很多复杂的计算可以交给机器或电路来完成。发展到今天,微电子技术更是将我们带到了数字化领域的前沿。

设计就是设想、运筹、计划和预算,它是人类为了实现某种特定的目的而进行的创造性活动。设计具有多重特征,同时广义的设计涵盖的范围很大。设计有明显的艺术特征,又有科技的特征和经济的属性。从这些角度看,设计几乎包括了人类能从事的一切创造性工作。设计的另一个定义是指控制并且合理地安排视觉元素、线条、形体、色彩、色调、质感、光线、空间等,涵盖艺术的表达和结构造型。设计是特殊的艺术,其创造的过程是遵循实用化求美法则的。设计的科技特性,表明了设计总是受到生产技术发展的影响。

数字化设计就是数字技术和设计的紧密结合,是以先进设计理论和方法为基础、以数字技术为工具,实现产品设计全过程中所有对象和活动的数字化表达、处理、存储、传递及控制,其特征表现为设计的信息化、智能化、可视化、集成化和网络化;其主要研究内容包括产品功能数字化分析设计、产品方案数字化设计、产品性能数字化设计、产品结构数字化设计、产品工艺数字化设计;其方法是产品信息系统集成化设计。

产品的竞争力主要体现在研发周期、成本、质量和服务等几个方面。为提高这些方面的竞争力,世界各国知名制造厂商都在大力采用数字化设计制造技术改造企业。如美国通用汽车公司应用数字化设计制造技术后,将新轿车的研发周期由原来的48个月缩短到24个月,碰撞试验的次数由原来的几百次降低到几十次,应用电子商务技术后又将销售成本降低了10%。

美国波音公司以Boeing-777为标志,建立了世界上第一台全数字化飞机样机(见图1-1),这是制造业数字化设计制造技术发展的一个里程碑。其采用产品数字化定义(DPD)、数字化预装配(DPA)和并行工程(CE)后,达到了设计更改量和返工量比传统方法减少50%,研制周期缩短50%的显著效果,最重要的是可以保证飞机从设计、制造到试飞一次成功。美国与英国、土耳其、意大利等八国建立了以项目为龙头的全球虚拟动态联盟,充分利用这些国家已有的技术、人力、资金、设备等资源,实现异地设计制造,在加速产品研制和生产方面,取得了巨大的成功,总体上达到了缩短设计周期50%、缩短制造周期66%、降低制造成本50%的良好效果。

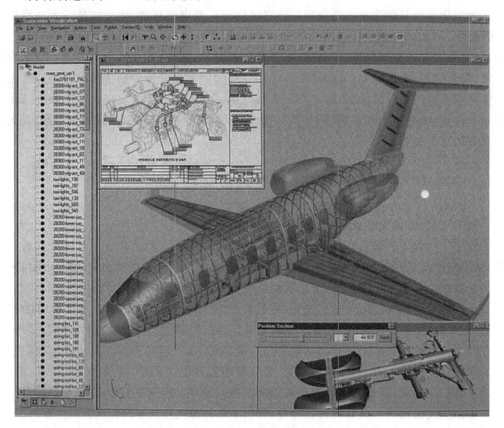

图1-1 飞机制造业采用的数字化样机

到目前为止,数字化设计技术的发展历程可以大体上划分为以下5个阶段:

(1) CAx工具的广泛应用。自20世纪50年代开始,各种CAD/CAM工具开始出现并逐步应用到制造业中。这些工具的应用表明制造业已经开始利用现代信息技术来改进传统的产品设计过程,标志着数字化设计的开始。

(2) 并行工程思想的提出与推行。20世纪80年代后期提出的并行工程是一种新的指导产品开发的哲理,是在现代信息技术的支持下对传统的产品开发方式的一种根本性改进。产品数据管理(product data management,PDM)技术及DFx(如DFM、DFA等)技术是并行工程思想在产品设计阶段的具体体现。

(3) 虚拟样机技术的出现。随着技术的不断进步,仿真在产品设计过程中的应用变得越来越广泛而深刻,由原先的局部应用(单领域、单点)逐步扩展到系统应用(多领域、全生命周期)。虚拟样机技术正是这一发展趋势的典型代表。

虚拟样机技术是一种基于虚拟样机的数字化设计方法，是各领域CAx/DFx技术的发展和延伸。虚拟样机技术进一步融合先进建模/仿真技术、现代信息技术、先进设计制造技术和现代管理技术，将这些技术应用于复杂产品全生命周期、全系统，并对它们进行综合管理。与传统产品设计技术相比，虚拟样机技术强调系统的观点，涉及产品全生命周期，支持对产品的全方位测试、分析与评估，强调不同领域的虚拟化的协同设计。

（4）协同仿真技术。协同仿真技术将面向不同学科的仿真工具结合起来构成统一的仿真系统，可以充分发挥仿真工具各自的优势，同时还可以加强不同领域开发人员之间的协调与合作。目前HLA规范已经成为协同仿真的重要国际标准，基于HLA的协同仿真技术也将会成为虚拟样机技术的研究热点之一。

（5）多学科设计优化技术（multidisciplinary design optimization，MDO）。复杂产品的设计优化问题可能包括多个优化目标和分属不同学科的约束条件。现代的MDO技术为解决学科间的冲突，寻求系统的全局最优解提供了可行的技术途径。目前MDO技术在国外已经有了许多成功的案例，并出现了相关的商用软件，典型的如Engineous公司的iSIGHT。国内关于MDO技术的研究和应用也已经展开。

宏观上看，数字化设计的发展历程正相当于现代信息技术在产品设计领域中的应用由点发展为线，再由线发展为面的过程。仿真的广泛应用正在成为当前数字化设计技术发展的主要趋势。随着虚拟样机概念的提出，使得仿真技术的应用更加趋于协同化和系统化。开展关于虚拟样机及其关键技术的研究，必将提高企业的自主设计开发能力，推动企业全面的信息化进程。

1.2 数字化制造技术

数字化制造技术是在数字化技术和制造技术融合的背景下，并在虚拟现实、计算机网络、快速原型、数据库和多媒体等支撑技术的支持下，根据用户的需求，迅速收集资源信息，对产品信息、工艺信息和资源信息进行分析、规划和重组，实现对产品设计和功能的仿真以及原型制造，进而快速生产出达到用户要求性能的产品的整个制造全过程。

通俗地说：数字化就是将许多复杂多变的信息转变为可以度量的数字、数据，再以这些数字、数据建立起适当的数字化模型，把它们转变为一系列二进制代码，引入计算机内部，进行统一处理，这就是数字化的基本过程。计算机技术的发展，使人类第一次可以利用极为简洁的"0"和"1"编码技术，来实现对一切声音、文字、图像和数据的编码、解码。各类信息的采集、处理、储存和传输实现了标准化和高速化。数字化制造就是指制造领域的数字化，它是制造技术、计算机技术、网络技术与管理科学的交叉、融合、发展与应用的结果，也是制造企业、制造系统与生产过程、生产系统不断实现数字化的必然趋势，其内涵包括三个层面：以设计为中心的数字化制造技术、以控制为中心的数字化制造技术、以管理为中心的数字化制造技术。

数字化制造技术的起源主要从以下几个方面展现出来。

（1）NC机床（数控机床）的出现。1952年，美国麻省理工学院首先实现了三坐标铣床的数控化，数控装置采用真空管电路。1955年，第一次实现了数控机床的批量制造，当时主要是针对直升机的旋翼等自由曲面的加工。

(2) CAM 处理系统 APT(自动编程工具)的出现。1955 年美国麻省理工学院(MIT)伺服机构实验室公布了自动编程工具(automatically programmed tools,APT)系统。其中的数控编程主要是发展自动编程技术,这种编程技术是由编程人员将加工部位和加工参数以一种限定格式的语言(自动编程语言)写成所谓的源程序,然后由专门的软件转换成数控程序。

(3) 加工中心的出现。1958 年,美国 K&T 公司研制出带自动刀具交换装置(ATC)的加工中心。同年,美国 UT 公司首次把铣、钻等多种工序集中于一台数控铣床中,通过自动换刀方式实现连续加工,成为世界上第一台加工中心。

(4) CAD(计算机辅助设计)软件的出现。1963 年,美国出现了商品化的计算机绘图设备,进行 CAD 二维绘图。20 世纪 70 年代,出现了三维的 CAD 表现造型系统,中期出现了实体造型。

(5) FMS(柔性制造系统)系统的出现。1967 年,美国实现了多台数控机床连接而成的可调加工系统,即最初的 FMS(flexible manufacturing system)。

(6) CAD/CAM(计算机辅助设计/计算机辅助制造)的融合。进入 20 世纪 70 年代,CAD、CAM 开始走向共同发展的道路。由于 CAD 与 CAM 所采用的数据结构不同,在 CAD/CAM 技术发展初期,开发人员的主要工作是开发数据接口,沟通 CAD 和 CAM 之间的信息流。不同的 CAD、CAM 系统都有自己的数据格式规定,都要开发相应的接口,不利于 CAD/CAM 系统的发展。在这种背景下,美国波音公司和 GE 公司于 1980 年制定了数据交换规范(initia graphics exchange specifications,IGES),从而实现 CAD/CAM 的融合。

(7) CIMS(计算机集成制造系统)的出现和应用。20 世纪 80 年代中期,出现计算机集成制造系统(computer integrated manufacturing system,CIMS),波音公司成功地将 CIMS 应用于飞机设计、制造、管理,将原需 8 年的定型生产缩短至 3 年。

(8) CAD/CAM 软件的空前繁荣。20 世纪 80 年代末期至今,CAD/CAM 一体化三维软件大量出现,如:CADAM,CATIA,UG,I-DEAS,Pro/Engineering,ACIS,MasterCAM 等,并应用到机械、航空、航天、汽车、造船等领域。

1.3 数字化设计制造技术的主要内容

数字化设计及制造技术已经越来越多地应用在数控加工领域,CAD/CAM 软件技术也在飞速发展,出现了很多的软件产品,这些产品根据自身的开发档次及其适用度,被广泛应用在不同加工场合,大大节省了设计制造的时间周期,并在一定程度上提高了制造精度和开发速度。

数字化设计与制造技术集成了现代设计制造过程中的多项先进技术,包括三维建模、装配分析、优化设计、系统集成、产品信息管理、虚拟设计与制造、多媒体和网络通信等,是一项多学科的综合技术,其涉及的主要内容包括以下几种。

1. CAD/CAE/CAPP/CAM/PDM

CAD/CAE/CAPP/CAM 分别是计算机辅助设计、计算机辅助工程、计算机辅助工艺规划和计算机辅助制造的英文缩写,它们是制造业信息化中数字化设计与制造技术的核心,是实现计算机辅助产品开发的主要工具。

PDM 技术集成并管理与产品有关的信息、过程及人与组织,实现分布环境中的数据共享,为异构计算机环境提供了集成应用平台,从而支持 CAD/CAPP/CAM/CAE 系统过程的实现。

1) CAD——计算机辅助设计

CAD 在早期是英文 computer aided drawing(计算机辅助绘图)的缩写,随着计算机软、硬件技术的发展,人们逐步认识到单纯使用计算机绘图还不能称为计算机辅助设计。真正的设计是整个产品的设计,它包括产品的构思、功能设计、结构分析、加工制造等,二维工程图设计只是产品设计中的一小部分。于是 CAD 的缩写由 computer aided drawing 改为 computer aided design,CAD 也不再仅仅是辅助绘图,而是协助创建、修改、分析和优化的设计技术。

2) CAE——计算机辅助工程分析

CAE(computer aided engineering)通常指有限元分析和机构的运动学及动力学分析。有限元分析可完成力学分析(线性、非线性、静态、动态)、场分析(热场、电场、磁场等)、频率响应和结构优化等。机构分析能完成机构内零部件的位移、速度、加速度和力的计算以及机构的运动模拟和机构参数的优化。

3) CAPP——计算机辅助工艺规划

世界上最早研究 CAPP(computer aided process planning)的国家是挪威,始于 1966 年,1969 年正式推出世界上第一个 CAPP 系统 AutoPros,并于 1973 年正式推出商品化 AutoPros 系统。

美国是 20 世纪 60 年代末开始研究 CAPP 的,并于 1976 年由 CAM-I 公司推出颇具影响力的 CAPP-I's Automated Process Planning 系统。

4) CAM——计算机辅助制造

CAM(computer aided manufacture)是计算机辅助制造的缩写,它能根据 CAD 模型自动生成零件加工的数控代码,对加工过程进行动态模拟,同时完成在实现加工时的干涉和碰撞检查。

CAM 系统和数字化装备结合可以实现无纸化生产,为计算机集成制造系统(CIMS)的实现奠定基础。CAM 中最核心的技术是数控技术。

通常零件结构采用空间直角坐标系中的点、线、面的数字量表示,CAM 就是用数控机床按数字量控制刀具运动,完成零件加工。

5) CAD/CAM 集成系统

随着 CAD/CAM 技术和计算机技术的发展,人们不再满足于这两者的独立发展,从而出现了 CAM 和 CAD 的组合,即将两者集成(一体化),以适应设计与制造自动化的要求,特别是近年来出现的计算机集成制造系统的要求。这种一体化结合可使在 CAD 中设计生成的零件信息自动转换成 CAM 所需要的输入信息,防止信息数据的丢失。产品设计、工艺规程设计和产品加工制造集成于一个系统中,提高了生产效率。

CAD/CAM 集成系统是指把 CAD、CAE、CAPP、CAM 以至 PPC(生产计划与控制)等各种功能不同的软件有机地结合起来,用统一的执行控制程序来组织各种信息的提取、交换、共享和处理,保证系统内部信息流的畅通并协调各个系统有效地运行。国内外大量的经验表明,CAD 系统的效益往往不是从其本身,而是通过 CAM 和 PPC 系统体现出来的;反过来,CAM 系统假如没有 CAD 系统的支持,花巨资引进的设备往往很难有效地得到利用;PPC 系统假如没有 CAD 和 CAM 的支持,既得不到完整、及时和准确的数据作为计划的依据,订出的计划也较难贯彻执行,所谓的生产计划和控制将得不到实际效益。因此,人们着手将 CAD、CAE、CAPP、CAM 和 PPC 等系统有机地、统一地集成在一起,从而消除"自动化孤岛",取得最佳的效益。

6) PDM——产品数据库管理

随着 CAD 技术的推广,原有技术管理系统难以满足要求。在采用计算机辅助设计以前,产品的设计、工艺和经营管理过程中涉及的各类图纸、技术文档、工艺卡片、生产单、更改单、采购单、成本核算单和材料清单等均由人工编写、审批、归类、分发和存档,所有的资料均通过技术资料室进行统一管理。自从采用计算机技术之后,上述与产品有关的信息都变成了电子信息。简单地采用计算机技术模拟原来人工管理资料的方法往往不能从根本上解决先进的设计制造手段与落后的资料管理之间的矛盾。要解决这个矛盾,必须采用 PDM 技术。

PDM(产品数据管理)是从管理 CAD/CAM 系统的高度上诞生的先进的计算机管理系统软件。它管理的是产品整个生命周期内的全部数据。工程技术人员根据市场需求设计的产品图纸和编写的工艺文档仅仅是产品数据中的一部分。

PDM 系统除了要管理上述数据外,还要对相关的市场需求、分析、设计与制造过程中的全部更改历程、用户使用说明及售后服务等数据进行统一有效的管理。

2. ERP——企业资源计划

企业资源计划(enterprise resource planning,ERP)系统,是指建立在信息技术基础上,对企业的所有资源(物流、资金流、信息流、人力资源)进行整合集成管理,采用信息化手段实现企业供销链管理,从而达到对供应链上的每一环节实现科学管理。

ERP 系统集中信息技术与先进的管理思想于一身,成为现代企业的运行模式,反映时代对企业合理调配资源、最大化地创造社会财富的要求,成为企业在信息时代生存、发展的基石。在企业中,一般的管理主要包括三方面的内容:生产控制(计划、制造)、物流管理(分销、采购、库存管理)和财务管理(会计核算、财务管理)。

3. RE——逆向工程技术

逆向工程技术(reverse engineering,RE)对实物作快速测量,并反求为可被 3D 软件接受的数据模型,快速创建数字化模型(CAD),进而对样品作修改和详细设计,达到快速开发新产品的目的。

4. RP——快速原型

快速原型(rapid prototyping,RP)技术是 20 世纪 90 年代发展起来的,被认为是近年来制造技术领域的一次重大突破,其对制造业的影响可与数控技术的出现相媲美。RP

系统综合了机械工程、CAD、数控技术、激光技术及材料科学技术,可以自动、直接、快速、精确地将设计思想物化为具有一定功能的原型或直接制造零件,从而可以对产品设计进行快速评价、修改及功能试验,有效地缩短了产品的研发周期。

5. 异地、协同设计

异地、协同设计是指在因特网/企业内部网的环境中,进行产品定义与建模、产品分析与设计、产品数据管理及产品数据交换等。异地、协同设计系统在网络设计环境下为多人、异地实施产品协同开发提供支持工具。

6. 基于知识的设计

将产品设计过程中需要用到的各类知识、资源和工具融到基于知识的设计(或 CAD)系统之中,支持产品的设计过程,是实现产品创新开发的重要工具。设计知识包括产品设计原理、设计经验、既有设计示例和设计手册/设计标准/设计规范等,设计资源包括材料、标准件、既有零部件和工艺装备等资源。

7. 虚拟设计、虚拟制造

综合利用建模、分析、仿真以及虚拟现实等技术和工具,在网络支持下,采用群组协同工作,通过模型来模拟和预估产品功能、性能、可装配性、可加工性等各方面可能存在的问题,实现产品设计、制造的本质过程,包括产品的设计、工艺规划、加工制造、性能分析、质量检验,并进行过程管理与控制等。

8. 概念设计、工业设计

概念设计是设计过程的早期阶段,其目标是获得产品的基本形式或形状。广义的概念设计应包括从产品的需求分析到详细设计之前的全部设计过程,如功能设计、原理设计、形状设计、布局设计和初步的结构设计。从工业设计角度看,概念设计是指在产品的功能和原理基本确定的情况下,产品外观造型的设计过程,主要包括布局设计、形状设计和人机工程设计。计算机辅助概念设计和工业设计以知识为核心,实现形态、色彩、宜人性等方面的设计,将计算机与设计人员的创造性思维、审美能力和综合分析能力相结合,是实现产品创新的重要手段。

9. 绿色设计

绿色设计是指面向环保的设计(design for environment,DFE),包括支持资源和能源的优化利用、污染的防止和处理、资源的回收再利用和废弃物处理等诸多环节的设计,是支持绿色产品开发、实现产品绿色制造、促进企业和社会可持续发展的重要工具。

10. 并行设计

并行设计是以并行工程模式替代传统的串行式产品开发模式,使得在产品开发的早期阶段就能很好地考虑后续活动的需求,以提高产品开发的一次成功率。

数字化设计与制造技术中各组成部分作为独立的系统,已在生产中得到了广泛的应用,这些应用不仅大大提高了产品设计的效率、更新了传统的设计思想、降低了产品的成本、增强了企业及其产品在市场上的竞争力,还在企业新的设计和生产技术管理体制建设中起到了很大作用。数字化设计与制造技术已成为企业保持竞争优势,实现产品创新开发、进行企业间协作的重要手段。

1.4 数字化制造技术的未来发展方向

(1) 利用基于网络的 CAD/CAE/CAPP/CAM/PDM 集成技术,实现产品全数字化设计与制造。

在 CAD/CAM 应用过程中,利用产品数据管理(PDM)技术实现并行工程,可以极大地提高产品开发的效率和质量。企业通过 PDM 可以进行产品功能配置,利用系列件、标准件、借用件、外购件以减少重复设计。在 PDM 环境下进行产品设计和制造,通过 CAD/CAE/CAPP/CAM 等模块的集成,实现产品无图纸设计和全数字化制造。

(2) CAD/CAE/CAPP/CAM/PDM 技术与企业资源计划、供应链管理、客户关系管理相结合,形成制造企业信息化的总体构架。

CAD/CAE/CAPP/CAM/PDM 技术主要用于实现产品的设计、工艺和制造过程及其管理的数字化;企业资源计划(ERP)是以实现企业产、供、销、人、财、物的管理为目标;供应链管理(supply chain management,SCM)用于实现企业内部与上游企业之间的物流管理;客户关系管理(customer relationship management,CRM)可以帮助企业建立、挖掘和改善与客户之间的关系。上述技术的集成,可以整合企业的管理,建立从企业的供应决策到企业内部技术、工艺、制造和管理部门,再到用户之间的信息集成,实现企业与外界的信息流、物流和资金流的顺畅传递,从而有效地提高企业的市场反应速度和产品开发速度,确保企业在竞争中取得优势。

(3) 虚拟设计、虚拟制造、虚拟企业、动态企业联盟、敏捷制造、网络制造以及制造全球化,将成为数字化设计与制造技术发展的重要方向。

虚拟设计、虚拟制造技术以计算机支持的仿真技术为前提,形成虚拟的环境、虚拟设计与制造过程、虚拟的产品、虚拟的企业,从而大大缩短产品开发周期,提高产品设计开发的一次成功率。特别是网络技术的高速发展,企业通过国际互联网、局域网和内部网,组建动态联盟企业,进行异地设计、异地制造,然后在最接近用户的生产基地制造成产品。

(4) 以提高对市场快速反应能力为目标的制造技术将得到超速发展和应用。

瞬息万变的市场促使交货期成为竞争力诸多因素中的首要因素。为此,许多与此有关的新观念、新技术在 21 世纪将得到迅速的发展和应用。其中有代表性的是:并行工程技术、模块化设计技术、快速原型技术、快速资源重组技术、大规模远程定制技术、客户化生产方式等。

(5) 制造工艺、设备和工具的柔性和可重构性将成为企业装备的显著特点。

先进的制造工艺、智能化软件和柔性的自动化设备、柔性的发展战略构成未来企业竞争的软、硬件资源;个性化需求和不确定的市场环境,要求克服设备资源沉淀造成的成本升高风险,制造资源的柔性和可重构性将成为 21 世纪企业装备的显著特点。将数字化技术用于制造过程,可大大提高制造过程的柔性和加工过程的集成性,从而提高产品生产过程的质量和效率,增强工业产品的市场竞争力。

现代产品开发设计要求有效地组织多学科的产品开发队伍,充分利用各种计算机辅助技术和工具,并充分考虑产品设计开发的全过程,从而缩短产品开发周期、降低成本、提高产品质量,生产出满足用户需要的产品。

第 2 章　数控加工程序编制基础

数控加工程序编制是目前数字化设计制造技术中最能明显发挥效益的环节之一,其在实现设计加工自动化、提高加工精度和加工质量、缩短产品研制周期等方面发挥着重要作用。

2.1　数控编程的基本概念

数控编程是从零件图纸到获得数控加工程序的全过程。它的主要任务是计算加工走刀中的刀位点(cutter location point)。刀位点一般取为刀具轴线与刀具表面的交点,多轴加工中还要给出刀轴矢量。

编制数控加工程序是使用数控机床的一项重要技术工作,理想的数控程序不仅应该保证加工出符合零件图样要求的合格零件,还应该使数控机床的功能得到合理的应用与充分的发挥,使数控机床能安全、可靠、高效地工作。

2.1.1　数控加工工作过程

利用数控机床完成零件数控加工的过程如图 2-1 所示。

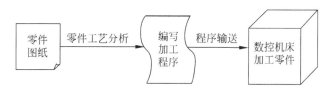

图 2-1　数控加工过程

在数控机床上加工零件时,要预先根据零件加工图样的要求确定零件加工的工艺过程、工艺参数和走刀运动数据,然后编制加工程序,传输给数控系统,在事先存入数控装置内部的控制软件支持下,经处理与计算,发出相应的进给运动指令信号,通过伺服系统使机床按预定的轨迹运动,进行零件的加工。

因此,在数控机床上加工零件时,首先要编写零件加工程序清单,称为数控加工程序,该程序用数字代码来描述被加工零件的工艺过程、零件尺寸和工艺参数(如主轴转速、进给速度等),将该程序输入数控机床的 NC 系统,控制机床的运动与辅助动作,完成零件的加工。

数控机床是按照事先编制好的数控程序自动地对工件进行加工的高效自动化设备。理想的数控程序不仅应该保证能加工出符合图样要求的合格工件,还应该使数控机床的功能得到合理的应用与充分发挥,以使数控机床能安全、可靠、高效地工作。由此可见,数控编程是数控加工的重要步骤。

2.1.2 数控程序编制的定义

在程序编制之前,编程人员应首先充分了解所应用数控机床的规格、性能、数控系统所具备的功能及编程指令格式等要求;在程序编制时,需要先对零件图样规定的技术要求、几何形状、尺寸及工艺要求进行分析,确定加工方法及加工路线,并进行数值计算,从而获得刀位点的位置数据;之后,按数控机床规定采用的程序代码和程序格式,将工件的尺寸、刀位点的走刀路线和位移量、切削要素(主轴转速、切削进给量、背吃刀量等)以及辅助功能(换刀、主轴的正反转、切削液的开或关等)编制成数控加工程序。

数控程序编制,即根据被加工零件的图纸和技术要求、工艺要求等切削加工的必要信息,按数控系统所规定的指令和格式编制成加工程序文件,这个过程称为零件数控加工程序编制,简称数控编程。

2.1.3 数控程序的编制方法

数控加工程序的编制方法主要有两种,即手工编程和自动编程。

1. 手工编程

手工编程主要由人工来完成数控编程中各个阶段的工作,当被加工零件形状不十分复杂和程序较短时,都可以采用手工编程,手工编程的过程如图 2-2 所示。

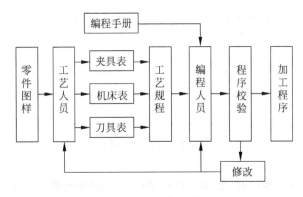

图 2-2 手工编程过程

手工编程是指编制零件数控加工程序的各个步骤,即从零件图纸分析、工艺决策、确定加工路线和工艺参数、计算刀位轨迹坐标数据、编写零件的数控加工程序单直至程序的检验,均由人工来完成。

对于点位加工或几何形状不太复杂的零件,所需要的加工程序不长,计算也比较简单,出错机会较少,这时用手工编程既经济又及时,因而手工编程仍被广泛地应用于形状简单的点位加工及平面轮廓加工中。

对于轮廓形状不是由简单的直线、圆弧组成的复杂零件,特别是空间复杂曲面零件,数值计算则相当繁琐,工作量大,容易出错,且很难校对,采用手工编程是难以完成的。

对于复杂零件,特别是具有非圆曲线的表面;或者零件的几何元素并不复杂,但程序量很大的零件(如一个零件上有许多个孔或平面轮廓由许多段圆弧组成);或当铣削轮廓时,数控系统不具备刀具半径补偿功能,而只能以刀具中心的运动轨迹进行编程等特殊情况,由于计算相当繁琐且程序量大,手工编程就难以胜任,即使能够编出程序来,往往耗费很长时间,而且也容易出现错误。据国外资料统计,当采用手工编程时,一段程序的编写时间与其在机床上运行加工的实际时间之比,平均约为 30:1,而数控机床不能开动的原因中有 20%~30% 是由于加工程序编制困难,编程时间较长。

2. 自动编程

自动编程(计算机辅助编程)是利用计算机专用软件编制数控加工程序的过程。在航空、船舶、兵器、汽车、模具等制造业中,经常会有一些具有复杂形面的零件需要加工,有的零件形状虽不复杂,但加工程序很长。这些零件的数值计算、程序编写、程序校验相当复杂繁琐,工作量很大,采用手工编程是难以完成的。通过计算机把人们易懂的零件程序改写成数控机床能读取和执行的数控加工指令程序的过程就是自动编程。计算机辅助编程系统主要由硬件和软件组成,硬件部分由计算机、打印机、绘图机、穿孔机或磁带及磁泡盒等外部设备组成,软件主要包括数控语言及程序系统。

在进行自动编程时,程序员所要做的工作是根据图样和工艺要求,使用规定的编程语言,编写零件加工源程序,并将其输入编程机,编程机自动对输入的信息进行处理,即可以自动计算刀具中心运动轨迹、自动编辑零件加工程序并自动制作穿孔带等。由于编程机多带有显示器,可自动绘出零件图形和刀具运动轨迹,程序员可检查程序是否正确,必要时可及时修改。采用自动编程方式可极大地减少编程者的工作量,大大提高编程效率,而且可以解决用手工编程无法解决的复杂零件的编程难题。

编程人员首先将被加工零件的几何图形及有关工艺过程用计算机能够识别的形式输入计算机,利用计算机内的数控系统程序对输入信息进行翻译,形成机内零件拓扑数据;然后进行工艺处理(如刀具选择、走刀分配、工艺参数选择等)与刀具运动轨迹的计算,生成一系列的刀具位置数据(包括每次走刀运动的坐标数据和工艺参数),这一过程称为主信息处理(或前置处理);然后按照 NC 代码规范和指定数控机床驱动控制系统的要求,将主信息处理后得到的刀位文件转换为 NC 代码,这一过程称为后置处理。经过后置处理便能输出适应某一具体数控机床要求的零件数控加工程序(即 NC 加工程序),该加工程序可以通过控制介质(如磁带、磁盘等)或通信接口送入机床的控制系统。

自动编程的过程如图 2-3 所示。

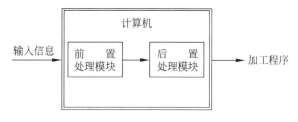

图 2-3 自动编程过程

自动编程的整个处理过程是在数控系统程序(又称系统软件或编译程序)的控制下进行的。数控系统程序包括前置处理程序和后置处理程序两大模块。每个模块又由多个子模块及子处理程序组成。计算机有了这套处理程序，才能识别、转换和处理全过程，它是系统的核心部分。

自动编程是采用计算机辅助数控编程技术实现的，需要一套专门的数控编程软件，现代数控编程软件主要分为以下两种。

1) 以批处理命令方式为主的各种类型的语言编程系统(典型代表 APT)

早期的自动编程都是编程人员根据零件图形及加工工艺要求，采用数控语言，先编写成源程序单，再输入计算机，由专门的编译程序，进行译码、计算和后置处理后，自动生成数控机床所需的加工程序清单，然后通过制成纸带或直接用通信接口，将加工程序送入到机床 CNC 装置中的。其中的数控语言是一套规定好的基本符号和由基本符号描述零件加工程序的规则，它比较接近工厂车间里使用的工艺用语和工艺规程，主要由几何图形定义语句、刀具运动语句和控制语句组成。编译程序是根据数控语言的要求，结合生产对象和具体的计算机，由专家应用汇编语言或其他高级语言编好的一套庞大的程序系统。这种自动编程系统的典型就是 APT 语言。

APT 语言最早于 1955 年由美国研制成功，经多次修改完善，于 20 世纪 70 年代发展成 APT Ⅳ，一直沿用至今。其他如法国的 IFAPT，德国的 EXAPT，日本的 FAPT、HAPT 以及我国的 ZCK、SKC 等都是 APT 的变形。这些数控语言有的能处理 3~5 坐标，有的只能处理 2 坐标，有车削用的、铣削和点位加工用的等。这种方式的自动编程系统，由于当时计算机的图形处理能力较差，所以一般都无图形显示，不直观，易出错。虽然后来增加了一些图形校验功能，但还是要反复地在源程序方式和图形校验方式之间来回切换，并且还需要掌握数控语言，初学者用起来总觉得不太方便。

2) 交互式 CAD/CAM 集成化编程系统

目前计算机自动编程采用图形交互式自动编程，即计算机辅助编程。这种自动编程系统是 CAD 与 CAM 高度结合的自动编程系统，通常称为 CAD/CAM 系统。

针对 APT 语言的缺点，1978 年，法国达索飞机公司开始开发集三维设计、分析、NC 加工一体化的系统，称为 CATIA。随后很快出现了像 EUCLID，UG Ⅱ，INTERGRAPH，Pro/Engineering，MasterCAM 及 NPU/GNCP 等系统，这些系统都有效地解决了几何造型、零件几何形状的显示，交互设计、修改及刀具轨迹生成，走刀过程的仿真显示、验证等问题，推动了 CAD 和 CAM 向一体化方向发展。到了 20 世纪 80 年代，在 CAD/CAM 一体化概念的基础上，逐步形成了计算机集成制造系统(CIMS)及并行工程(CE)的概念。目前，为了适应 CIMS 及 CE 发展的需要，数控编程系统正向集成化和智能化方向发展。

CAM 编程是当前最先进的数控加工编程方法，它利用计算机以人机交互图形方式完成零件几何形状计算机化、轨迹生成与加工仿真到数控程序生成全过程，操作过程形象生动，效率高、出错几率低。而且还可以通过软件的数据接口共享已有的 CAD 设计结果，实现 CAD/CAM 集成一体化，实现无图纸设计制造。

2.1.4 数控加工常用术语

1. 机床原点、参考点和工件原点

机床原点就是机床坐标系的原点。它是机床上的一个固定的点，由制造厂家确定。机床坐标系是通过返回参考点操作来确立的，参考点是确立机床坐标系的参照点。

数控车床的机床原点多定在主轴前端面的中心，数控铣床的机床原点多定在进给行程范围的正极限点处，但也有的设置在机床工作台中心，使用前可查阅机床用户手册。

参考点（或机床原点）是用于对机床工作台（或滑板）与刀具相对运动的测量系统进行定标与控制的点，一般都是设定在各轴正向行程极限点的位置上。该位置是在每个轴上用挡块和限位开关精确地预先调整好的，它相对于机床原点的坐标是一个已知数，一个固定值。每次开机启动后，或当机床因意外断电、紧急制动等原因停机而重新启动时，都应该先让各轴返回参考点，进行一次位置校准，以消除上次运动所带来的位置误差。

在对零件图形进行编程计算时，必须要建立用于编程的坐标系，其坐标原点即为程序原点。而要把程序应用到机床上，程序原点应该放在工件毛坯的什么位置，其在机床坐标系中的坐标是多少，这些都必须让机床的数控系统知道，这一操作就是对刀。编程坐标系在机床上就表现为工件坐标系，坐标原点就称为工件原点。工件原点一般按如下原则选取：

（1）工件原点应选在工件图样的尺寸基准上。这样可以直接使用图纸标注的尺寸，作为编程点的坐标值，减少数据换算的工作量。

（2）能使工件方便地装夹、测量和检验。

（3）尽量选在尺寸精度、光洁度比较高的工件表面上，这样可以提高工件的加工精度和同一批零件的一致性。

（4）对于有对称几何形状的零件，工件原点最好选在对称中心点上。

车床的工件原点一般设在主轴中心线上，多定在工件的左端面或右端面。铣床的工件原点，一般设在工件外轮廓的某一个角上或工件对称中心处，进刀深度方向上的零点，大多取在工件表面，如图 2-4 所示。对于形状较复杂的工件，有时为编程方便可根据需要通过相应的程序指令随时改变新的工件坐标原点；对于在一个工作台上装夹加工多个工件的情况，在机床功能允许的条件下，可分别设定编程原点独立地编程，再通过工件原点预置的方法在机床上分别设定各自的工件坐标系。

对于编程和操作加工采取分开管理机制的生产单位，编程人员只需要将其编程坐标系和程序原点填写在相应的工艺卡片上即可。而操作加工人员则应根据工件装夹情况适当调整程序上建立工件坐标系的程序指令，或采用原点预置的方法调整修改原点预置值，以保证程序原点与工件原点的一致性。

2. 坐标联动加工

数控机床加工时的横向、纵向等进给量都是以坐标数据来进行控制的。像数控车床、数控线切割机床等属于两坐标控制，数控铣床则是三坐标控制的，还有四坐标轴、五坐标轴甚至更多的坐标轴控制的加工中心等。坐标联动加工是指数控机床的几个坐标轴能够

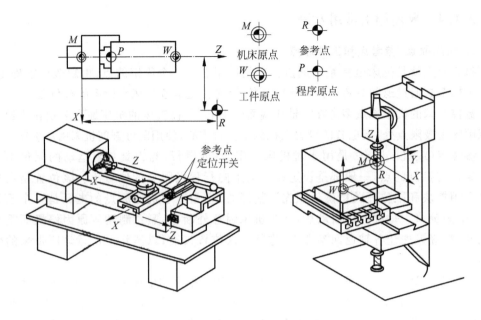

图 2-4 数控机床参考点

同时进行移动,从而获得平面直线、平面圆弧、空间直线和空间螺旋线等复杂加工轨迹的能力,如图 2-5 所示。当然也有一些早期的数控机床尽管具有 3 个坐标轴,但能够同时进行联动控制的可能只是其中两个坐标轴,那就属于两坐标联动的三坐标机床。像这类机床就不能获得空间直线、空间螺旋线等复杂加工轨迹。要想加工复杂的曲面,只能采用在某平面内进行联动控制,第 3 轴作单独周期性进给的"两维半"加工方式。

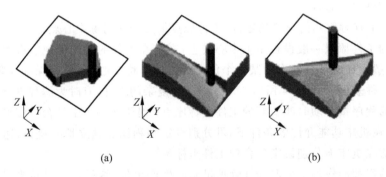

图 2-5 坐标联动加工
(a) 两坐标联动加工;(b) 三坐标联动加工

3. 脉冲当量、进给速度与速度修调

数控机床各轴采用步进电机、伺服电机或直线电机驱动,是用数字脉冲信号进行控制的。每发送一个脉冲,电机就转过一个特定的角度,通过传动系统或直接带动丝杠,从而驱动与螺母副联结的工作台移动一个微小的距离。单位脉冲作用下工作台移动的距离就

称为脉冲当量。手动操作时数控坐标轴的移动通常是采用按键触发或采用手摇脉冲发生器(手轮方式)产生脉冲的,采用倍频技术可以使触发一次的移动量分别为 0.001mm、0.01mm、0.1mm、1mm 等,相当于触发一次分别产生 1、10、100、1000 个脉冲。

进给速度是指单位时间内坐标轴移动的距离,也就是切削加工时刀具相对于工件的移动速度。如某步进电机驱动的数控轴,其脉冲当量为 0.002mm,若数控装置在 0.5min 内发送出 20000 个进给指令脉冲,那么其进给速度应为:20000×0.002/0.5＝80mm/min。加工时的进给速度由程序代码中的 F 指令控制,但实际进给速度还是可以根据需要作适当调整的,这就是进给速度修调。修调是按倍率进行计算的,如程序中指令为 F80,修调倍率调在 80% 挡上,则实际进给速度为 80×80%＝64mm/min。同样地,有些数控机床的主轴转速也可以根据需要进行调整,那就是主轴转速修调。

4. 插补与刀补

数控加工直线或圆弧轨迹时,程序中只提供线段的两端点坐标等基本数据,为了控制刀具相对于工件走在这些轨迹上,就必须在组成轨迹的直线段或曲线段的起点和终点之间,按一定的算法进行数据点的密化工作,以填补确定一些中间点,各轴就以趋近这些点为目标实施配合移动,这就称为插补。这种计算插补点的运算称为插补运算。早期 NC 硬线数控机床的数控装置中是采用专门的逻辑电路器件进行插补运算的,称为插补器。在现代 CNC 软线数控机床的数控装置中,则是通过软件来实现插补运算的。现代数控机床大多都具有直线插补和平面圆弧插补的功能,有的机床还具有一些非圆曲线的插补功能。

刀补是指数控加工中的刀具半径补偿和刀具长度补偿功能。具有刀具半径补偿功能的机床数控装置,能使刀具中心自动地相对于零件实际轮廓向外或向内偏离一个指定的刀具半径值,并使刀具中心在这偏离后的补偿轨迹上运动,刀具刃口正好切出所需的轮廓形状。编程时直接按照零件图纸的实际轮廓大小编写,再添加上刀补指令代码,然后在机床刀具补偿寄存器对应的地址中输入刀具半径值即可。加工时由数控机床的数控装置临时从刀补地址寄存器中提出刀具半径值,再进行刀补运算,然后控制刀具中心走在补偿后的轨迹上。刀具长度补偿主要是用于补偿由于刀具长度发生变化的情况。

2.2 数控加工程序的程序段结构和常用编程指令

2.2.1 数控加工程序的程序段结构

一个零件的加工程序是由许多按规定格式书写的程序段组成的,如图 2-6 所示,而每个程序段由指令字(A~Z)和一些数字(＋,－,0~9)组成,它对应着零件的一段加工过程,简称字,国际上广泛采用两种字符标准编码,即国际标准化组织标准(International Standardization Organization,ISO)和美国电子工业协会标准(Electronic Industries Association,EIA),它们分别为 ISO 代码和 EIA 代码。

常见的程序段格式有固定顺序格式、分隔符顺序格式及字地址格式三种。而目前常用的是字地址格式,典型的字地址格式如表 2-1 所示。

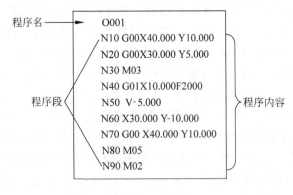

图 2-6 程序组成

表 2-1 典型的字地址格式

N××××	G	X	Y	Z	A	B	C	F	S	M

1. 程序段格式

每个程序段的开头是程序段的序号,以字母 N 和四位数字表示;接着一般是准备功能指令,由字母 G 和两位数字组成,这是基本的数控指令;而后是机床运动的目标坐标值,如用 X、Y、Z 等指定运动坐标值;在工艺性指令中,F 代码为进给速度指令,S 代码为主轴转速指令,T 为刀具号指令,M 代码为辅助机能指令。

字地址码可编程序段格式的特点是:程序段中各自的先后排列顺序并不严格,不需要的字以及与上一程序段相同的继续使用的字可以省略;每一个程序段中可以有多个 G 指令或 G 代码;数据的字可多可少,程序简短,直观,不易出错,因而得到广泛使用。

2. 程序段序号

程序段序号简称顺序号,通常用数字表示,在数字前还冠有标识符号 N,现代许多数控系统中都不要求程序段号,程序段号可以省略。

3. 准备功能字

准备功能简称 G 功能,由表示准备功能地址符 G 和数字组成,如直线插补指令 G01,G 指令代码的符号已标准化。

G 代码表示准备功能,目的是将控制系统预先设置为某种预期的状态,或者某种加工模式和状态,即命令机床做某种动作,例如 G00 将机床预先设置为快速运动状态。

G 功能字后续数字大多为两位数(00～99),现代的数控系统中此处的前置 0 允许省略,因而见到的数字是一位时,实际是两位的简写,例如 G0,实际是 G00。

4. 坐标字

坐标字由坐标地址符及数字组成,主要用来指令机床上刀具运动到达的坐标位置。坐标字用得较多的有三组:第一组 X、Y、Z、U、V、W、P、Q、R,主要是用于指令刀具到达点的直线坐标尺寸;第二组 A、B、C、D、E,主要用于指令刀具到达点的角度坐标;第三组 I、J、K,主要用于指令刀具零件圆弧轮廓圆心点的坐标尺寸。坐标字中地址符的使用虽然有一定的规律,但各系统往往还有一些差别。

程序段将说明坐标值是绝对模式还是增量模式,是英制单位还是公制单位,到达目标位置的运动方式是快速运动或直线运动,多数数控系统由准备功能字选择。

5. 进给功能字 F

进给功能也称 F 功能,用来指定坐标轴移动进给的速度。程序中通过 F 地址来访问进给功能字,用于控制刀具移动时的速率,如图 2-7 所示。F 后面所接数值代表每分钟刀具进给量,单位为 mm/min。F 进给功能的值是模态的,只能由另一个 F 地址字取消。每分钟进给的优点就是它不依赖于主轴转速,这使得它可以使用多把不同直径的刀具,从而在铣削中很有用。

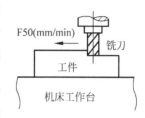

图 2-7 进给速度 F

F 功能指令值如超过制造厂商所设定的范围时,则以厂商所设定的最高或最低进给率为实际进给率。在操作中为了实际加工条件的需要,也可由执行操作面板上的"切削进给率"旋钮来调整其实际进给率。

F 功能的数值可由下列公式计算而得:

$$F = F_t \times T \times S \tag{2-1}$$

式中:F_t——铣刀每刃的进给量,mm/齿;

T——铣刀的刀刃数;

S——刀具的转数,r/min。

例题:使用 $\phi 75$mm,6 刃的面铣刀,铣削碳钢表面,$V = 100$m/min,$F_t = 0.08$mm/齿,求 S 及 F。

解:$S = 1000V/\pi D = 1000 \times 100/3.14 \times 75 \approx 425$r/min

$F = F_t \times T \times S = 0.08 \times 6 \times 425 = 204$mm/min

刀具材质及被切削材料不同,则切削速度、每刃的进给量也不相同。

6. 主轴转速功能 S

主轴转速功能又称为 S 功能,用来指定主轴的转速(r/min)。主轴功能以地址 S 后面接 1~4 位数字组成,数字表示主轴转速,单位为 r/min。如其指令的数值大于或小于制造厂商所设定的最高或最低转速时,将以厂商所设定的最高或最低转速为实际转速。在操作中为了实际加工条件的需要,也可由操作面板的"主轴转速调整率"旋钮来调整主轴实际转速。

S 指令只是设定主轴转速大小,并不会使主轴回转,需有 M03(主轴正转)或 M04(主轴反转)指令,主轴才开始旋转。

例如:S1000 M03;主轴正转,其转速为 1000r/min。

主轴转速可由下列公式计算而得:

$$n = 1000V/\pi D$$

式中:n——主轴转速,r/min;

V——切削速度,m/min;

D——刀具直径,mm。

例题:已知用 $\phi 10$mm 高速钢端铣刀,$V = 22$m/min,求 n。

解：$n=1000\times22/3.14\times10\approx700\text{r/min}$。

7. 刀具功能 T

刀具功能由地址符 T 和数字组成，用以指定刀具的号码，所以也称为 T 功能或 T 指令。T 指令的功能含义主要是用来指令加工时使用的刀具号。对于车床，其后的数字还兼有指定刀具长度和半径补偿之用。

8. 辅助功能 M

辅助功能简称 M 功能，由辅助操作地址符 M 和数字(1～2位)组成，又称为 M 功能或 M 指令。它通常用来指令数控机床辅助装置的接通和断开，表示机床各种辅助动作及其状态。

9. 程序段结束符号

程序段结束符号放在程序段的最后一个有用的字符之后，表示程序段的结束，因为控制不同，结束符应根据数控系统编程手册的规定而定。

在此需要特别说明的是，数控机床的指令在国际上有很多格式标准。随着数控机床的发展，其系统功能更加强大，使用更方便，在不同数控系统之间，程序格式上会存在一定的差异，因此在具体掌握某一数控机床时要仔细了解其数控系统的编程格式。

2.2.2 常用编程指令

2.2.2.1 坐标系编程

坐标系编程包括建立坐标系、坐标平面定义、极坐标、坐标系变换等。这里只介绍坐标系建立和坐标平面定义。

1. 坐标系建立

1) 建立工件坐标系——G92(模态)

格式：G92 X_Y_Z_

说明：X、Y、Z——设定的工件坐标系原点到刀具起点的有向距离。它直接给出当前的位置坐标，而间接得到坐标原点的位置，从而建立一个坐标系。

G92 指令通过设定刀具起点与坐标系原点的相对位置建立工件坐标系，如图 2-8 所示，工件坐标系一旦建立，绝对值编程时的指令值就是在此坐标系中的坐标值。

例：G92 X100.0 Y200.0

2) 工件坐标系选择——G54～G59(模态)

格式：G54 G90 G00 (G01) X_Y_Z_(F_)；

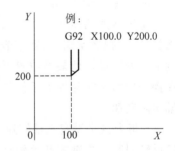

图 2-8 坐标系建立指令 G92

用 MDI 面板可以建立 6 个工件坐标系，程序选用哪个坐标系可以用 G54～G59 来选择。但这个功能要在返回参考点操作后才成立。

工件坐标系一旦选定，后续程序段中绝对值编程时的指令值均为相对此工件坐标系原点的值。

G54～G59 为模态功能，可相互注销，G54 为默认值。

该指令执行后,所有坐标值指定的坐标尺寸都是选定的工件坐标系中的位置。1~6号工件坐标系是通过 CRT/MDI 方式设置的。

例:在图 2-9 工件中,用 CRT/MDI 在参数设置方式下设置了两个工件坐标系:

G54:X-50 Y-50 Z-10
G55:X-100 Y-100 Z-20

这时,建立了原点在 O' 的 G54 工件坐标系和原点在 O'' 的 G55 工件坐标系。若执行下述程序段:

N10 G53 G90 X0 Y0 Z0
N20 G54 G90 G01 X50 Y0 Z0 F100
N30 G55 G90 G01 X100 Y0 Z0 F100

则刀尖点的运动轨迹如图 2-9 中的 OAB 所示。

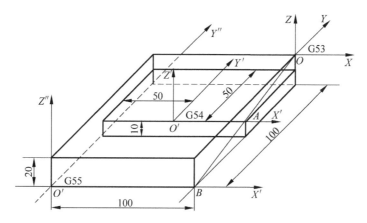

图 2-9 设置工件坐标系

注意事项:

(1) G54 与 G55~G59 的区别

G54~G59 设置工件坐标系的方法是一样的,但在实际情况下,机床厂家为了用户的不同需要,在使用中有以下区别:利用 G54 设置机床原点的情况下,进行返回参考点操作时机床坐标值显示为 G54 的设定值,且符号均为正;利用 G55~G59 设置工件坐标系的情况下,进行返回参考点操作时机床坐标值显示零值。

(2) G92 与 G54~G59 的区别

G92 指令与 G54~G59 指令都用于设定工件坐标系,但在使用中是有区别的。G92 指令是通过程序来设定、选用工件坐标系的,它所设定的工件坐标系原点与当前刀具所在的位置有关,这一加工原点在机床坐标系中的位置是随当前刀具位置的不同而改变的。

(3) G54~G59 的修改

G54~G59 指令是通过 MDI 在设置参数方式下设定工件坐标系的,一旦设定,加工原点在机床坐标系中的位置是不变的,它与刀具的当前位置无关,除非再通过 MDI 方式修改。

常见错误:

当执行程序段"G92 X10 Y10"时,常会认为是刀具在运行程序后到达 X10,Y10 点上。其实,G92 指令程序段只是设定工件坐标系,并不产生任何动作,这时刀具已在工件坐标系中的 X10 Y10 点上。

G54~G59 指令程序段可以和 G00、G01 指令组合,如执行 G54 G90 G01 X10 Y10 时,运动部件在选定的工件坐标系中进行移动。程序段运行后,无论刀具当前点在哪里,它都会移动到工件坐标系中的 X10,Y10 点上。

2. 坐标平面选择——G17、G18、G19(模态)

格式:G17(G18、G19)其他 G 指令坐标位置;

其中,G17、G18、G19 分别指定 XY、XZ、YZ 平面,如图 2-10 所示。

例:G90 G17 G01 X100.0 Z50.0 F3.0;

如果不使用平面选择指令,系统默认为 G17 平面。

2.2.2.2 坐标值和尺寸

1. 绝对坐标和增量坐标编程——G90、G91(模态)

格式:G90(G91) X_Y_Z_;

G90:绝对坐标;G91:增量坐标。

这两个 G 代码规定后续程序中的坐标值是按绝对坐标走刀还是按增量坐标走刀。从下面例子可以看出二者的差别,如图 2-11 所示。

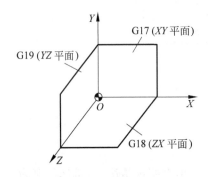

图 2-10 坐标平面

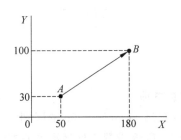

图 2-11 G90、G91 命令程序例图

按绝对坐标编程时,程序为

G90 G00 X180.0 Y100.0;

按照增量坐标编程,则写为

G91 G00 X130.0 Z70.0;

增量编程中,坐标值为终点坐标减起点坐标。出现负值时,表示沿坐标轴负方向走刀。

2. 英制/公制转换——G20、G21(模态)

数控系统可以使用英制和公制两种单位体制。它们可以在参数中进行预置,也可以通过编程来规定和转换。

格式：G20(G21)；

其中，G20 为英制输入，G21 为公制输入。

它要求在坐标系建立前的一个独立的程序块中进行编程。

例如：

N0010 G21；
N0020 G92 X100.0 Z200.0；
…
N0100 M30；

2.2.2.3 插补功能

1. 快速定位——G00（模态）

格式：G00 X_Y_Z_

说明：快速走刀到坐标为 X_Y_Z_的点。

例：N0010 G00 X50.0 Z25.0

这段程序使刀具从当前位置快速走刀到坐标为 $X=50.0,Y=25.0$ 的点。快速走刀的速度是在参数系统中设定的。

如果使用相对坐标编程，还可以写成：

N0010 G00 X－20.0 Z－55.0

2. G01——直线插补（模态）

格式：G01 X_Y_Z_F_

说明：以规定速度走刀到坐标为 X_Y_Z_的点。

使用这条命令时，应在同一程序段中规定进刀速度，否则它将以前面最近处给定的速度走刀。

例（见图 2-12）：N0005 G01 X100.0 Z50.0 F40

在知道当前位置坐标时，同样可以用相对坐标进行编程。

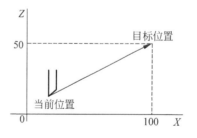

图 2-12 快速定位指令 G01 应用举例

3. 圆弧插补——G02、G03（模态）

格式：G02(G03) X_Y_Z_I_J_K_F_；

或 G02(G03) X_Y_Z_R_F_；

上面各项中：

G02：顺时针插补。

G03：逆时针插补。

X，Y，Z：给出圆弧终点的坐标。

I，J，K：起点到圆心向量在 X、Y、Z 三个坐标轴的投影值，有正负。

R：圆弧半径。

F：插补走刀速度。

使用半径编辑圆弧时，要注意如下两点：

(1) 它无法编辑整圆。

(2) R 值在被编辑圆弧夹角小于等于 180°时取正，大于 180°时取负。这是由于在给出半径值和终点时，能画出两个圆弧。有了符号的规定，则圆弧就是唯一的了，图 2-13 说明了半径符号的取法。

下面以图 2-14 为例，说明圆弧编程。

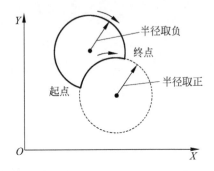

图 2-13　圆弧插补半径 R 的符号说明

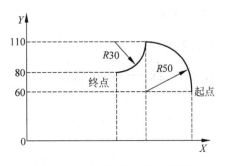

图 2-14　圆弧插补编程实例图

使用绝对值编程，用 I、J、K：

G17 G92 X170.0 Y60.0；
G90 G03 X120.0 Y110 I—50.0 F100.0；
　　G02 X90.0 Y80.0 I—30.0 ；

使用绝对值编程，用 R：

G17 G92 X170.0 Y60.0；
G90 G03 X120.0 Y110.0 R50.0 F100.0；
　　G02 X90 Y80 R30 ；

使用增量值编程，用 I、J、K：

G17 G92 X170.0 Y60.0；
G91 G03 X—50.0 Y50.0 I—50.0 F100.0；
　　G02 X—30.0 Y—30.0 I—30.0 ；

使用增量值编程，用 R：

G17 G92 X170.0 Y60.0；
G91 G03 X—50.0 Y50.0 R50.0 F100.0；
　　G02 X—30.0 Y—30.0 R30.0；

2.2.2.4　刀具补偿功能

1. 刀具半径补偿功能——G40、G41、G42

数控机床在实际加工过程中是通过控制刀具中心轨迹来实现切削加工任务的。在编程过程中，为了避免复杂的数值计算，一般按零件的实际轮廓来编写数控程序，但刀具具有一定的半径尺寸,如果不考虑刀具半径尺寸,那么加工出来的实际轮廓就会与图纸所要求的轮廓相差一个刀具半径值。因此,需要采用刀具半径补偿功能来解决这一问题。

根据零件轮廓编制的程序和预先设定的偏置参数,数控系统能自动完成刀具半径补偿功能。G40、G41、G42 为刀具半径补偿指令。

格式:$\begin{Bmatrix} G17 \\ G18 \\ G19 \end{Bmatrix} \begin{Bmatrix} G40 \\ G41 \\ G42 \end{Bmatrix} \begin{Bmatrix} G00 \\ G01 \end{Bmatrix} X\_Y\_Z\_D\_$

说明:

G40:取消刀具半径补偿;

G41:左刀补(在刀具前进方向左侧补偿),如图 2-15(a)所示;

G42:右刀补(在刀具前进方向右侧补偿),如图 2-15(b)所示;

X,Y,Z:G00/G01 的参数,即刀补建立或取消的终点;

D:G41/G42 的参数,即刀补号码,它代表了刀补表中对应的半径补偿值。

G40、G41、G42 都是模态代码,可相互注销。

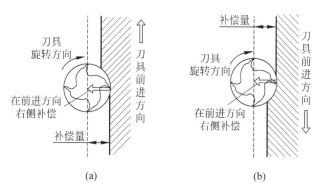

图 2-15 刀具半径补偿方向

(a) 左刀补 G41;(b) 右刀补 G42

刀具半径补偿的工作过程一般可分为三步,如图 2-16 所示:

1) 刀补建立

刀具从起刀点接近工件,并在原来编程轨迹基础上,向左(G41)或向右(G42)偏置一个刀具半径(见图 2-16 中的粗虚线)。在该过程中不能进行零件加工。在该段中,动作指令只能用 G00 或 G01,不能用 G02 或 G03。

2) 刀补进行

刀具中心轨迹(见图 2-16 中的细虚线)与编程轨迹(见图 2-16 中的细实线)始终偏离一个刀具半径的距离。

3) 刀补撤销

刀具撤离工件,使刀具中心轨迹的终点与编程轨迹的终点(如起刀点)重合(见图 2-16 中的粗虚

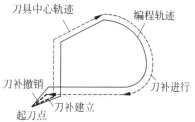

图 2-16 刀具半径补偿的工作过程

线)。它是刀补建立的逆过程,同样,在该过程中不能进行零件加工。在该段中,动作指令也只能用G00或G01,不能用G02或G03。

2. 刀具长度补偿功能——G43、G44、G49(模态)

格式:补偿A:G43 Z_H_;Z向正长度补偿
　　　　　G44 Z_H_;Z向负长度补偿
　　　补偿B:G17 G43 Z_H_;Z向正长度补偿
　　　　　　G17 G44 Z_H_;Z向负长度补偿
　　　　　　G18 G43 Y_H_;Y向正长度补偿
　　　　　　G18 G44 Y_H_;Y向负长度补偿
　　　　　　G19 G43 X_H_;X向正长度补偿
　　　　　　G19 G44 X_H_;X向负长度补偿
　　　补偿C:G43 α_H_;α向正长度补偿
　　　　　　G44 α_H_;α向负长度补偿
　　　取消补偿:G49;或者H0;取消长度补偿

每个H代码可以调用一组补偿值。对G43命令,实际走刀终点坐标为编程坐标+H_,对G44命令则为编程坐标-H_。而H0也可以被用来取消长度补偿。实际上,H0可以理解为调用补偿值0。

补偿值的设置范围:公制±999.999mm,英制±99.9999in。

例如:刀具长度补偿B沿X、Y轴进行补偿时,有:

G19 G43 X235.0 H3;对X轴进行补偿进刀。
G18 G43 X138.0 H4;对Y轴进行补偿进刀。

对不同的轴向进行补偿,要在不同的程序块中进行。

2.3　数控程序编制的内容及步骤

在数控编程之前,编程人员应首先了解所用数控机床的规格、性能、数控系统所具备的功能及编程指令格式等要求,其次根据零件形状尺寸及其技术要求,分析零件的加工工艺,选定合适的机床、刀具与夹具,确定合理的零件加工工艺路线、工步顺序以及切削用量等工艺参数,这些工作与普通机床加工零件时的编制工艺规程基本是相同的。

2.3.1　加工工艺决策

1. 夹具的设计和选择

在夹具设计和选择时,应特别注意要迅速完成工件的定位和夹紧过程,以减少辅助时间。使用组合夹具,生产准备周期短,夹具零件可以反复使用,经济效果好。此外,所用夹具应便于安装,便于协调工件和机床坐标系之间的尺寸关系。

2. 选择合理的走刀路线——加工路线

合理地选择走刀路线对于数控加工是很重要的,主要考虑以下几个方面:

(1) 尽量缩短走刀路线,减少空走刀行程,提高生产效率。

(2) 合理选取起刀点、切入点和切入方式,保证切入过程平稳,没有冲击。

(3) 保证加工零件的精度和表面粗糙度的要求。

(4) 保证加工过程的安全性,避免刀具与非加工面的干涉。

(5) 有利于简化数值计算,减少程序段数目和编制程序工作量。

3. 选择合理的刀具

根据工件材料的性能、机床的加工能力、加工工序的类型、切削用量以及其他与加工有关的因素来选择刀具,包括刀具的结构类型、材料牌号、几何参数。

数控机床上所采用的刀具要根据被加工零件的材料、几何形状、表面质量要求、热处理状态、切削性能及加工余量等,选择刚性好、耐用度高的刀具。

4. 确定合理的切削用量

切削用量包括主轴转速(切削速度)、背吃刀量和进给量。对于不同的加工方法,需要选择不同的切削用量,并应编入程序单内。合理选择切削用量的原则是:粗加工时,一般以提高生产率为主,但也应考虑经济性和加工成本,通常选择较大的背吃刀量和进给量,采用较低的切削速度;半精加工和精加工时,应在保证加工质量的前提下,兼顾切削效率、经济性和加工成本,通常选择较小的背吃刀量和进给量,并选用切削性能高的刀具材料和合理的几何参数,以尽可能提高切削速度。具体数值应根据机床说明书、切削用量手册并结合经验而定。

(1) 背吃刀量 a_p(mm),亦称切削深度,主要根据机床、夹具、刀具和工件的刚度来决定。在刚度允许的情况下,应以最少的进给次数切除加工余量,最好一次切除余量,以便提高生产效率。精加工时,则应着重考虑如何保证加工质量,并在此基础上尽量提高生产率。在数控机床上,精加工余量可小于普通机床,一般取 0.2~0.5mm。

(2) 主轴转速 n(r/min)主要根据允许的切削速度 v_c(m/min)选取。

(3) 进给量(进给速度)f(mm/min 或 mm/r)是数控机床切削用量中的重要参数,主要根据零件的加工精度和表面粗糙度要求以及刀具、工件材料性质选取。

最大进给量则受机床刚度和进给系统的性能限制并与脉冲当量有关。当加工精度、表面粗糙度要求高时,进给速度(进给量)应选小些,一般在 20~50mm/min 范围内选取。粗加工时,为缩短切削时间,一般进给量就取得大些。工件材料较软时,可选用较大的进给量;反之,应选较小的进给量。

2.3.2 刀位轨迹计算

在编写 NC 程序时,根据零件形状尺寸、加工工艺路线的要求和定义的走刀路径,在适当的工件坐标系上计算零件与刀具相对运动的轨迹的坐标值,以获得刀位数据,例如几何元素的起点、终点、圆弧的圆心、几何元素的交点或切点等坐标值,有时还需要根据这些数据计算刀具中心轨迹的坐标值,并按数控系统最小设定单位(如 0.001mm)将上述坐标值转换成相应的数字量,作为编程的参数。

在计算刀具加工轨迹前,正确选择编程原点和工件坐标系是极其重要的。工件坐标系是指在数控编程时,在工件上确定的基准坐标系,其原点也是数控加工的对刀点。

工件坐标系的选择原则为:

(1) 所选的工件坐标系应使程序编制简单；

(2) 工件坐标系原点应选在容易找正，并在加工过程中便于检查的位置；

(3) 引起的加工误差小。

2.3.3　编制或生成加工程序清单

根据制定的加工路线、刀具运动轨迹、切削用量、刀具号码、刀具补偿要求及辅助动作，按照机床数控系统使用的指令代码及程序格式要求，编写或生成零件加工程序清单，并需要进行初步的人工检查，并进行反复修改。

2.3.4　程序输入

在早期的数控机床上都配备光电读带机，作为加工程序输入设备，因此，对于大型的加工程序，可以制作加工程序纸带，作为控制信息介质。近年来，许多数控机床都采用磁盘、计算机通信技术等各种与计算机通用的程序输入方式，实现加工程序的输入，因此，只需要在普通计算机上输入编辑好的加工程序，就可以直接传送到数控机床的数控系统中。当程序较简单时，也可以通过键盘人工直接输入到数控系统中。

2.3.5　数控加工程序正确性校验

通常所编制的加工程序必须经过进一步的校验和试切削才能用于正式加工。当发现错误时，应分析错误的性质及其产生的原因，或修改程序单，或调整刀具补偿尺寸，直到符合图纸规定的精度要求为止。

2.4　编程实例

如图 2-17 所示工件，毛坯为 $\phi 45\mathrm{mm} \times 120\mathrm{mm}$ 的棒材，材料为 45 钢，数控车削端面、外圆。

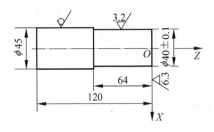

图 2-17　零件图样

1. 根据零件图样要求、毛坯情况，确定工艺方案及加工路线

（1）对短轴类零件，轴心线为工艺基准，用三爪自定心卡盘夹持 $\phi 45$ 外圆，使工件伸出卡盘 80mm，一次装夹完成粗精加工。

（2）工步顺序：

① 粗车端面及 $\phi 40$mm 外圆，留 1mm 精车余量。

② 精车 $\phi 40$mm 外圆到尺寸。

2. 选择机床设备

根据零件图样要求,选用经济型数控车床即可达到要求。例如可选用CK0630型数控卧式车床。

3. 选择刀具

根据加工要求,选用两把刀具,T01 为 90°粗车刀,T03 为 90°精车刀。同时把两把刀在自动换刀刀架上安装好,且都对好刀,把它们的刀偏值输入相应的刀具参数中,如图 2-18 所示。

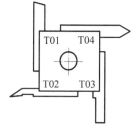

图 2-18 选择刀具

4. 确定切削用量

切削用量的具体数值应根据该机床性能、相关的手册并结合实际经验确定,详见加工程序。

5. 确定工件坐标系、对刀点和换刀点

确定以工件右端面与轴心线的交点 O 为工件原点,建立 XOZ 工件坐标系,如图 2-17 所示。

采用手动试切对刀方法(操作与前面介绍的数控车床对刀方法基本相同)把点 O 作为对刀点。换刀点设置在工件坐标系下 $X55$、$Z20$ 处。

6. 编写程序(以华中数控车床为例)

按该机床规定的指令代码和程序段格式,把加工零件的全部工艺过程编写成程序清单。

```
N0010   G59   X0    Z100          ;设置工件原点偏置
N0020   G90
N0030   G92   X55   Z20           ;设置换刀点
N0040   M03   S600
N0050   T01                       ;取 1 号 90°偏刀,粗车
N0060   G00   X46   Z0
N0070   G01   X0    Z0
N0080   G00   X0    Z1
N0090   G00   X41   Z1
N0100   G01   X41   Z-64   F80    ;粗车φ40mm 外圆,留 1mm 精车余量
N0110   G28
N0120   G29                       ;回换刀点
N0130   T03                       ;取 3 号 90°偏刀,精车
N0140   G00   X40   Z1
N0150   M03   S1000
N0160   G01   X40   Z-64   F40    ;精车φ40mm 外圆到尺寸
N0170   G00   X55   Z20
N0180   M05
N0190   M02
```

2.5 数控加工过程仿真

数控加工过程仿真是应用虚拟技术进行数控加工过程操作的表现形式。数控加工程序直接影响到加工零件的质量,对数控加工过程的仿真动态分析不仅可以消除加工程序的错误,而且可以优化加工过程,提高零件的加工质量。

1. 数控加工过程仿真概述

从上节所知,数控机床在加工零件时是靠数控指令程序控制完成的。为确保数控程序的正确性,防止加工过程中工件和刀具相互干涉和碰撞,在实际生产中,常采用试切的方法进行检验。这种方法费工费料,代价昂贵,使生产成本上升,增加了产品加工时间和生产周期。随着科学技术的发展,后来又采用轨迹显示法,即以划针或笔代替刀具,以着色板或纸代替工件来仿真刀具运动轨迹的二维图形(也可以显示二维半的加工轨迹),但这种方法也有相当大的局限性。对于工件的三维和多维加工,也有用易切削的材料代替工件(如石蜡、木料、改性树脂和塑料等)来检验加工的切削轨迹。但是,试切要占用数控机床和加工现场。为此,人们一直在研究能逐步代替试切的计算机仿真方法——数控加工过程仿真。

数控加工过程仿真是利用计算机来模拟实际的加工过程,它提供了一种快速验证数控程序正误性的方法,是 CAD/CAM 的一项重要技术之一。在现代加工生产中,为提高生产效率,获得较高的加工精度,决定性的一步就是在加工之前能够给出加工参数的合理评判以及对产品质量的合理预测。

利用数控加工过程仿真可以有效验证数控加工程序的可靠性、正确性,预测切削过程中可能出现的问题,减少了工件的试切和试制风险,节约了成本,提高了生产效率。

2. 数控加工过程仿真的现状及发展

从试切环境的模型特点来看,目前 NC 切削过程仿真分几何仿真和力学仿真两个方面。几何仿真不考虑切削参数、切削力及其他物理因素的影响,只仿真刀具-工件几何体的运动,以验证 NC 程序的正确性。它可以减少或消除因程序错误而导致的机床损伤、夹具破坏或刀具折断、零件报废等问题;同时可以减少从产品设计到制造的时间,降低生产成本。切削过程的力学仿真属于物理仿真范畴,它通过仿真切削过程的动态力学特性来预测刀具破损、刀具振动,控制切削参数,从而达到优化切削过程的目的。

国内外绝大多数已开发研制出的数控仿真系统都是几何仿真系统,并在试切环境的模型化、仿真计算和图形显示等方面取得了重要的进展,目前正向提高模型的精确度、仿真计算实时化和改善图形显示的真实感等方向发展。几何仿真技术的发展是随着几何建模技术的发展而发展的,包括定性图形显示和定量干涉验证两方面。目前常用的方法有直接实体造型法,基于图像空间的方法和离散矢量求交法。

如果能够建立起一个基于产品质量预测与分析的数控仿真系统,一方面可以对工件及刀具做出精确的几何描述,对数控程序进行验证;另一方面可以对加工过程中任意时刻的几何信息进行提取(如切屑厚度,切屑几何形状,刀刃与工件啮合部分),根据数控加工过程的动力学模型,对影响加工质量的因素进行科学的预测,来获得优化的加工过程参数(如合适的刀具,进给率等)。建立这样的仿真系统,在实际加工之前可以获得优化的切削加工参数,避免了传统的加工参数依照手册或经验的保守选择,充分发挥了机床的潜能,大大提高了生产效率,而且可以对加工产品的精度进行预测,给出满足加工要求的误差补偿方法,设计出合理的切削工艺方案。只有这样,数控仿真系统才会发挥更大的作用,才能成为完善的、真正意义上的仿真系统。为此,人们一直在研究能逐步代替试切的计算机仿真方法,并在试切环境的模型化、仿真计算和图形显示等方面取得了重要的进展,目前正向提高模型的精确度、仿真计算实时化和改善图形显示的真实感等方向发展。

第3章 计算机辅助工艺设计

计算机辅助工艺设计是通过运用计算机进行机械加工工艺设计,其种类和形式较多,有通用型和专用型。由于各企业之间的生产类型的不同,其计算机辅助工艺设计的步骤和结构亦有所不同。本章以具有自主知识产权的国产 CAXA2007 工艺图表软件为例,对计算机辅助工艺设计方法和步骤加以说明。

3.1 CAXA 工艺图表简介

CAXA 工艺图表是高效快捷的工艺卡片编制软件,可以方便地引用设计的图形和数据,同时为生产制造准备各种需要的管理信息。CAXA 工艺图表以工艺规程为基础,针对工艺编制工作繁琐复杂的特点,以"知识重用和知识再用"为指导思想,提供了多种实用方便的快速填写和绘图手段,可以兼容多种 CAD 数据,真正做到"所见即所得"的操作方式,符合工艺人员的工作思维和操作习惯。它提供了大量的工艺卡片模板和工艺规程模板,可以帮助技术人员提高工作效率,缩短产品的设计和生产周期,把技术人员从繁重的手工劳动中解脱出来,并有助于促进产品设计和生产的标准化、系列化、通用化。

CAXA 工艺图表适合于制造业中所有需要工艺卡片的场合,如:机械加工工艺、冷冲压工艺、热处理工艺、锻造工艺、压力铸造工艺、表面处理工艺、电器装配工艺以及质量跟踪卡、施工记录票等。利用它提供的大量标准模板,可以直接生成工艺卡片,用户也可以根据需要定制工艺卡片和工艺规程。由于 CAXA 工艺图表集成了电子图板的所有功能,因此也可以用来绘制二维图纸。

3.1.1 系统特点

CAXA 工艺图表与 CAD 系统的完美结合使得表格设计精确而快捷;功能强大的各类卡片模板定制手段,所见即所得的填写方式,智能关联填写和丰富的工艺知识库使得卡片的填写准确而轻松;特有的导航与辅助功能全面实现工艺图表的管理。

(1) 与 CAD 系统的完美结合。CAXA 工艺图表全面集成了电子图板,可完全按电子图板的操作方式使用,利用电子图板强大的绘图工具、标注工具、标准件库等功能,可以轻松制作各类工艺模板,灵活快捷地绘制工艺文件所需的各种图形,高效地完成工艺文件的编制。

(2) 快捷的各类卡片模板定制手段。利用 CAXA 工艺图表的模板定制工具,可对各种类型的单元格进行定义,按用户的需要定制各种类型的卡片。系统提供完整的单元格属性定义,可满足用户的各种排版与填写需求。

(3) 所见即所得的填写方式。CAXA 工艺图表的填写与 Word 一样实现了所见即所得,文字与图形直接按排版格式显示在单元格内。除单元格底色外,用户通过 CAXA 浏览器看到的填写效果与绘图输出得到的实际卡片是相同的。

(4) 智能关联填写。CAXA 工艺图表工艺过程卡片的填写不但符合工程技术人员的设计习惯,而且填写的内容可自动填写到相应的工序卡片;卡片上关联的单元格(如刀具编号和刀具名称)可自动关联;自动生成工序号可自动识别用户的各个工序记录,并按给定格式编号;利用公共信息的填写功能,可一次完成所有卡片公共项目的填写。

(5) 丰富的工艺知识库。CAXA 工艺图表提供专业的工艺知识库,辅助用户填写工艺卡片;开放的数据库结构,允许用户自由扩充,定制自己的知识库。

(6) 统计与公式计算功能。CAXA 工艺图表可以对单张卡片中的单元格进行计算或汇总,自动完成填写,利用汇总统计功能,还可定制各种形式的统计卡片,把工艺规程中相同属性的内容提取出来,自动生成工艺信息的统计输出。一般用来统计过程卡中的工序信息、设备信息、工艺装备信息等。

(7) 工艺卡片与其他软件的交互使用。通过系统剪贴板,CAPP 工艺卡片内容可以在 Word、Excel、Notes 等软件中读入与输出。

(8) 标题栏重用。可以将 *.exb、*.dwg、*.dxf 格式的二维图纸标题栏中的图纸名称、图纸编号和材料名称等信息自动填写到工艺卡片中。

(9) 打印排版功能。使用打印排版工具,可以在大幅面的图纸上排版打印多张工艺卡片,也可实现与电子图板图形文件的混合排版打印。

(10) 系统集成。① 与工艺汇总表的结合:CAXA 工艺汇总表与是 CAXA 工艺解决方案系统的重要组成部分,工艺图表将工艺人员制定的工艺信息输送给汇总表,汇总表进行数据的提取与入库,最终进行统计汇总,形成各种 BOM 信息。

② 易于与 POM 系统集成:工艺图表基于文档式管理,更加方便灵活的与 POM 系统集成,方便对 POM 数据进行管理。

③ XML 文件接口:提供通用的 XML 数据接口,可以方便的与多个软件进行交互集成。

3.1.2 CAXA 工艺图表的运行

运行 CAXA 工艺图表有 5 种方法:

(1) 在正常安装完成时,Windows 桌面会出现【CAXA 工艺图表】图标,双击图标可运行软件。

(2) 单击【开始】→【程序】→【CAXA 工艺图表】→【CAXA 工艺图表】菜单项可以运行软件。

(3) 直接单击工艺文件(*.cxp),即可运行 CAXA 工艺图表并打开此文件。

(4) 直接运行安装目录(例如 c:\CAXA\CAXACAPP\bin)下的 capp.exe 文件。

(5) 通过 XML 数据文件接口方式,可以从图文档、工艺汇总表中启动工艺图表程序。

3.1.3 系统界面(图形与工艺)

CAXA 工艺图表具有图形和工艺两种工作环境。如图 3-1 所示为图形界面,是定制工艺模板状态;如图 3-2 所示为工艺界面,是填写工艺文件状态。利用 Ctrl+Tab 键或者选择【工艺】菜单下的【图形/工艺间切换】命令可随时在两种界面之间进行切换。

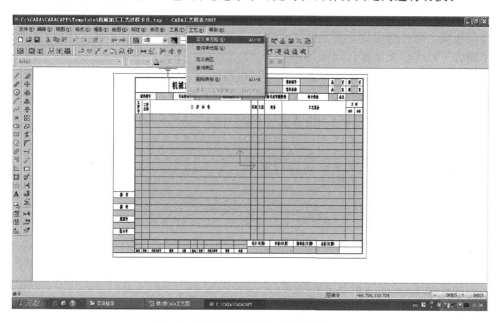

图 3-1　图形环境（定制工艺模板状态）

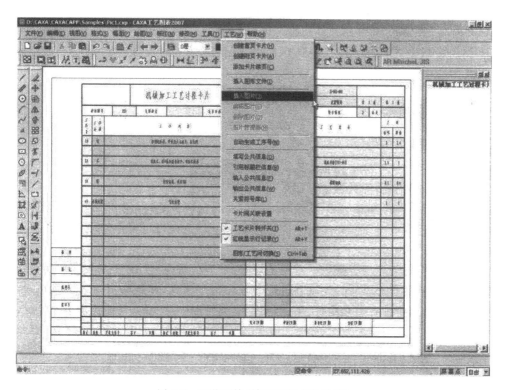

图 3-2　工艺环境（填写工艺文件状态）

1. 图形环境

软件启动后自动进入图形环境,新建电子图板文件或打开电子图板文件都会自动进入图形环境。此界面集成了完整的电子图板环境,并添加了【工艺】菜单。在图形环境下,可实现以下几种主要功能:

(1) 绘制图形。操作界面与方式同电子图板完全相同,利用绘图、编辑、标准件库等多种工具,可绘制用户所需的各种二维图形。

(2) 打开、编辑现有的 CAD 格式文件(如 DWG/DXF、EXB 等)。

(3) 绘制工艺卡片表格。

(4) 定制工艺规程模板与工艺卡片模板。

(5) 管理系统工艺规程模板。

2. 工艺环境

新建、打开工艺规程文件或工艺卡片文件后,软件自动切换到此环境。此界面也集成了电子图板的绘图功能,但是【工艺】菜单以及【文件】菜单中的选项与图形环境有所不同。

在此环境中,可实现如下主要功能:

(1) 编制、填写工艺规程文件或工艺卡片文件。利用定制好的模板,可建立各种类型的工艺文件。各卡片实现了所见即所得的填写方式。利用卡片树、知识库及【工艺】菜单下的各种工具可方便的实现工艺规程卡片的管理与填写。

(2) 管理或更新当前工艺规程文件的模板。

(3) 绘制工艺附图。利用集成的电子图板工具,可直接在卡片中绘制、编辑工艺附图。

(4) 工艺文件检索、卡片绘图输出等。

3.1.4 常用术语释义

1. 工艺规程

工艺规程是组织和指导生产的重要工艺文件,一般来说,工艺规程应该包含过程卡与工序卡,以及其他卡片(如首页、附页、统计卡、质量跟踪卡等)。

在 CAXA 工艺图表中,可根据需要定制工艺规程模板,通过工艺规程模板把所需的各种工艺卡片模板组织在一起。必须指定其中的一张卡片为过程卡,各卡片之间可指定公共信息。

利用定制好的工艺规程模板新建工艺规程,系统自动进入过程卡的填写界面,过程卡是整个工艺规程的核心。应首先填写过程卡片的工序信息,然后通过其行记录创建工序卡片,并为过程卡添加首页和附页,创建统计卡片、质量跟踪卡等,从而构成一个完整的工艺规程。

工艺规程的所有卡片填写完成后存储为工艺文件(*.cxp)。

图 3-3 为一个典型工艺规程的结构图。

2. 工艺过程卡

按工序的顺序来简要描述工件的加工过程或工艺路线的工艺文件称为工艺过程卡,

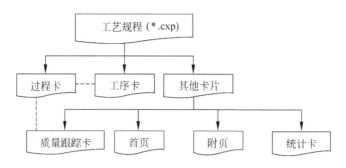

图 3-3 工艺规程示意图

每一道工序可能会对应一张工序卡,对该道工序进行详细的说明等。在工艺不复杂的情况下,可以只编写工艺过程卡。

在 CAXA 工艺图表中,过程卡是工艺规程的核心卡,有些操作是只对工艺过程卡有效的,例如:利用行记录生成工序卡,利用统计卡统计工艺信息等。建立一个工艺规程时,首先填写过程卡,然后从过程卡生成各工序的工序卡,并添加首页、附页等其他卡片,从而构成完整的工艺规程。

3. 工序卡

工序卡是详细描述一道工序的加工信息的工艺卡,它和过程卡上的一道工序记录相对应。工序卡一般具有工艺附图,并详细说明该工序的每个工步的加工内容、工艺参数、操作要求、所用设备和工艺装备等。

如果新建一个工艺规程,那么工序卡只能由过程卡生成,并保持与过程卡的关联。

4. 公共信息

在一个工艺规程之中,各卡片有一些相同的填写内容,如产品型号、产品名号、零件名称等,在 CAXA 工艺图表中,可以将这些填写内容定制为公共信息,当填写或修改某一张卡片的公共信息内容时,其余的卡片自动更新。

3.1.5 文件类型说明

(1) Exb 文件:CAXA 电子图板文件。在工艺图表的图形界面中绘制的图形或表格,保存为 *.exb 文件。

(2) Cxp 文件:工艺文件。填写完毕的工艺规程文件或者工艺卡片文件保存为 *.cxp 文件。

(3) Txp 文件:工艺卡片模板文件。存储在安装目录下的 Template 文件夹下。

(4) Rgl 文件:工艺规程模板文件。存储在安装目录下的 Template 文件夹下。

3.1.6 常用键盘与鼠标操作

F1:请求系统帮助,两种状态都有效。

F2:当系统处于填写状态时,其作用是开关卡片树与知识库。

F3:显示全部,两种状态都有效。

PageUp：显示放大，两种状态都有效。

PageDown：显示缩小，两种状态都有效。

Ctrl：当系统处于定制状态，定义单元格属性时，按住 Ctrl 键，可实现连续选择。

Alt＋D：当系统处于定制状态时，Alt＋D 的作用是定义单元格属性。

Alt＋R：当系统处于定制状态时，Alt＋D 的作用是删除单元格属性。

Alt＋T：当系统处于填写状态时，Alt＋T 的作用是工艺卡片树窗口开关。

Ctrl＋Tab：在填写卡片状态和定制模板状态之间进行切换。

Ctrl＋鼠标左键：当系统处于填写卡片状态时，选中该行记录。

Tab：在表区域填写时，Tab 键以 Word 方式切换单元格，进行填写。

方向键：当系统处于填写状态，填写单元格时，按 Ctrl＋方向键，移动填写单元格。非填写状态处于动态平移。

Shift＋方向键：当系统处于填写状态，按 Shift＋方向键，在卡片树中的卡片间进行切换，并打开该卡片；当系统处于定制状态，按 Shift＋方向键实现动态平移。

鼠标滚轮：可以实现放大、缩小、平移显示。

鼠标右键：在不同的应用环境下，适用右键菜单可方便的使用某些命令。

注意：

（1）当系统处于图形环境时，电子图板所有的常用键在 CAXA 工艺图表中都有效。

（2）当系统处于工艺环境，填写工艺文件时，只有 F1、Tab、Ctrl＋Tab、方向键和 Shift＋方向键 5 个快捷键有效。

3.2 工艺模板定制

3.2.1 工艺模板概述

在生成工艺文件时，需要填写大量的工艺卡片，将相同格式的工艺卡片格式定义为工艺模板，这样填写卡片时直接调用工艺模板即可，而不需要多次重复绘制卡片。

系统提供两种类型的工艺模板：

（1）工艺卡片模板（＊.txp）：可以是任何形式的单张卡片模板，如过程卡模板、工序卡模板、首页模板、工艺附图模板、统计卡模板等；

（2）工艺规程模板（＊.rgl）：一组工艺卡片模板的集合。其中必须包含一张过程卡片模板，还可添加其他需要的卡片模板，如工序卡模板、首页模板、附页模板等，各卡片之间可以设置公共信息。

CAXA 工艺图表提供了常用的各类工艺卡片模板和工艺规程模板，存储在安装目录下的 Template 文件夹下。选择【文件】下拉菜单中的【新文件】命令或 图标，在弹出的对话框中可以看到已有的模板，如图 3-4 所示。

由于生产工艺的千差万别，现有模板不可能满足所有的工艺文件要求，用户需要亲手定制符合自己要求的工艺卡片模板。利用 CAXA 工艺图表的图形环境，用户可以方便快捷地绘制并定制出各种模板，下面详细介绍其操作过程。

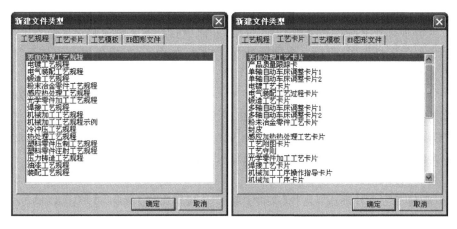

图 3-4　软件自带模板

3.2.2　绘制卡片模板

1. 卡片绘制注意事项

以下规则中涉及的线形、图层、文字属性等,请参考《CAXA 电子图板用户手册》。

(1) 幅面设置。选择【幅面】菜单下的【图幅设置】命令,弹出如图 3-5 所示的对话框,作以下设置:按实际需要设置图纸幅面与图纸比例;图纸方向(横放或竖放),注意必须与实际卡片相一致。

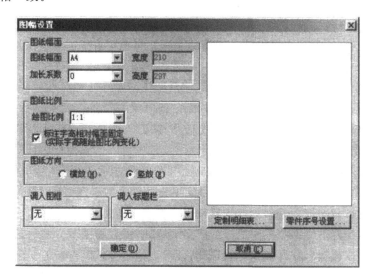

图 3-5　【图幅设置】对话框

(2) 卡片中单元格的要求:

① 卡片中需要定义的单元格必须是封闭的矩形。

② 定义列单元格宽度、高度必须相等。

(3) 卡片的定位方式：

① 当卡片有外框时，以外框的中心定位，外框中心与系统坐标原点重合。

② 当卡片无外框时，可画一个辅助外框，以外框的中心定位，外框中心与系统坐标原点重合，定位完后再删除辅助外框。

(4) 文字定制：文字的定位方式。向单元格内填写文字时使用【搜索边界】的方式，并选择相应的对齐方式，这样可以更准确地把文字定位到指定的单元格中。

注意：如果卡片是从 AutoCAD 转过来的，必须要把卡片上的所有线及文字设到 CAXA 默认的细实线层，然后再删除 AutoCAD 的所有图层。

2. 绘制卡片表格

(1) 新建工艺卡片模板：选择【文件】菜单下的【新文件】命令，或单击 ▢ 图标，或按快捷键 Ttrl+N，弹出【新建文件类型】对话框，如图 3-6 所示。选择【工艺模板】选项卡，双击列表框中的【工艺卡片模板】项。

图 3-6 【新建文件类型】对话框

(2) 系统自动进入工艺图表的"图形界面"，利用集成的电子图板绘图工具(如直线、橡皮、偏移等)，绘制表格。各工具的具体操作请参考《CAXA 电子图板用户手册》。图 3-7 是一个绘制完成的卡片表格。

绘制多行表格可使用【等距线】绘图功能，操作步骤如下：

① 绘制多行表格的首行和末行表格线。

② 选择【绘图】→【直线】命令或工具栏中的按钮 ╱ 。

③ 在窗口底部的立即菜单中选择【等分线】方式，并设置要等分的份数。

④ 用鼠标左键拾取首行与末行表格线，即可生成等分线。

除了直接绘制表格，还可以直接使用电子图板绘制的表格或 DWG/DXF 类型的表格，具体方法为：

① 选择【文件】菜单下的【打开文件】命令，或单击到图标 📂，弹出【打开文件】对话框。

② 在文件类型下拉列表中选择 ∗.exb 或 ∗.dwg；∗.dxf 文件类型，并选择要打开的表格文件。

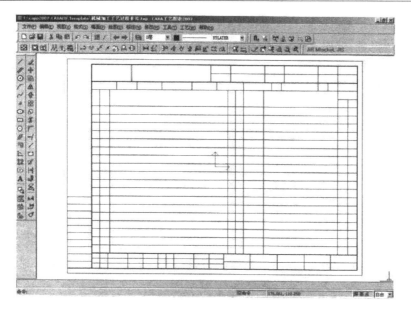

图 3-7 绘制卡片表格

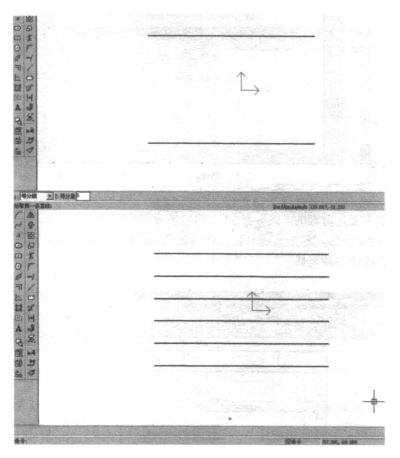

图 3-8 等分线绘图功能

③ 单击【确定】按钮后，打开表格文件，按需要修改、定制。
④ 选择【文件】菜单下的【另存为】命令，可将其存储为工艺模板文件（*.txp）。

3. 标注文字

(1) 选择【格式】菜单下的【文本风格】命令，弹出如图 3-9 所示的【文本风格】对话框，用户可创建或编辑需要的文本风格。

图 3-9 【文本风格】对话框

注意：关于字高与宽度系数的说明如下。

① 系统默认字高为 3.5，此处字高为西文字符的实际字高，中文字高为输入数值的 1.43 倍。

② 字宽系数为 0～1 之间的数字。对于 Windows 标准的方块字（如菜单中的字符），其字宽系数为 0.998，而国家制图标准的瘦体字字宽系数为 0.667。

(2) 单击绘图工具栏中的图标 **A**，即可进行文字标注，首先需在窗口底部的立即菜单中设置【搜索边界】格式，然后单击单元格弹出【文字标注与编辑】对话框，输入所要标注的文字，确定之后，文字即被填入目标区域。

(3) 重复以上操作完成整张模板的文字标注，如图 3-10 所示。

3.2.3 定制工艺卡片模板

切换到"图形界面"，单击【工艺】主菜单，有如图 3-11 所示的选项，使用定义、查询、删除命令即可以快捷的完成工艺卡片的定制。

1. 术语释义

(1) 单个单元格：单个的封闭矩形为单个单元格。
(2) 列：纵向排列的、多个等高等宽的单元格构成列。
(3) 续列：属性相同且具有延续关系的多列为续列。
(4) 表区：表区是包含多列单元格的区域，其中各列的行高、行数必须相同。如图 3-12 所示为机械加工过程卡片的表区，注意在定义表区之前，必须首先定义表区的各列。

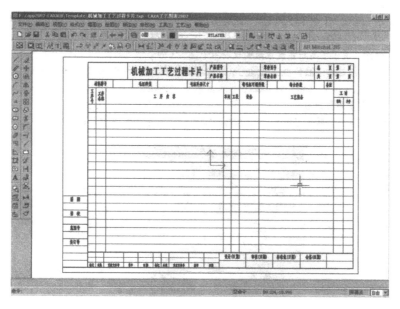

图 3-10　标注文字

2. 定义与查询单元格（列）

1）单个单元格的定义

选择【工艺】菜单下的【定义单元格】命令，或者按快捷键 Alt＋D。用鼠标左键在单元格的内部单击，系统将用红色虚线加亮显示单元格边框，右击，将弹出定义单元格属性的【单元格属性】对话框，如图 3-13 所示，下面详细介绍各属性的意义。

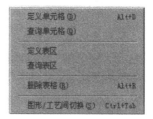

图 3-11　工艺菜单

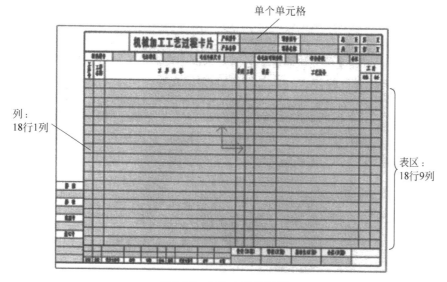

图 3-12　卡片中的单元格

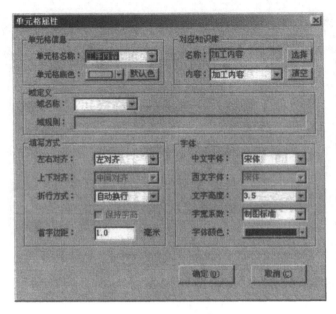

图 3-13 【单元格属性】对话框

(1) 单元格名称

单元格名称是这个单元格的身份标识,具有唯一性,同一张卡片中的单元格不允许重名。单元格名称同工艺图表的统计操作、公共信息关联、工艺汇总表的汇总等多种操作有关,所以建议用户为单元格输入具有实际意义的名称。

如图 3-14 所示,可在【单元格名称】后的文本框中输入单元格的名称,也可以在下拉列表中选择。系统自动给单元格指定一个名称(如 CELLO 等),用户可输入自己需要

图 3-14 单元格名称下拉列表

的名称。系统自动保存曾经填写过的单元格名称,并显示在下拉列表中,当输入字符时,下拉列表自动显示与之相符合的名称,以方便用户查找填写。

(2) 单元格底色

在【单元格底色】下拉列表中选择合适的颜色,可以使卡片填写界面更加美观、清晰,但单元格底色不会通过打印输入。单击【默认色】按钮,会恢复系统默认选择的底色。

(3) 对应知识库

知识库是由用户通过 CAXA 工艺图表的【工艺知识管理】模块定制的工艺资料库,如刀具库、夹具库、加工内容库等。为单元格指定对应的知识库后,在填写此单元格时,对应知识库的内容会自动显示在知识库列表中,供用户选择填写。

【名称】后的文本框中显示当前选择的数据库节点名称,【内容】后的下拉列表显示的是在知识库中此节点的字段。

单击【名称】后的【选择】按钮,在弹出的【选择知识库】对话框中选择希望对应的工艺

资料库,然后在【内容】后的下拉列表中选择希望对应的内容即可,如图 3-15 所示。例如:为对应知识库【名称】选择【夹具】库,而【内容】选择【编号】项,则在填写此单元格时,用户在知识库列表中选择需要的夹具后,夹具的编号自动填写到单元格中。

单击【清空】按钮,则取消与知识库的对应。

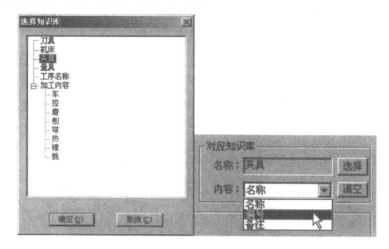

图 3-15 对应知识库

(4) 域定义

如果为单元格定义了域,则创建卡片后,此单元格的内容不需用户输入,而有系统根据域定义自动填写。【域名称】后的下拉列表如图 3-16 所示。

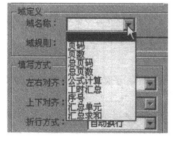

图 3-16 域名称

工艺卡片通常会有 4 个页数、页码选项,如图 3-16 所示。【域名称】下拉列表中的【页数】、【页码】代表卡片在所在卡片组(包括主页、续页、自卡片等)的排序,即"共×页 第×页",而【总页数】、【总页码】代表卡片在整个工艺规程中的排序,即"总×页 第×页"。

使用【公式计算】与【工时汇总】可对同一张卡片中单元格进行计算或汇总。

使用【汇总单元】与【汇总求和】可对过程卡表区中的内容进行汇总。

关于统计与汇总功能请参阅 4.3 节。

注意:"域"与"库"是相斥的,也就是说一个单元格不可能同时来源于库与域,选择其中的一个时,另一个会自动失效。

(5) 填写方式

【填写方式】选项如图 3-17 所示：

对齐选项决定了文字在单元格中的显示位置，【左右对齐】项可以选择【左对齐】、【中间对齐】、【右对齐】三种方式，而【上下对齐】目前只支持【中间对齐】方式。

对于单个单元格，【折行方式】只能为【压缩字符】，填写卡片时，当单元格的内容超出单元格宽度时，文字会被自动压缩。如果用户选择了【保持字高】，即保持字高前面的复选框中显示"√"，则文字被压缩后，字高仍然保持不变，视觉上字体变窄。如果不选中此项，文字被压缩后，会整体缩小。

在【首字边距】中输入数值（默认为 1 毫米），填写的文字会与单元格左右边线离开一定距离。

(6) 字体

字体选项如图 3-18 所示，用户可以对字体、文字高度、字宽系数、字体颜色等选项作出选择。

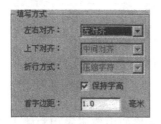

图 3-17　填写方式

图 3-18　字体

注意：

(1) 字宽系数是 0～1 之间的数字。Windows 标准的方块字是等高等宽的，其字宽系数为 0.499，国标制图标准的瘦体字字宽系数为 0.3355（此处与电子图板字宽系数标准不同）。用户可根据需要对其作出调整。

(2) 在【中文字体】选项中前面带有 @ 标志的字体是纵向填写的。

(3) 如果定义的字高超过单元格高度，会弹出对话框提示用户重新输入。

(4) 字宽系数可选择【制图标准】或【Windows 标准】，也可输入 0～1 之间的数值。

(5) 字体颜色会在打印时输出。

2) 列的定义

(1) 选择【工艺】菜单下的【定义单元格】命令，或者按快捷键 Alt＋D。

(2) 在首行单元格内部单击，系统用红色虚线框高亮显示此单元格。

(3) 按住 Shift 键，单击此列的末行单元格，系统将首末行之间的一列单元格（包括首末行）全部用红色虚框高亮显示。如图 3-19 所示。

(4) 放开 Shift 键，右击，弹出【单元格属性】对话框。

(5) 属性设置内容和方法与设置单个单元格属性基本相同。只是【折行方式】下有【自动换行】和【压缩字符】两个选项可供选择。如果选择【自动换行】，则文字填满该列的某一行之后，会自动切换到下一行继续填写；如果选择【自动压缩】，则文字填满该列的某

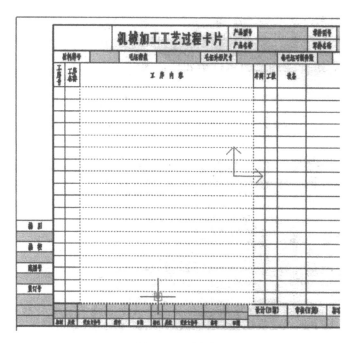

图 3-19 列定义

一行后,文字被压缩,不会切换到下一行。

3) 续列的定义

续列是属性相同且具有延续关系的多列,续列的各个单元格应当等高等宽,定义方法如下:

(1) 选择【工艺】菜单下的【定义单元格】命令,或者按快捷键 Alt+D。

(2) 用选取列的方法选取一列。

(3) 按住 Shift 键,选择续列上的首行,弹出如图 3-20 所示提示对话框,询问是否定义续列。

图 3-20 提示对话框

注意:系统弹出此提示对话框,是为避免用户对续列的误定义,请注意【列】与【续列】的区别。

(4) 选择【否】则不定义续列,选择【是】,则高亮显示续列的首行。注意续列单元格应与首列单元格等高等宽,否则不能添加续列,且弹出信息框进行提示。

(5) 按住 Shift 键,选择续列上的末行单元格,续列被高亮显示,类似的,可定义多个续列。

(6) 松开 Shift 键，右击，弹出【单元格属性】对话框，其设置方法与列相同。

4) 单元格属性查询与修改

通过单个单元格、列、续列的定义，可以完成一张卡片上所有需要填写的单元格的定义。如果需要查询或修改单元格的定义，只需选择【工艺】菜单下的【查询单元格】命令，然后单击单元格即可。系统自动识别单元格的类型，弹出【单元格属性】对话框，用户可对其中的选项进行修改或重新选择。

3. 定义与查询表区

(1) 选择【工艺】菜单下的【定义表区】命令，单击表区最左侧一列中的任意一格，这一列被高亮显示，如图 3-21(a)所示。

(2) 按下 Shift 键，同时单击表区最右侧一列，则左右两列之间的所有列被选中，如图 3-21(b)所示。

(3) 右击，弹出如图 3-22 所示【表区属性】对话框。如果希望表区支持续页，则选中【表区支持续页】前的复选框，单击【确定】按钮，完成表区的定义。

注意：过程卡表区必须支持续页，否则公共信息等自动关联的属性不能自动关联。

(4) 打开【工艺】下拉菜单，选择【查询表区】命令，【表区属性】对话框，可修改【表区支持续页】属性。

4. 续页定义规则

如果一个卡片的表区定义了【表区支持续页】属性，则可以添加续页，填写卡片时，如果填写内容超出了卡片表区的范围，系统会自动以当前卡片为模板，为卡片添加一张续页。

CAXA 工艺图表 2007 加强了续页机制，在添加续页时可添加不同模板类型的续页，需要强调的是过程卡添加续页时要求续页模板与主页模板有相同结构的表区，即：

(1) 表区中列的数量、宽度相同。

(2) 行高相同。

(3) 对应列的名称一致。

(4) 定义次序一致(定义表时，从左到右选择列和从右到左选择列，列在表中的次序是不一致的)。

如图 3-23 与图 3-24 所示，【机械加工工序卡片】模板和【机械加工工序卡片续页】模板拥有相同的表区。

注意：对非过程卡的卡片添加续页可添加不同模板类型的续页。

关于添加卡片续页的操作，请参见 3.5.6 节。

5. 删除单元格

打开【工艺】下拉菜单，选择【删除表格】命令，或按下 Alt+R 快捷键，单击要删除的单元格即可，存在以下几种情况：

(1) 如果要删除表区，单击表区后，系统高亮显示表区并弹出如图 3-25 所示的对话框，单击【确定】按钮后，表区被删除。

(2) 要删除表区外的单元格(列)，单击即可将其删除，系统没有提示。

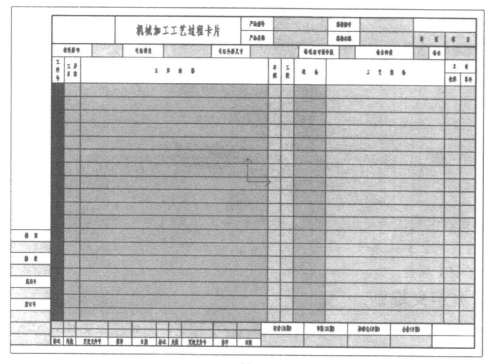

(a)

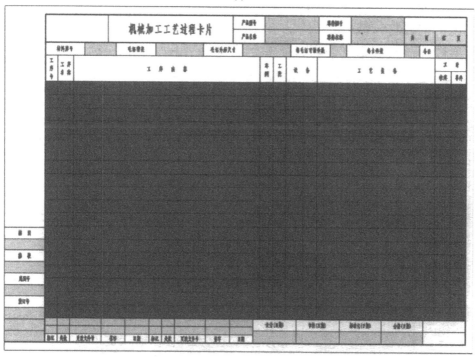

(b)

图 3-21 表区定义

图 3-22 【表区属性】对话框

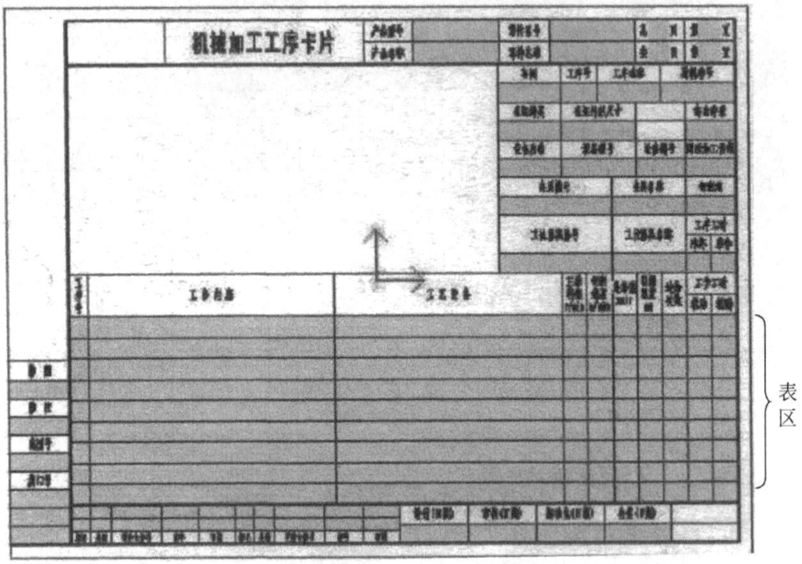

图 3-23 【机械加工工序卡片】模板

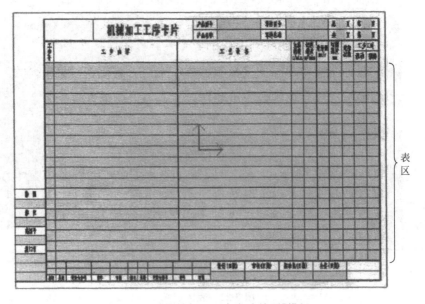

图 3-24 【机械加工工序卡片续页】模板

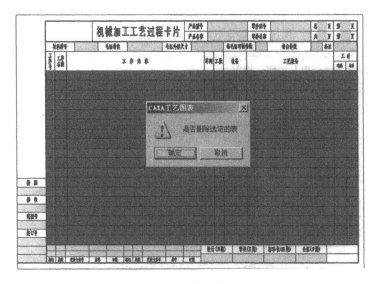

图 3-25 删除表区

（3）要删除表区内的列，则必须首先删除列所在的表区，然后才能将其删除。

（4）选择 按钮或【编辑】下拉菜单下的【取消操作】命令，可以恢复被删除的单元格。

（5）选择 按钮或【编辑】下拉菜单下的【重复操作】命令，可重复在此之前的删除操作。

3.2.4 定制工艺规程模板

（1）新建工艺规程模板：选择【文件】菜单下的【新文件】命令、或单击 图标、或按快捷键 Ctrl+N，弹出【新建文件类型】对话框。

（2）选择【工艺模板】选项卡，双击列表框中的【工艺规程模板】项，或单击【工艺规程模板】项并单击【确定】按钮，如图 3-26 所示。

图 3-26 新建工艺规程模板

（3）弹出【新建工艺规程∷输入工艺规程名称】对话框。填入所要创建的工艺规程名称。并单击【下一步】按钮，如图 3-27 所示。

图 3-27 【新建工艺规程∷输入工艺规程名称】对话框

（4）弹出【新建工艺规程∷指定卡片模板】对话框。在【工艺卡片模板】中选择需要的模板，单击【指定】按钮，在没有指定工艺过程卡片之前，系统会提示是否指定所选卡片为工艺过程卡片。如果所选的是过程卡片，单击【是】即可将此过程卡添加到右侧列表中，且过程卡名称前添加 ▼ 标志；单击【否】，则将此卡片作为普通卡片添加到右侧列表中。如图 3-28 所示。

（5）选择该工艺过程中需要的其他卡片，对话框右边的【工艺规程中卡片模板】列出您所选定的工艺过程卡片和其他工艺卡片，工艺卡片可以是一张或多张，由具体工艺决定。

（6）指定的工艺过程卡片会有红色的小旗作为标志，以示区分过程卡片和其他工艺卡片。在右侧列表框中，单击卡片模板名称前中的 ▼ 列，可以重新指定过程卡，但一个工艺模板中只能指定一个过程卡片模板。

（7）选中右侧列表中的某一个卡片模板，单击【删除】按钮，可将其从列表中删除。如图 3-29 所示。

（8）指定了规程模板中所包含的所有卡片后，单击【下一步】按钮，弹出【新建工艺规程∷指定公共信息】对话框，这里要指定的是工艺规程中所有卡片的公共信息，在左侧列表框中选取所需的公共信息，单击【指定】按钮，将其显示在右侧列表中。在右侧列表中选择不需要的公共信息，单击【删除】按钮，可将其删除。

（9）单击【完成】按钮，即完成了一个新的工艺规程模板的创建。此时单击【文件】菜单下的【新文件】命令或者单击 图标，弹出【新建文件类型】对话框，在【工艺规程】列表框中可以找到刚刚建立的工艺规程模板，见图 3-30。

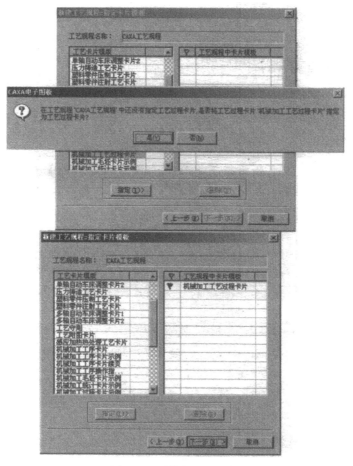

图 3-28 系统提示对话框

图 3-29 【新建工艺规程::指定卡片模板】对话框

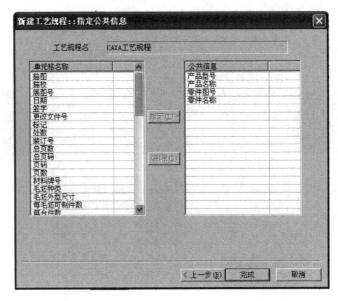

图 3-30 【新建工艺规程∷指定公共信息】对话框

3.3 工艺卡片填写

3.3.1 新建与打开工艺文件

1. 新建工艺文件

单击 图标，或选择【文件】菜单下的【新文件】命令，或按快捷键 Ctrl＋N，弹出【新建文件类型】对话框，如图 3-31 所示，用户可选新建工艺规程文件或工艺卡片文件。

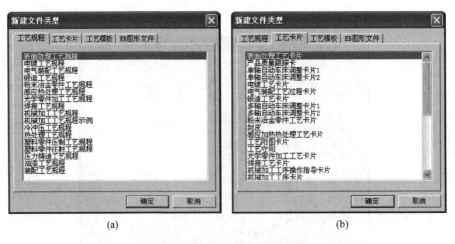

图 3-31 【新建文件类型】对话框

（1）新建工艺规程文件：在标签【工艺规程】列表框中显示了现有的工艺规程模板，选择所需的模板并单击【确定】按钮，系统自动切换到"工艺环境"，并根据模板定义，生成一张工艺过程卡片。由工艺过程卡片开始,可以填写工序流程、添加并填写各类卡片,最终完成工艺规程的建立。

(2) 新建工艺卡片文件:在标签【工艺卡片】列表框中显示了现有的工艺卡片模板,选择所需的模板并单击【确定】按钮,系统自动切换到"工艺环境",并生成工艺卡片,供用户填写。

2. 打开工艺文件

单击 图标,或者单击【文件】菜单下的【打开文件】命令,或者按快捷键 Ctrl+O,弹出【打开文件】对话框,如图 3-32 所示。

图 3-32 【打开文件】对话框

在【文件类型】下拉列表中选择【工艺卡片文件(*.cxp)】。
在文件浏览窗口中选择要打开的文件,单击【确定】按钮,或者直接双击要打开的文件。
系统自动切换到"工艺环境",打开工艺文件,进入卡片填写状态。

3.3.2 单元格填写

新建或打开文件后,系统切换到卡片的填写界面。如图 3-33 所示,是机械加工工艺规程卡片的填写界面,可选择手工输入、知识库关联填写、公共信息填写等多种方式对各单元格内容进行填写。

3.3.2.1 手工输入填写

单击要填写的单元格,单元格底色随之改变,且光标在单元格内闪动,此时即可在单元格内输入要填写的字符,如图 3-34 所示。

按住鼠标左键,在单元格内的文字上拖动,可选中文字,然后右击,弹出如图 3-35 所示的快捷菜单,利用【剪切】、【复制】、【粘贴】命令,或对应的快捷键,可以方便地将文字在

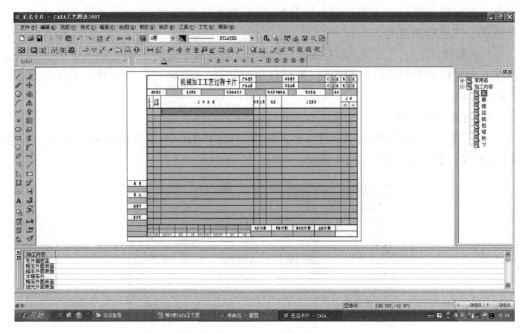

图 3-33 卡片填写界面

各单元格间填写。外部字处理软件(如记事本、写字板、Word 等)中的文字字符,也可以通过【剪切】、【复制】、【粘贴】命令,方便地填写到单元格中来。

图 3-34 单元格文字输入　　　　图 3-35 右键快捷菜单

在选中文字的状态下,在单元格与单元格之间可以实现文字的拖动。

若要改变单元格填写时的底色,只需选择【工具】菜单下的【选项】命令,弹出【系统配置】对话框,在【颜色设置】标签下的【单元格填写底色】选项中选择所需的颜色,如图 3-36 所示。

3.3.2.2 特殊符号的填写与编辑

1. 特殊符号的填写

在单元格内右击,利用右键菜单中的【插入】命令,可以直接插入常用符号、图符、公差、上下标、分式、粗糙度、形位公差、焊接符号和引用特殊字符集,如图 3-37 所示。下面对各种特殊符号的输入作详细说明。

 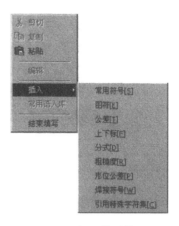

图 3-36 【系统配置】对话框　　　　图 3-37 插入特殊符号

注意：插入公差、粗糙度、形位公差、焊接符号、引用特殊字符集的方法，与 CAXA 电子图板完全相同，其详细的操作方法请参考《CAXA 电子图板用户手册》的第 10 章"工程标注"。

（1）常用符号的输入：在填写状态下，右击，选择弹出菜单中的【插入】中的【常用符号】命令，弹出【请选择插入符号】对话框，单击要输入的符号即可完成填写。另外，常用符号的输入也可使用卡片树中的【常用符号】库，用户可对此库进行定制和扩充，因此更加灵活。建议用【常用符号】库进行填写。

图 3-38 插入常用符号

（2）图符的输入：填写状态下，右击，弹出快捷菜单，选择【插入】中的【图符】命令，弹出【输入图符】对话框，在文本框中填写文字，然后单击一种样式，就可将图符输入到单元格中，如图 3-39 所示。

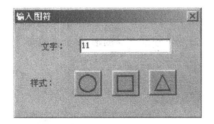 

图 3-39 输入图符

注意：输入文本时，只能输入两个半角字符或者一个全角字符，例如"ab"、"54"、"a"、"检"等。

（3）公差的输入：填写状态下，右击，弹出快捷菜单，选择【插入】中的【公差】命令，弹出【尺寸标注公差与配合查询】对话框，填写基本尺寸、上下偏差、前后缀，并选择需要的输入形式和输出形式，单击【确定】按钮即完成填写，如图 3-40 和图 3-41 所示。

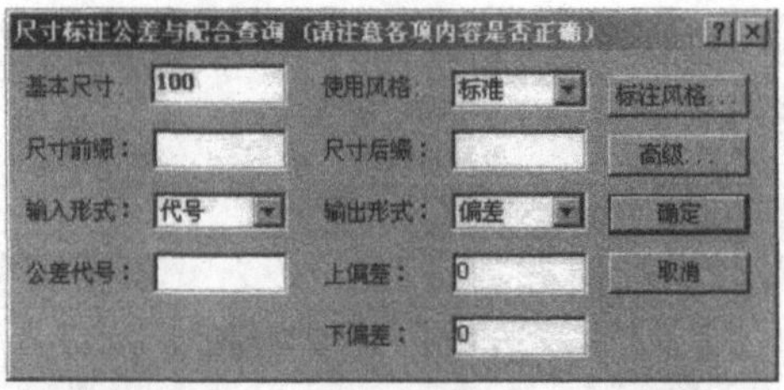

图 3-40 【尺寸标注公差与配合查询】对话框

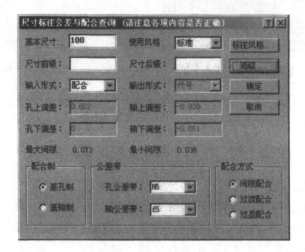

图 3-41 配合输入形式

(4) 上下标的输入：填写状态下，右击，弹出快捷菜单，选择【插入】中的【上下标】命令，弹出【请输入上下标】对话框，填写上标和下标的具体数值，单击【确定】按钮即可，如图 3-42 所示。

(5) 分式的输入：填写状态下，右击，弹出快捷菜单，选择【插入】中的【分式】命令，弹出【请输入分式的分子、分母】对话框，填写分子、分母的数值，单击【确认】按钮即可，如图 3-43 所示。

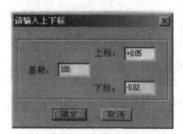

图 3-42 【请输入上下标】对话框

图 3-43 输入分式

注意：分子中不支持"/"，"%"，"&"，"*"符号。

(6) 粗糙度的输入：填入状态下，右击，弹出快捷菜单，选择【插入】中的【粗糙度】命令,弹出【表面粗糙度】对话框。选择粗糙度符号,填写参数值,单击【确定】按钮即可,如图 3-44 所示。

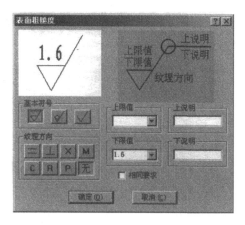

图 3-44 【表面粗糙度】对话框

(7) 形位公差的输入:填入状态下,右击,弹出快捷菜单,选择【插入】中的【形位公差】命令,弹出【形位公差】对话框。选择公差类型,填写参数值,单击【确定】按钮即可,如图 3-45 所示。

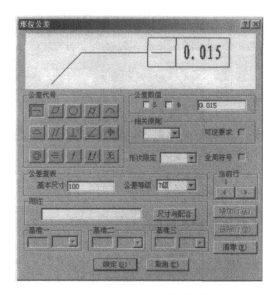

图 3-45 【形位公差】对话框

(8) 焊接符号的输入:填写状态下,右击,弹出快捷菜单,选择【插入】中的【焊接符号】命令,弹出【焊接符号】对话框。选择焊接类型,填写相关参数,单击【确定】按钮即可,如图 3-46 所示。

(9) 特殊字符集的输入:填写状态下,右击,弹出快捷菜单,选择【插入】中的【引用特殊字符集】命令,弹出【字符映射表】对话框。选择需要的字符,单击【选择】按钮,使被选定的字符显示在【复制字符】标签后的文本框中。单击【复制】按钮,然后回到单元格中,使用右键菜单中的【粘贴】命令,就可将字符填写到单元格中,如图3-47所示。

图3-46 【焊接符号】对话框　　　　　图3-47 【字符映射表】对话框

注意:CAXA工艺图表使用的是操作系统的字符映射表,目前只支持【高级查看】下的中文字符集,对于其他字符集中的某些字符,填入到卡片中后可能会显示为"?"。

2. 特殊符号的编辑

(1)用鼠标左键选中特殊符号,右击,弹出快捷菜单,选择【编辑】命令,系统自动识别所选中特殊符号的类型,弹出相应的对话框,供用户修改。

(2)如果选中的文字中包含多个特殊字符,系统只识别第一个特殊字符。

(3)如果选中的字符中没有特殊字符,选择【编辑】命令后,弹出如图3-48所示的信息框。

(4)对于【常用符号】、【引用特殊字符集】生成的特殊符号,系统不能识别,选择【编辑】命令后,也会弹出如图3-48所示的信息框。

图3-48 系统提示信息框

3.3.2.3 利用知识库进行填写

1. 知识库界面

如果在定义模板时,为单元格指定了关联数据库,那么单击此单元格后,系统自动关联到指定的数据库,并显示在【知识库树形结构】与【知识库内容】两个窗口中。【知识库树形结构】窗口显示其对应数据库的树形结构,而【知识库内容】窗口显示数据库根节点的记录内容。

例如:为【工序内容】单元格指定了【加工内容】库,则单击【工序内容】单元格后,【知识库树形结构】窗口显示加工内容库的结构,包括车、铣等工序,单击其中的任意一种工序,则在【知识库内容】列表中显示对应的具体内容。如图 3-49 所示。

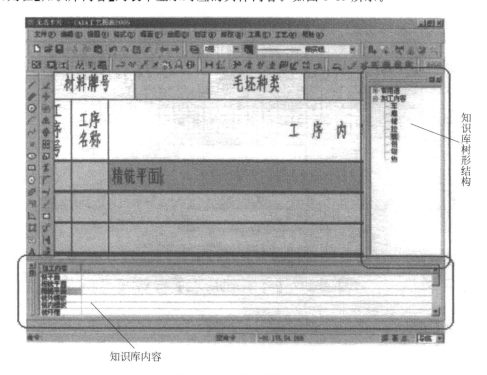

图 3-49　知识库填写界面

2．使用知识库的填写方法

（1）单击单元格,显示【知识库树形结构】窗口。

（2）在【知识库树形结构】窗口中,单击鼠标左键,展开知识库,并单击需要填写内容的根节点。

（3）在【知识库内容】窗口中单击要填写的记录,其内容被自动填写到单元格中。

（4）在【知识库树形结构】窗口中,双击某个节点,可以将节点的内容自动填写到单元格中。

3．知识库查询

（1）当【知识库内容】中的记录数目较大时,使用"知识库查询"功能可以快速定位要填写的内容。在【知识库内容】窗口中,右击任意一个记录行,选择右键菜单中的【查询条件】命令,弹出【查询…】对话框,如图 3-50 所示。

（2）在【查询…】对话框中,【条件】下拉列表中列出了之前保存的查询条件;【表中字段】显示当前支持库内容的字段,对话框右侧为查询条件建立区。

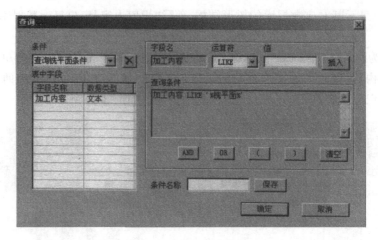

图 3-50 【查询…】对话框

(3) 查询条件建立方法：
① 在【表中字段】列表框中选择要查询的字段，被选择字段显示在右侧【字段名】框中。
② 在【值】文本框中输入要查询的内容，这样步骤①～③就建立了一个查询条件，例如：加工内容 LIKE 铣平面。
③ 单击【插入】按钮，将一个查询条件插入到【查询条件】区中。
④ 可以插入多个查询条件，并使用 AND、OR、(、) 逻辑运算符对查询条件进行组合。单击【清空】按钮，可将【查询条件】区清空。
⑤ 在【条件名称】文本框中输入名称，单击【保存】按钮，可将【查询条件】区中的查询条件保存起来，供以后使用。保存过的查询条件可在对话框左侧【条件】下拉列表中找到，单击 ✕ 按钮，可将其删除。
⑥ 设置完成查询条件后，单击【确定】按钮，【知识库内容】窗口只显示符合查询条件的记录，可根据需要单击填写到单元格中。

注意：CAXA 工艺图表只支持【常用语】和【用户自定义知识库】的查询。

3.3.2.4 常用语填写和入库

常用语是指填写卡片过程中需要经常使用的一些语句，CAXA 工艺图表提供了常用语填写和入库的功能。

(1) 常用语填写：单击单元格后，在如图 3-39 所示的【知识库树形结构】窗口的顶端，会显示【常用语】库的树形结构。展开结构树，并单击节点，在【知识库内容】窗口中会显示相应的内容，只需在列表中单击即可将常用语记录填写到单元格中。

(2) 常用语入库：在单元格中，选择要入库的文字字符（不包含特殊符号），右击，弹出右键菜单，选择【常用语入库】命令，弹出【常用语入库】对话框，选择节点并单击【确定】按钮，选择的文字即被添加到【常用语】库中相应的节点下。如图 3-51 所示。

3.3.2.5 填写公共信息

1. 填写公共信息

公共信息是在工艺规程中各个卡片都需要填写的单元格，将这些单元格列为公共信息,在填写卡片时,可以一次完成所有卡片中该单元格的填写。

注意:需要填写的公共信息在定制工艺规程模板时进行了指定。

选择【工艺】菜单下的【填写公共信息】命令,弹出【公共信息】对话框(见图 3-52),输入公共信号的内容单击【确定】按钮即可完成所有公共信息的填写。此外,选中公共信息并单击【编辑】按钮,或直接在公共信息内容上双击,均可以对其进行编辑。

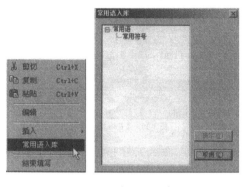 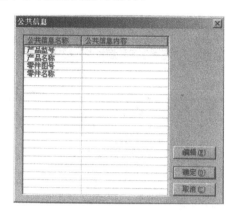

图 3-51　常用语入库　　　　　　　　图 3-52　【公共信息】填写对话框

2. 输入公共信息和输出公共信息

填写完卡片的公共信息以后,选择【工艺】菜单中的【输入公共信息】命令,系统会自动将公共信息保存到系统默认的 txt 文件。

新建另一新文件时,选择【工艺】菜单中的【输出公共信息】命令,可以将保存的公共信息自动填写到新的卡片中去。

系统默认的 txt 文件是唯一的,其作用类似于 CAXA 工艺图表的内部剪贴板,向此文件中写公共信息后,文件中的原内容将被新内容覆盖。从文件中引用的公共信息只能是最新一次写入的公共信息。

注意:各卡片的公共信息内容是双向关联的。修改任意一张卡片的公共信息内容后,整套工艺规程的公共信息也会随之一起改变。

3.3.2.6　引用标题栏信息

CAXA 工艺图表可以将设计图纸标题栏中的图纸名称、图纸编号和材料名称等标题栏信息自动调用到工艺卡片中,完成填写。

1. 引用 CAXA 电子图板(.exb)图形文件的标题栏信息

(1)已知图形文件,标题栏中图纸名称、图纸编号和材料名称等信息如图 3-53 所示。

图 3-53　图形文件的标题栏

(2) 选择【工艺】下拉菜单中的【引用标题栏信息】命令，弹出【引用标题栏信息】对话框，单击【浏览】按钮找到需要引用标题栏的 CAXA 电子图板(*.exb)图形文件，如图 3-54 所示。

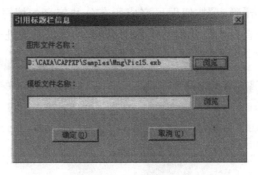

图 3-54　【引用标题栏信息】对话框

(3) 单击【确定】按钮，图纸文件的标题栏中图纸名称、图纸编号和材料名称等信息就会自动地填写到这张过程卡片中，如图 3-55 所示。

产品型号		零件图号	HT15-33		
材料名称	45钢	零件名称	WDE-92-14	共 1 页	第 1 页

图 3-55　引用的标题栏信息

2. 引用 *.dwg、*.dxf 格式图形文件的标题栏信息

(1) 对于这些类型的图形文件，CAXA 工艺图表并不能直接识别其标题栏的信息。需要定制模板文件，以描述 AutoCAD 图形文件的标题栏位置以及标题栏中单元格的位置、单元格的属性等，工艺图表根据模板文件的描述提取其标题栏信息。模板文件保存为文本文件格式，如图 3-56 所示。

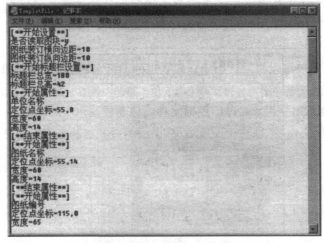

图 3-56　标题栏的模板文件

（2）选择【工艺】下拉菜单中的【引用标题栏信息】命令，弹出【引用标题栏信息】对话框，单击【图形文件名称】后的【浏览】按钮找到要引用标题栏的图形文件。

（3）单击【模板文件名称】后的【浏览】按钮，找到已经设置好的模板文件（*.txt），如图 3-57 所示。

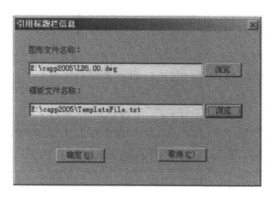

图 3-57 【引用标题栏信息】对话框

（4）单击【确定】按钮，选择的图形文件的标题栏中图纸名称、图纸编号和材料名称等信息就会自动地填写到卡片中。

3.3.2.7 文字显示方式的修改

文字的显示包括对齐方式、字高、字体、字体颜色 4 种属性，利用【设置列格式】命令或者【格式】工具栏可对其作出修改。

1. 设置列格式

（1）选择【编辑】菜单下的【列编辑】命令，或者单击工具栏中的 E 按钮。

（2）单击要编辑的单元格，单元格被高亮显示。如图 3-58 所示。

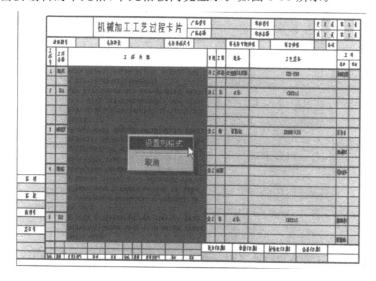

图 3-58 设置列格式

(3) 右击鼠标或选择右键菜单中的【设置列格式】命令,弹出【请编辑列属性】对话框,根据需要改变左右对齐方式、中文字体、文字高度即可,如图 3-59 所示。

2. 格式工具栏

(1) 单击工具栏上的 E 按钮,然后单击要修改的单元格,单元格被高亮显示。

(2) 修改【格式】工具栏中的选项,可以对列格式做出修改,如图 3-60 所示。

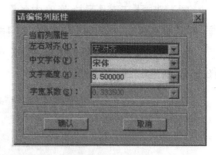

图 3-59 【请编辑列属性】对话框

图 3-60 修改列格式

3.3.3 行记录的操作

1. 行记录的概念

行记录是与工艺卡片表区的填写、操作有关的重要概念,与 Word 表格中的"行"类似。表 3-1 是一个典型的 Word 表格,在其中的某个单元格中填写内容时,各行表格线会随着单元格内容的增减动态调整,当单元格内容增多时,行表格线会自动下移,反之则上移。

表 3-1 典型的 Word 表格

序号	工序名称	工艺内容	车间	设备
1	焊	填焊底板、顶板的外坡口,等离子切割底板孔至 φ1020,卸下焊接撑模,填焊底板、顶板的内坡口。焊接方法及工艺参数详见焊接工艺。	1	ZX5-250
2	铣	倒装夹,参照上道工序标识的校正基准圆,用百分表找正底板及外圆,跳动偏差小于 0.50mm	1	C5231E
3	钳	倒放转组合,底板朝上,清洗已动平衡好的篮底及底板的配合止口;将篮底倒置装入筒体底板止口,参照上道工序已加工的基准校正,偏差如工艺附图所示,用 φ17 钻头号定心孔穴(只作为钻 M16 螺纹底孔 φ14 孔标记用,不能钻深)	2	摇臂钻

类似地,工艺卡片表区中的一个行记录即相当于 Word 表格中的一行。如图 3-61 所示是一个填写完毕的表区,该表区中共有 5 个行记录。行记录由红线标识,每两条红线之间的区为一个行记录。行记录的高度,随着此行记录中各列高度的变化而变化。

单击【工艺】菜单下的【红线区分行记录】,可以选择打开或关闭红线。

按住 Ctrl 键,并单击行记录,可将行记录选定,连续单击行记录,可选中同一页中的多个行记录。此时行记录处于高亮显示状态,右击,弹出快捷菜单,如图 3-62 所示。利用

图 3-61 表区中的行记录

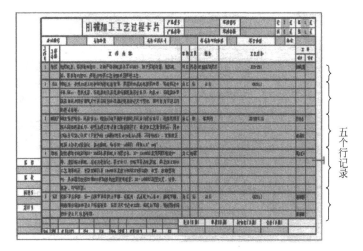

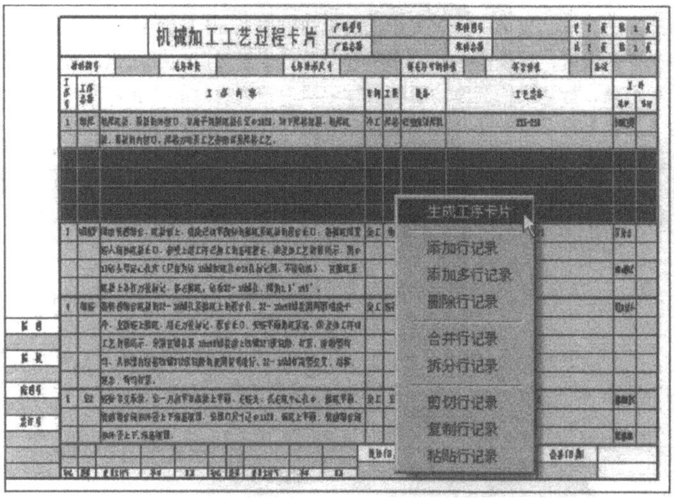

图 3-62 行记录右键菜单

快捷菜单中的命令,可以实现行记录的编辑操作,对于过程卡中的行记录,还可以生成、打开、删除工序卡片,以下章节将对这些命令作详细说明。

2. 添加行记录

(1) 选择右键菜单中的【添加行记录】命令,则在被选中的行记录之前添加一个空行记录,被选中的行记录及后续行记录顺序下移。如图 3-63 所示。

(2) 选择右键菜单中的【添加多行记录】命令,弹出【插入多个记录】对话框,如图 3-64 所示,在文本框中输入数字,单击【确定】按钮,则在被选中的行记录之前添加指定数目的空行记录。被选中的行记录及后续行记录顺序下移。

(3) 对于单行的空行记录(没有填写任何内容),用鼠标单击此行记录中的单元格,按回车键,则自动在此行记录前添加一个行记录。

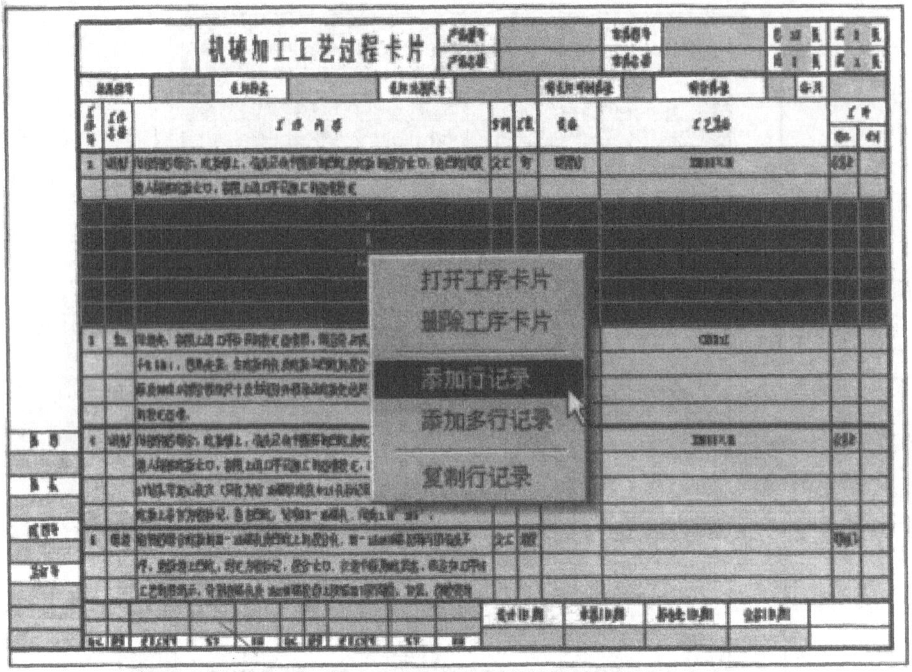

(a)

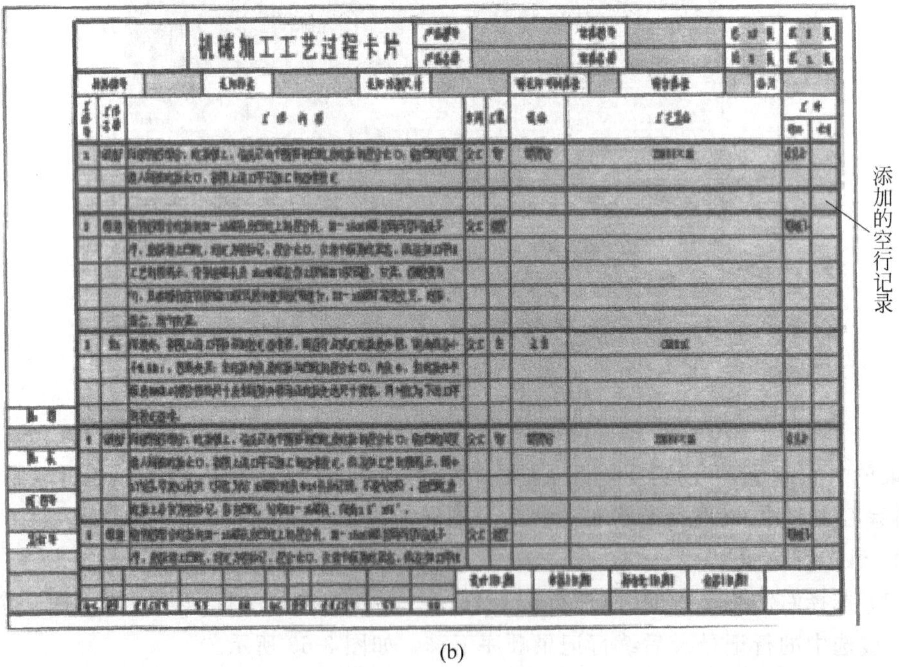

(b)

图 3-63 添加行记录

3. 删除行记录

选择右键菜单中的【删除行记录】命令,可删除被选中的行记录,被选中的行记录及后续行记录顺序上移。

如果同时选中多个行记录,那么可将其同时删除。

如果被选中的行记录为跨页行记录,那么删除此行记录时,系统会给出提示,如图 3-65(a)所示。

4. 合并行记录

选中多个行记录,右击,选择右键菜单中的【合并行记录】命令,可将连续的多个行记录合并为一个行记录。

图 3-64 【插入多个记录】对话框

在过程卡片、工序卡片等的表区中,合并多个行记录后,系统只保留被合并的第一个行记录的工序号,而将其余行记录的工序号删除。

关于行记录的合并,需遵循以下规则:
(1) 必须选中多个行记录。
(2) 选中的几个行记录必须是连续的。
(3) 选中的第一个行记录不能为空行记录。

5. 拆分行记录

选择右键菜单中的【拆分行记录】命令,可将一个占用多行单元格的行记录拆分为几个单行的行记录,但条件是:被选中行记录中的各列均为自动压缩格式,否则使用【拆分行记录】命令时,系统弹出如图 3-65(b)所示的对话框。

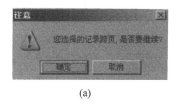
(a)

(b)

图 3-65 提示对话框

6. 剪切、复制、粘贴行记录

(1) 剪切行记录:选择右键菜单中的【剪切行记录】命令,可将被选中的行记录内容删除并保存到软件剪贴板中,并可使用【粘贴行记录】命令粘贴到另外的位置。

(2) 复制行记录:选择右键菜单中的【复制行记录】命令,可将被选中的行记录内容保存到软件剪贴板中,并使用【粘贴行记录】命令粘贴到另外的位置,一次可同时复制多个行记录。

(3) 粘贴行记录:选择右键菜单中的【复制行记录】命令,可以用剪切或复制的行记录将被选中的行记录替换掉。

3.3.4 自动生成工序号

用户在填写工艺过程卡片时,可直接填写工序名称、工序内容以及刀具、夹具、量具等信息,不用填写工序号,在整个过程卡填写过程中,或填写完毕后,可以选择【工艺】下拉菜单中的【自动生成工序号】命令自动创建工序号。【自动生成工序号】对话框允许用户对工序号的生成方式进行设置,如图 3-66 所示。

用户使用该命令后,系统会自动填写工艺过程卡中的工序号和所有相关工序卡片中

图 3-66 自动生成工序号

的工序号以及卡片树中工序卡片的命名。

注意:【自动生成工序号】命令只在过程卡中有效,该过程卡中应存在可以续页的表,并且该表中有一列单元格的名称定义为"工序号",自动生成的工序号就显示在该列上。

3.3.5 卡片树操作

卡片树在屏幕的右侧,如图 3-67 所示,按 F2 键可以开关卡片树。

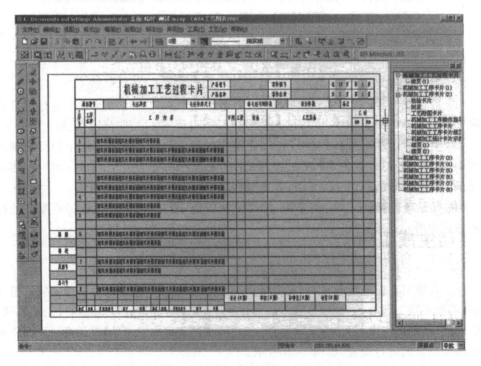

图 3-67 卡片树窗口

卡片树可用来实现卡片的导航:在卡片树中双击某一张卡片,主窗口即切换到这张卡片的填写界面;在卡片树中单击某一张卡片,按回车键也可切换到此卡片的填写界面。除此之外,按主工具栏中的 ←→ 按钮,可以实现卡片的顺序切换。

右击卡片树中的卡片,弹出快捷菜单,如图 3-68 所示。

图 3-68 卡片树右键菜单

1. 生成工序卡片

(1) 在过程卡的表区中,按 Ctrl+左键选择一个行记录(一般为一道工序),右击,弹出快捷菜单,如图 3-69 所示。

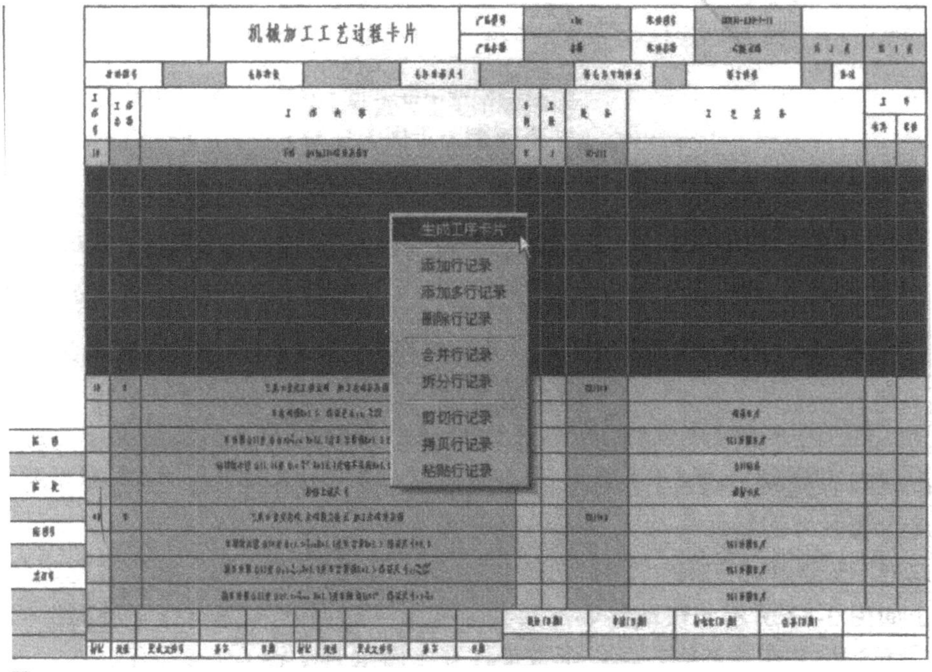

图 3-69 生成工序卡片操作界面

(2) 选择【生成工序卡片】命令,弹出【选择工艺卡片模板】对话框,如图 3-70 所示。

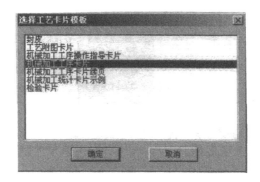

图 3-70 【选择工艺卡片模板】对话框

(3) 在列表中选择所需的工序卡片模板,单击【确定】按钮,即为行记录创建了一张工序卡片,并自动切换到工序卡填写界面。

(4) 此时,在卡片树中过程卡片的下方出现"工序卡片()",如图 3-71 所示,小括号中的数字为对应的过程卡行记录的工序号,两者是相关联的,当过程卡中行记录的工序号改变时,小括号中的数字会随之改变。

(5) 新生成的工序卡片与原行记录保持一种关联关系,在系统默认设置下,过程卡内容与工序卡内容双向关联。生成工序卡时,行记录与工序卡表区外的单元格相关联的内容能够自动填写到工序卡片中。

(6) 在过程卡表区中,如果一个行记录已经生成了工序卡片,那么选中此行记录并右击后,弹出如图 3-72 所示的快捷菜单,此菜单和图 3-62 中的菜单有以下不同:

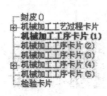

图 3-71 卡片树   图 3-72 右键菜单

① 原【生成工序卡片】命令变为【打开工序卡片】命令,选择此命令,则切换到对应工序卡片的填写界面。

② 不能使用【删除行记录】、【合并行记录】、【拆分行记录】、【剪切行记录】、【粘贴行记录】等命令,否则会破坏行记录与对应工序卡的关联性。只有在删除了对应工序卡后,这些命令才重新有效。

2. 打开、删除工艺卡片

(1) 打开卡片:有三种方法可以打开卡片:

① 在卡片树中右击某一卡片,选择快捷菜单中的【打开】命令。

② 在卡片树中双击某一卡片。

③ 在卡片树中单击某一卡片,按回车键。

(2) 删除卡片:在卡片树中右击某一张卡片,选择快捷菜单中的【删除卡片】命令,即可将此卡片删除。

注意:以下卡片不允许删除,右键菜单中没有【删除卡片】命令项。

① 已生成工序卡的过程卡:过程卡生成工序卡后,不允许直接删除过程卡,只有先将所有工序卡均删除后,才能删除过程卡。

② 中间续页:如果一张卡片有多张续页卡片,那么只有最后一张续页可以删除,中间的续页不允许删除。

3. 更改卡片名称

在卡片树中,右击要更改名称的卡片,选择右键菜单中的【更改名称】命令,输入新的卡片名称,按回车键即可。

注意:续页不允许更改名称,右键菜单中没有【更改名称】命令项。

4. 上移或下移卡片

在卡片树中,右击要移动的卡片,选择右键菜单中的【上移卡片】或【下移卡片】命令,可以改变卡片在卡片树中的位置,卡片的页码会自动作出调整。

(1) 移动工序卡片时,其续页、子卡片将一起移动。

(2) 子卡片只能在其所在卡片组的范围内移动,单独不能移动。

5. 创建首页卡片与附页卡片

首页卡片一般为工艺规程的封面,而附页卡片一般为附图卡片、检验卡片、统计卡片等。

单击【工艺】主菜单下的【创建首页卡片】与【创建附页卡片】,均会弹出如图 3-73 所示的【选择工艺卡片模板】对话框,选择需要的模板,确认后即可以为工艺规程添加首页和附页。

在卡片树中,首页卡片被添加到规程的最前面,而附页被添加到规程的最后,如图 3-74 所示。

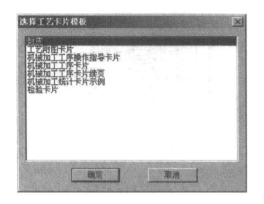

图 3-73 【选择工艺卡片模板】对话框

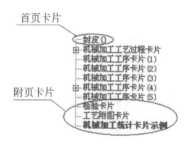

图 3-74 首页卡片与附页卡片

6. 添加续页卡片

CAXA 工艺图表 2007 加强了续页机制,在添加续页时可添加不同模板类型的续页。

要为卡片添加续页,前提是卡片模板有支持续页的表区,有 3 种方法可以为卡片添加续页。

(1) 填写表区中具有【自动换行】属性的列时,如果填写的内容超出了表区范围,系统会自动以当前卡片模板添加续页。

(2) 选择【工艺】下拉菜单中的【添加卡片续页】命令,弹出【选择工艺卡片模板】对话框。选择所需的续页模板,单击【确定】按钮,即可生成续页,如图 3-75 所示。

注意:过程卡添加卡片续页如果添加的续页模板与主页模板不同,那么两者需要有相同结构的表区才能添加成功,否则系统弹出提示对话框,如图 3-76 所示。

(3) 单击卡片树对应卡片,右击,通过右键菜单中的【添加当前续页】命令,选择所需要的续页模板,单击【确定】按钮,即可生成续页。

注意:通过【工艺】下拉菜单中的【添加卡片续页】命令,是将该续页卡片添加到该组最后位置。如图 3-77 所示。

通过卡片树上的【添加当前续页】命令,是指在与当前续页卡片表区结构相同的一组续页卡片之后添加一张新的卡片,如没有表区结构相同的卡片,则添加到所选节点之后。如图3-78所示。

图 3-75　添加续页

图 3-76　提示对话框

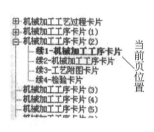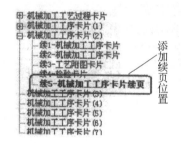

图 3-77　添加卡片续页

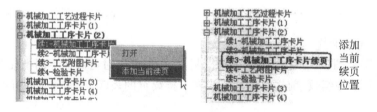

图 3-78　添加当前续页

7. 添加子卡片

在编写工艺规程时,希望在某一张工序卡片之后添加工序附图等卡片,对这一工序的内容作更详细的说明,并且希望能作为此工序所有卡片中的一张,与主页、续页卡片一起排序而且希望根据用户的操作习惯进行移动。这一类卡片,既不能使用【添加卡片续页】命令添加,也不能使用【创建附页卡片】命令添加(只能添加到卡片树的最后),这就用到了【添加子卡片】功能。

添加子卡片的步骤如下:

(1) 在卡片树中,右击要添加子卡片的卡片,弹出快捷菜单。

(2) 选择【添加子卡片】命令,弹出【选择工艺模板】对话框。

(3) 选择所需的卡片模板,单击【确定】按钮,完成子卡片的添加。

如图 3-79 所示,为【机械加工工序卡片(3)】添加了一个子卡片【工艺附图卡片】,从卡片树中可以看到,【工艺附图卡片】与【续 1-机械加工工序卡片】是同级的。打开【工艺附图卡片】,从页码区中的【共 3 页 第 3 页】可知,【工艺附图卡片】作为工序 3 中的一张卡片,与【机械加工工序卡片】、【续 1-机械加工工序卡片】一同排序。

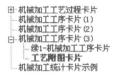

图 3-79 添加子卡片

3.3.6 卡片间关联填写设置

在过程卡片中,行记录各列的内容如【工序号】、【工序名称】、【设备名称】、【工时】等可以设置与工序卡片单元格中表区之外的内容相关联,两者通过单元格名称匹配。如图 3-80 所示为一张工序卡片表区外的单元格区域,其中的【车间】、【工序号】、【工序名称】等内容是与过程卡中对应的行记录相关联的。通过设置过程卡与工序卡的关联,可以保持工艺数据的一致性,并方便工艺人员的填写。

选择【工艺】主菜单下的【卡片间关联填写设置】命令,弹出【卡片间关联填写设置】对话框,如图 3-81 所示,具体选项介绍如下。

图 3-80 关联填写　　　　图 3-81 卡片间关联填写设置

(1) 过程卡和工序卡内容不关联:两者内容不相关,可分别更改过程卡与工序卡,彼此不受影响。

(2) 过程卡内容更新到工序卡:修改过程卡内容后,工序卡内容自动更新。

(3) 工序卡内容更新到过程卡:修改工序卡内容后,过程卡内容自动更新。

(4) 过程卡和工序卡内容双向关联:确保过程卡或工序卡关联内容的一致,修改过程卡时,工序卡内容自动更新,反之亦然。

3.3.7 与其他软件的交互使用

工艺卡片中的内容可以与 Word、Excel、Notes 等软件进行交互,外部软件中的表格内容可以插入到工艺卡片中,工艺卡片中的内容也可以输出到外部软件中。此节介绍与 Word 软件的交互操作,与 Excel、Notes 的交互操作与之类似。

1. 从 Word 中读入卡片内容

通过此功能可以将 Word 工艺表格的内容(见图 3-82)输入到工艺图表的工艺卡片中,具体方法如下所述。

工序号	工序名称	工序内容	车间	工段
10	车	车内孔	32	2
20	铣	铣端面	45	4
30	钻	钻内孔	47	9

图 3-82 要复制的 Word 表格内容

(1) 在 Word 中全选需要输出的数据内容(表头除外),选择右键菜单中的【复制】命令或使用快捷键 Ctrl+C 复制表格内的数据内容。

(2) 在卡片填写状态下,单击对应的单元格,此时鼠标的十字光标将会变为工字形光标,提示软件进入文字输入状态。

(3) 右击并选择快捷菜单中【粘贴】命令或使用快捷键 Ctrl+V,即可将 Word 表格数据内容粘贴到卡片中,如图 3-83 和图 3-84 所示。

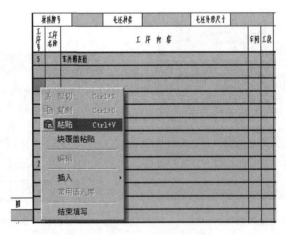

图 3-83 粘贴 Word 表格内容到卡片中

注意:

① Word 表格中的项目符号及某些 CAXA 工艺图表不支持的特殊字符(如上下标)等不会复制到卡片表格中。

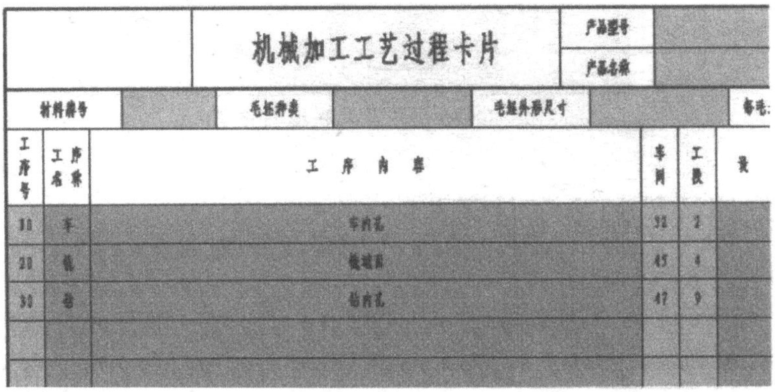

图 3-84 读入 Word 表格中的内容

② 如果 Word 表格的某一单元格中含有回车符,那么这个单元格的内容被粘贴到工艺图表中后,会在回车符处被拆分成多个行记录,而不会显示在同一个行记录中。

2. 将工艺卡片中的数据内容输出到 Word 表格中

通过此功能可将工艺表格中的内容输出到 Word 已有的表格中,或者直接将数据输出到 Word 中,然后根据数据内容制作表格。

(1) 将工艺卡片数据输出到如图 3-85 所示已有 Word 表格中。

图 3-85 Word 表格

① 打开工艺卡片文件,选择【编辑】主菜单下的【块选择】命令或者单击主菜下的 ▦ 按钮,将鼠标指针移动到卡片需要输出内容的开始部分,单击鼠标左键确认(第一点)。此时再移动鼠标,会出现一个方框,方框的大小可随鼠标的移动而变化。用该方框选择需要输出的内容,单击鼠标左键确认(第二点),卡片中的相应内容会变为红色,右击并选择快捷菜单中的【复制】命令,如图 3-86 所示。

② 在 Word 中全选表格(表头除外),右击并选择快捷菜单中的【粘贴】命令,或者直接按 Ctrl+V 快捷键,即可将卡片中的内容输出到 Word 表格中,如图 3-87 所示,可以对表格内的文字作进一步的编辑。

注意:在使用【块选择】命令框选输出内容时,拾取框的第一点和第二点应该在工艺卡片内,如图 3-88 所示,如果第一点或第二点选择在卡片输出内容以外或者是卡片的表头位置,会造成块选择的失败(选取的内容不变为红色)。

(2) 将工艺卡片数据直接输出到 Word 中,利用表格插入自动生成表格,然后在 Word 中通过编辑制成工艺表格。

图 3-86　复制卡片中的内容

工序号	工序名称	工序内容	车间	工段
10	车	车外圆表面	12	1
20	粗车	粗车外圆表面	47	4
30	细车	细车外圆表面	21	3
40	铣	铣平面	23	8

图 3-87　输入到 Word 表格中

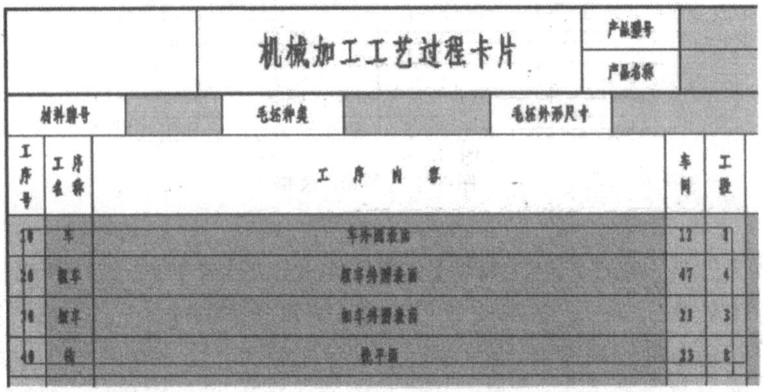

图 3-88　块选择

① 使用【块选择】命令选定并复制工艺图表中需要输出的内容,进入 Word 页面,右击并选择快捷菜单中的【粘贴】命令,将数据内容输出到文档中,如图 3-89 所示。

　　10　车　车外圆表面　12　1
　　20　粗车 粗车外圆表面 47　4
　　30　细车 细车外圆表面 21　3
　　40　铣　铣平面　23　8

图 3-89　复制卡片内容并粘贴到 Word 中

② 用鼠标选取所有数据内容,单击插入表格按钮 ▦ ,Word 会自动生成与输出内容相匹配的表格,如图 3-90 所示。

10	车	车外圆表面	12	1
20	粗车	粗车外圆表面	47	4
30	细车	细车外圆表面	21	3
40	铣	铣平面	23	8

图 3-90 插入表格

③ 对表格的进一步编辑即可得到工艺表格,如图 3-91 所示。

工序号	工序名称	工序内容	车间	工段
10	车	车外圆表面	12	1
20	粗车	粗车外圆表面	47	4
30	细车	细车外圆表面	21	3
40	铣	铣平面	23	8

图 3-91 编辑得到的工艺表格

注意:CAXA 工艺图表中的特殊字符,如上下标、粗糙度、焊接符号等不会粘贴到 Word 中。

3.3.8 取消/重复

在目前版本中,取消/重复(Undo/Redo)只在以下两种情况下有效:
(1) 对单元格内容的填写、删除、复制、粘贴、剪切操作有效,而对行记录操作、文字显示操作、卡片树操作、自动生成工序号等均无效。
(2) 对与 CAXA 电子图板相关的绘图操作、插入图形文件等操作有效,此处与 CAXA 电子图板相同,可参考《CAXA 电子图板用户手册》。

实现 Undo/Redo 功能有如下 3 种方法:
(1) 选择【编辑】主菜单下的【取消操作】与【重复操作】命令。
(2) 按快捷键 Ctrl+Z 与 Ctrl+Y。
(3) 单击主工具栏上的 ↶ 、↷ 按钮。

3.4 工艺附图的绘制

3.4.1 利用电子图板绘图工具绘制工艺附图

CAXA 工艺图表集成了 CAXA 电子图板的所有功能,利用电子图板的绘图工具,可方便地绘制工艺附图。

1. 在工艺环境下直接绘制附图

在 CAXA 工艺图表的工艺环境下,利用集成的电子图板绘图工具,可直接在卡片中绘制工艺附图。

图 3-92 是典型的工艺环境界面,在此仅做简要介绍,详细的绘图操作请参考《CAXA 电子图板操作手册》。

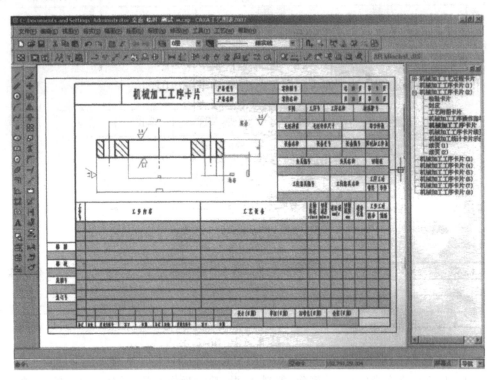

图 3-92 典型的工艺环境界面

(1) 利用绘图工具栏提供的绘制、编辑功能可以完成工艺附图中各种图样的绘制。
(2) 利用标注工具栏,可完成工艺附图的标注。
(3) 窗口底部的立即菜单提供当前命令的选项。
(4) 窗口底部的命令提示给出当前命令的操作步骤提示。
(5) 屏幕点设置可方便用户对屏幕点的捕捉。
(6) 用户也可使用主菜单中的相应命令完成工艺附图的绘制。

2. 在图形环境下绘制附图,并复制粘贴到卡片中

(1) 单击 图标,或选择【文件】菜单下的【新文件】命令,或按快捷键 Ctrl+N,弹出【新建文件类型】对话框,切换到【Eb 图形文件】属性页,如图 3-93 所示,列表框中显示了当前所有的 Eb 图形文件模板。选择需要的模板,并单击【确定】按钮,即进入图形环境,可像使用电子图板一样在绘图区绘制工艺附图。

(2) 工艺附图绘制完成后,选择【编辑】主菜单下的【图形拷贝】命令,或按 Ctrl+C 快捷键,然后用鼠标左键框选工艺附图,工艺附图被高亮显示,如图 3-94 所示。

图 3-93 【新建文件类型】对话框

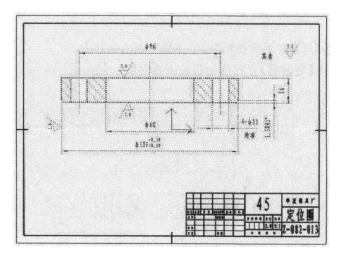

图 3-94 框选工艺附图

(3) 右击,窗口底部命令行提示"请给定图形基点",单击某一点,系统自动将选中的图形信息复制到剪贴板上。

(4) 按 Ctrl＋Tab 快捷键或选择【工艺】菜单下的【图形/工艺间切换】命令,切换到工艺,打开要添加工艺附图的卡片,按【编辑】主菜单下的【粘贴】命令,或按 Ctrl＋V 快捷键,可以看到被粘贴的附图随鼠标浮动,如图 3-95 所示。

(5) 在窗口底部的立即菜单中显示了可用的选项。

① 【定点】方式:窗口底部命令行提示【请输入定位点】,单击卡片上某一点或直接输入定位点坐标并回车,图形即粘贴到卡片上。

② 【定区域】方式:窗口底部命令行提示【请拾取需要粘贴图形的区域】,在要粘贴图形的单元格内部单击,图形即被粘贴到单元格内,并按单元格大小自动缩放。

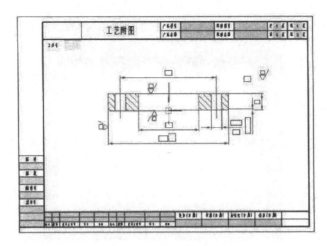

图 3-95 粘贴图形文件

③【拷贝为块】选项：被粘贴的图形自动生成为块，块中单个图形元素不能直接编辑。

④【保持原态】选项：图形被粘贴后，保持复制前的状态。

图 3-96 是使用【定区域】方式粘贴后的工艺附图。

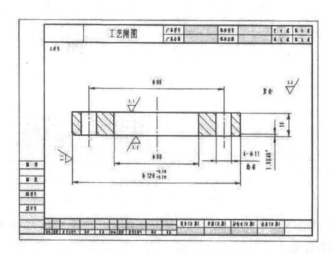

图 3-96 粘贴后的工艺附图

3.4.2 向卡片中添加已有的图形文件

1. 插入 CAXA 电子图板文件

使用【插入图形文件命令】可将 CAXA 电子图板文件（*.exb）自动插入到工艺卡片中任意封闭的区域内，并且按区域大小自动缩放，在插入 CAXA 电子图板文件之前，需做如下设置：

选择【幅向】→【图幅设置】命令，弹出如图 3-97 所示的【图幅设置】对话框。

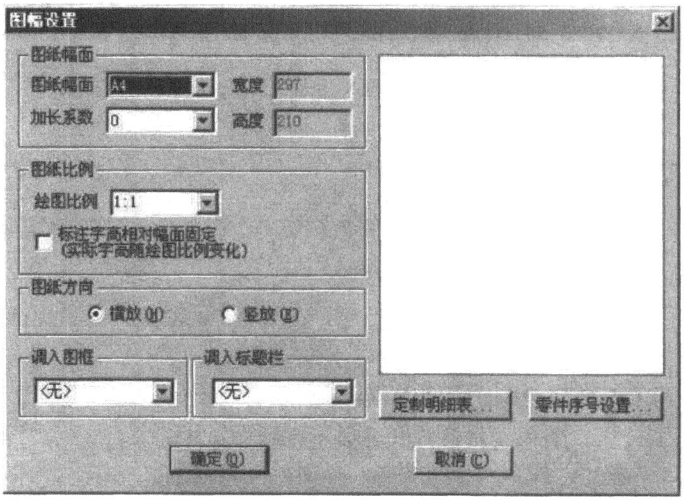

图 3-97 【图幅设置】对话框

将【标注字高相对幅面固定】前的单选框标记去掉，单击【确定】按钮完成设置。进行此设置后，插入图形的标注文字也将按比例缩放，否则将保持不变，造成显示上的混乱。

完成设置后即可开始插入图形文件的操作：

(1) 选择【工艺】主菜单下的【插入图形文件】命令。

(2) 窗口底部命令行提示【请拾取需要插入图形的区域】。

(3) 单击卡片中要插入图形的区域（必须为封闭区域），弹出【请选择需要插入的图形】对话框，选择要插入的图形文件。

(4) 单击【打开】按钮，图形被自动插入并按区域大小自动缩放，以适应封闭区域。

注意：如果编辑其中的标注，那么被编辑的标注又会恢复缩放前的原始高度，所以建议用户修改原图的标注，然后重新执行【插入图形命令】，如图 3-98 所示。

2. 添加 DWG、DXF 文件

(1) 按 Ctrl+Tab 快捷键，或选择【工艺】菜单下的【图形/工艺间切换】命令，切换到绘图环境。

(2) 选择【文件】菜单中的【打开文件】命令，或单击 图标，或按快捷键 Ctrl+O，弹出【打开文件】对话框。

(3) 在【文件类型】下拉列表中选择【DWG/DXF 文件（*.dwg；*.dxf）】，选择要打开的文件并单击【打开】按钮，图形文件被打开并显示在绘图区中。

(4) 按 4.4.1 节 2 中的步骤(2)～(5)，将图形文件复制粘贴到工艺卡片中。

3. 插入 OLE 对象

1) 关于插入 OLE 对象的说明

(1) 工艺卡片中可以嵌入 OLE 对象，不同卡片可以嵌入不同的 OLE 对象。

(2) 卡片模板也可以嵌入 OLE 对象，按该模板创建的卡片会自动继承该 OLE 对象

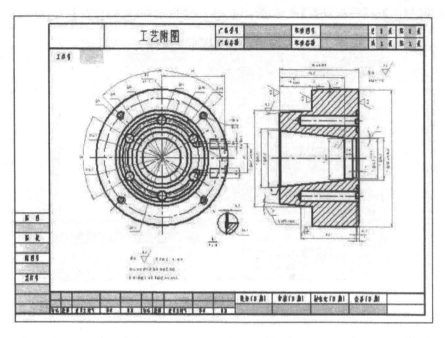

图 3-98 插入图形文件

(模板可以保留 OLE 对象,例如图片等)。

(3)【借用卡片内容】操作不会把卡片中的 OLE 对象借用到当前卡片中来。

(4)卡片中的 OLE 对象操作特性是一致的,不管是在卡片中插入的还是由卡片模板继承的。

2) 插入 OLE 对象的方法

(1) 选择【编辑】主菜单下的【插入对象】命令,弹出【插入对象】对话框,如图 3-99 所示。

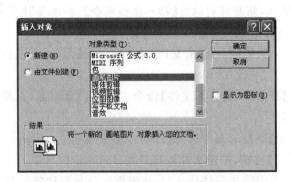

图 3-99 【插入对象】对话框

(2) 在图 3-99 中选择所需要插入的对象。以插入【画笔图片】为例,选择【新建】方式,并在【对象类型】列表中选择【画笔图片】,单击【确定】按钮后弹出【位图图像】窗口。

(3) 绘制图像,如图 3-100 所示。

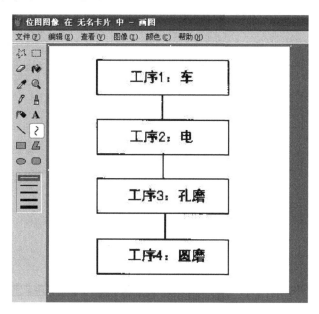

图 3-100　绘制位图

(4) 完毕后选择【文件】菜单下的【退出并返回…】命令,可以看到绘制的图像已经被插入到当前工艺卡片中,如图 3-101 所示。

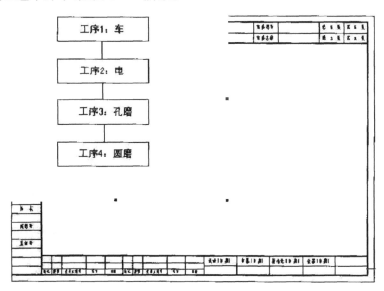

图 3-101　插入绘制的位图图像

(5) 在步骤(2)中,选择【由文件创建】选项,可将已创建的 OLE 对象(例如位图文件)插入到当前工艺卡片中。

(6)单击插入的 OLE 对象,可对其进行缩放、移动等操作;右击,利用快捷菜单中的命令,可对其进行复制、粘贴、剪切、删除、编辑等操作。图 3-102 是编辑完成的工艺附图。

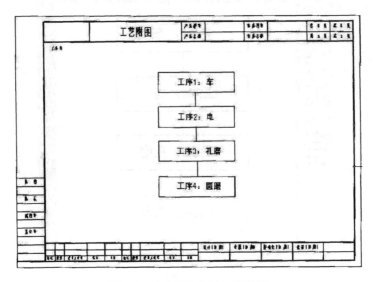

图 3-102　编辑完成的工艺附图

4. 插入 JPG 等图片文件

CAXA 工艺图表的背景设置,包括插入图片、编辑图片、删除图片、图片管理器 4 项内容,下面依次介绍。

1)插入图片

选择【工艺】→【插入图片】命令,弹出【选择插入的图片】对话框,选择图片的路径。在插入背景图片时,用户可根据自己的需求来选择背景图片的连接方式:绝对路径连接、相对路径连接或嵌入图片到文件中。

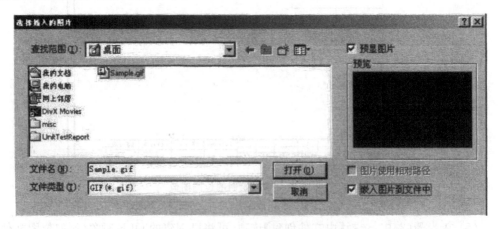

图 3-103　【选择插入的图片】对话框

(1) 绝对路径连接：每次插入图片时，默认的连接方式为绝对路径连接，即不选中【图片使用相对路径】和【嵌入图片到文件中】两项。

(2) 相对路径连接：插入背景图片时，当选择【图片使用相对路径】选项后，图片以相对路径的连接方式与文件连接。

注意：当文件为无名文件或背景图片文件与当前文件不在同一磁盘驱动器下时，无法使用相对路径连接。

(3) 嵌入图片到文件中：插入背景图片时，当选择【图片嵌入到文件中】选项后，图片嵌入到文件中，而不需要外部连接。

2）编辑图片

为对插入的背景图片进行有效的控制，电子图板提供了编辑背景图片功能。单击【工艺】菜单，选择【编辑图片】命令，它包括平移和调整大小两种操作，使用 Alt+1 组合键可在两者间选择。

(1) 平移：用指定两点作为平移的位置依据。可以在任意位置输入两点，系统将两点间距离作为偏移量，然后，再进行图片平移操作。

(2) 调整大小：对所选择的背景图片，用光标在屏幕上直接拖动进行缩放，系统会动态显示被缩放的图片的边框，当用户认为满意时，按鼠标左键确认即可。

3）删除图片

单击【工艺】菜单，选择【删除图片】命令，则背景图片被删除。

4）图片管理器

单击【工艺】菜单，选择【图片管理器】命令，对已插入的图片进行编辑，可更改图片的连接路径，如图 3-104 所示。

图 3-104 【图片管理器】对话框

3.5 高级应用功能

3.5.1 卡片借用

使用卡片借用功能，可以将 CAXA 工艺图表旧版本的工艺卡片文件或者其他工艺规程中的卡片，借用到当前工艺规程中来，这样就减少了重新创建并输入卡片的工作量。

1．卡片借用的规则

（1）卡片借用方式：只能【主页＋续页】整体借用，借用后，主页、续页以及子卡片被整体替换为新的卡片，而不能只借用其中的一张（例如续页）卡片。表现在卡片树的操作上时，只有在右击主页卡片（包括过程卡主页、工序卡主页、附页卡片主页）时，弹出的右键菜单中才有【借用卡片内容】命令。

（2）过程卡的借用：如果过程卡已经生成了工序卡，为了保持两者的关联，系统不允许对过程卡进行【卡片借用】操作。虽然可以按本节介绍的步骤操作，但最后借用时会弹出对话框提示，如图 3-105 所示。

（3）模板：被借用卡片的模板必须在当前规程中存在，否则不能成功借用，如图 3-106 所示。但借用的卡片和当前卡片的模板可以不一致。

图 3-105　系统提示 1　　　　　　图 3-106　系统提示 2

2．卡片借用的操作方法

（1）在卡片树窗口中，右击卡片，弹出右键菜单，选择【借用卡片内容】命令，弹出【工艺卡片文件】对话框，如图 3-107 所示。

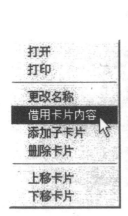
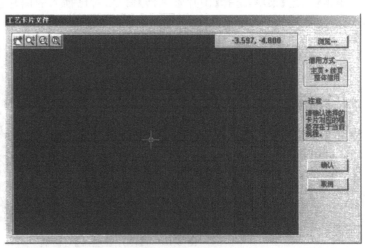

图 3-107　【工艺卡片文件】对话框

（2）在图 3-107 所示的【工艺卡片文件】对话框右侧的文本中可以看到借用卡片的规则：

①【借用方式】为【主页＋续页整体借用】，不能实现【只借用主页】或【只借用续页】的功能，借用卡片后，工序卡或过程卡的主页、续页、子卡片被整体替换。

②【注意】信息框提示【请确认选择的卡片对应的模板存在于当前规程。】,否则将不能借用。

(3) 单击【浏览】按钮,弹出【打开】对话框,选择要借用的工艺文件,单击【打开】按钮,如图 3-108 所示。

图 3-108 选择借用卡片

(4) 选择的工艺文件被打开并显示在浏览器窗口中,使用工具栏 可以浏览卡片内容,如图 3-109 所示。

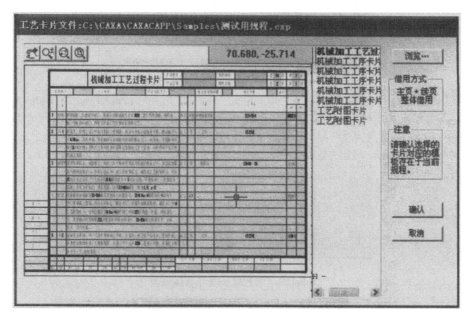

图 3-109 浏览器窗口

(5) 在卡片树中双击需要借用的卡片,打开此卡片,然后单击【确认】按钮即可。在原规程的卡片树中,步骤(1)中的原卡片已经被借用的卡片代替。

3.5.2 规程模板管理与更新

在工艺图表的应用中,用户有时需要为工艺规程模板添加或者删除一个卡片模板,或者需要对某张卡片模板作出修改(例如增加、删除单元格,为表区增加、删除一列,更改单元格字体、排版模式,指定新的知识库等)。使用规程模板管理与更新功能,用户可以方便地管理模板,根据修改后的模板,对当前已有的工艺文件进行更新,而不必重新建立、输入工艺文件,极大方便了用户。

对规程模板的管理分为两类:系统规程模板的管理,工艺文件的模板管理与更新。

在工艺图表安装目录下的 Template 文件夹下,存储了系统现有的工艺规程模板,利用规程模板管理工具,可以对这些模板进行管理。

利用 Template 文件夹下的模板生成工艺文件并存储后(*.cxp),模板信息即和卡片信息一同保存在文件中,此时修改 Template 文件夹下的模板,并不对工艺规程文件造成影响。利用规程模板管理工具,可以管理规程文件的模板,还可利用模板更新功能,对现有文件中的模板进行更新。

1. 系统规程模板的管理

(1) 在图形环境下,选择【文件】下拉菜单中的【规程模板管理】命令,弹出【工艺规程管理】对话框,如图 3-110 所示,在【工艺规程模板名称】下拉列表下,显示了系统现有的所有工艺规程模板(保存在 Template 文件夹下)。单击选择要编辑的模板。

图 3-110　工艺模板规程名称列表

(2) 单击【删除模板】可将【工艺规程模板名称】列表框中选中的规程模板删除,系统不给出提示。

(3) 在【工艺规程模板名称】列表中选择要编辑的工艺规程模板,利用【增加】和【删除】按钮,可以为选择的工艺规程模板增加或删除卡片,如图 3-111 所示。

图 3-111 增加或删除卡片

(4)切换到【设置公共信息】属性页,利用【增加】和【删除】按钮,可以增加和删除规程各卡片的公共信息,如图 3-112 所示。

图 3-112 增加和删除公共信息

(5)单击【确定】按钮,完成修改。

2.工艺文件的模板管理

(1)新建或打开一个工艺规程或工艺卡片,切换到【工艺环境】。

(2)选择【文件】主菜单下的【编辑规程模板】命令,弹出如图 3-113 所示的对话框。

图 3-113 【编辑工艺规程】对话框

(3) 在【编辑工艺规程模板】标签下,利用【增加】、【删除】按钮,可以为当前工艺文件的模板增加、删除卡片,但要注意,正在使用的模板不允许删除。

(4) 在【编辑公共信息】标签下,利用【增加】、【删除】按钮,可以增加或删除公共信息。

3. 工艺文件的模板更新

对于已经建立的工艺文件,如果需要修改模板,例如添加、删除单元格等,利用工艺图表的模板更新功能,可以方便实现已有工艺文件的模板更新,而不必按新模板重建并输入工艺文件。其具体的操作步骤如下:

(1) 打开要修改的模板,按需要做出修改,保存为新模板,注意模板名称不要改变。

(2) 打开用旧模板建立的工艺文件(*.cxp)。

(3) 选择【文件】主菜单下的【编辑规程模板】命令,弹出如图 3-113 所示的对话框。

(4) 在右侧列表中,选择要更新的模板,选择【模板更新】命令,根据模板修改的情况,系统会给出相关的提示,确定后即可完成模板的更新。

注意:与主页续页相关的模板更新有以下几点注意事项。

(1) 如果更新主页或续页的表区,那么修改后,必须保证两者的表区满足添加续页的规则(见 4.2.3 节),否则不能更新模板。

(2) 如果规程中存在主页与续页,那么不能修改主页模板或续页模板中表区的结构,包括增删列、更改列宽与行高、更改列名称。

(3) 如果修改了主页或续页表区各列的字体、对齐方式、字体颜色等时,更新后,续页自动保持与主页一致。

3.5.3 统计功能及统计卡片的制作

1. 公式计算

可以将同一张卡片内任意单元格的内容(数字),通过在模板中添加【公式计算】域,自动求出计算结果。

(1) 在模板定制界面,选择【工艺】下拉菜单中的【定义单元格】命令,用鼠标指针拾取需要定义的单元格(见图 3-114)并右击,系统会弹出【单元格属性】对话框。

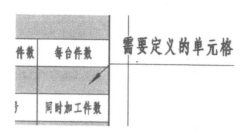

图 3-114 需定义的单元格

(2)【单元格属性】对话框如图 3-115 所示,在【域名称】下拉列表中选择【公式计算】并在【域规则】文本框中输入计算公式。这里的"每台件数"是针对本张卡片内机床加工件数的数值计算,因此,在【域规则】栏内输入的公式为:【毛坯数量 * 每毛坯可制件数－材料消耗系数】。完成其他属性的定义,单击【确定】按钮完成单元格定义,保存模板。

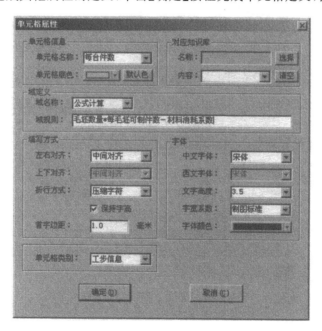

图 3-115 【单元格属性】对话框

(3) 填写卡片时,软件会按照计算公式,自动计算出结果。本例中结果为 14(8×2－2＝14),如图 3-116 所示。

2. 工时汇总

通过在模板中添加自动【工时汇总】域,可以将卡片内任意一列单元格的内容(数字),自动汇总出结果。

车 间	工序号	工序名称	材料消耗系数
车	20	精车	2

毛坯数量	毛坯外形尺寸	每毛坯可制件数	每台件数
8	φ45×12	2	14

设备名称	设备型号	设备编号	同时加工件数
卧式车床	CA6140	[JC-266]	

夹具编号	夹具名称	切削液
顶尖类	固定顶尖[711-033]	

图 3-116 公式计算结果

(1) 在模板定制界面,选择【工艺】菜单下的【定义单元格】命令,单击需要定义的单元格,然后右击,系统会弹出【单元格属性】对话框,如图 3-117 所示。

图 3-117 【单元格属性】对话框

(2) 在【域名称】下拉列表中选择【工时汇总】,并在【域规则】文本框中输入要汇总的列。例如要汇总本张卡片中的【单件工时】列的内容,则在【域规则】栏内输入【单件工时】,完成其他属性的定义,单击【确定】按钮完成单元格定义,保存模板。

(3) 填写卡片时,系统会自动将【单件工时】列的汇总结果填写到【合计工时】单元格中,如图 3-118 所示。

注意:

(1)【域规则】栏内输入的单元格名称必须与卡片中定义的单元格属性相对应,例如:

【域规则】栏内输入的是【单件工时】,那么在模板中要汇总列的单元格属性也必须是【单件工时】,否则系统将不能正确实现内容汇总或计算。

（2）公式计算的内容必须是在同一张卡片内,否则软件将不能正确实现内容汇总或计算。

（3）在添加公式计算时,符号必须使用英文输入法的运算符号,否则软件将不能正确实现内容汇总或计算。

（4）汇总或计算单元格内容时,单元格内信息不能为空白。

3. 汇总统计

CAXA 工艺图表提供了对工艺卡片中部分内容进行汇总统计的功能,利用这些功能可方便的定制统计卡片。

统计卡片的定制与一般模板的定制十分相似,用户可以根据需要定制统计卡片的模板。图 3-119 为一简单的统计卡片模板,目的是对过程卡中【工序名称】作出统计。

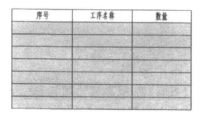

图 3-118　汇总结果　　　　　图 3-119　统计卡片模板

（1）【序号】列的【单元格属性】对话框如图 3-120 所示,在【域名称】下拉列表中选择【序号】。

图 3-120　【序号】列的【单元格属性】对话框

(2)【工序名称】列的【单元格属性】对话框如图 3-121 所示,在【域名称】下拉列表中选择【汇总单元】,并在【域规则】处填入要汇总的对象(此例应填入"工序名称")。

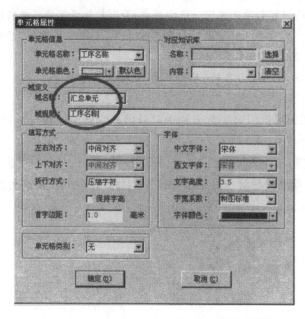

图 3-121　【工序名称】列的【单元格属性】对话框

(3)【数量】列的【单元格属性】对话框如图 3-122 所示,在【域名称】下拉列表中选择【汇总求和】,并在【域规则】处填入要汇总的对象(此例应填入"工序名称")。

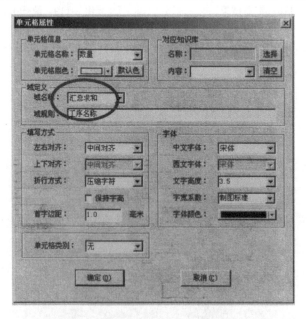

图 3-122　【数量】列的【单元格属性】对话框

(4) 定义好各列的属性后，和一般模板的定制一样要定义整张卡片的“表属性”，最后保存成模板，就可以在规程中调用了。

(5) 新建工艺规程(注意规程模板中应包含以上建立的统计卡片模板)，填写完过程卡片之后，选择【工艺】下拉菜单中的【添加附页卡片】命令，并选择汇总卡片模板，便可得到汇总的结果，此例结果如图 3-123 所示。

序号	工序名称	数量
1	粗车	2
2	精车	2
3	铣	3
4	粗磨	3
5	精磨	1

图 3-123　生成统计卡片

3.5.4　工艺规程检索

如果用户想根据产品型号、产品名称、零件图号、零件名称等信息，在某个文件夹及其子文件夹中快速查找到所需的某个工艺文件，可使用【工艺规程检索】命令。

选择【文件】下拉菜单中的【工艺规程检索】命令，系统弹出如图 3-124 所示的对话框。

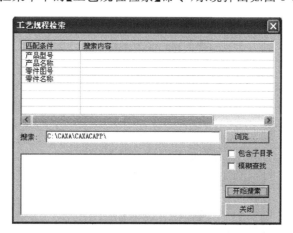

图 3-124　【工艺规程检索】对话框

(1) 用户可通过双击【匹配条件】中的各项进行条件设定，例如设置【零件名称】为“箱体”等。

(2) 单击【浏览】按钮，可设定搜索路径。

(3) 【模糊查找】是查找包含条件字串的工艺文件，否则进行精确匹配。

(4) 【包含子目录】可设定搜索目录及子目录中的所有符合条件的文件。

(5) 单击【开始搜索】按钮后，系统会将搜索结果列出。通过双击列出的文件，可进一步查看文件的公共信息。

3.5.5 基于网络的配置

如果在服务器上完全共享一个 CAXA 工艺图表的工艺知识库，就可以实现局域网中的每台计算机都能够使用该知识库，这样直接管理和维护服务器上的工艺知识库即可，具体操作如下所述。

（1）在 Windows 中映射一个网络驱动器，目标盘定为有共享知识库的计算机。

（2）双击【我的电脑】→【控制面板】→【管理工具】→【数据源（ODBC）】，弹出如图 3-125 所示的对话框。

图 3-125　数据源管理器

（3）单击【添加】按钮，选择驱动程序中的 Microsoft Access Driver（ * . mdb），如图 3-126 所示。

图 3-126　选择驱动程序

（4）单击【完成】按钮，弹出如图 3-127 所示的对话框，在【数据源名】中输入 CAXACAPP。

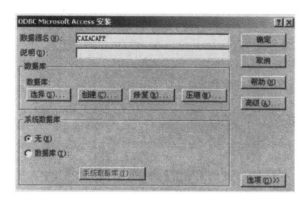

图 3-127　输入数据源名

（5）单击【选择】按钮，弹出如图 3-128 所示的对话框，选择已经映射的网络驱动器，然后再选择列表中的【工艺知识库.mdb】，单击【确定】按钮。

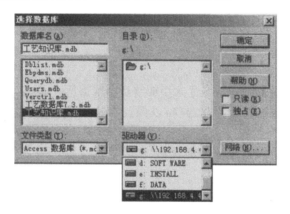

图 3-128　选择数据库

3.6　打　　印

CAXA 工艺图表提供了 3 种打印工具，可根据需要选择使用。
（1）绘图输出：打印单个工艺文件中的卡片。
（2）批量打印：批量打印多个工艺文件中的卡片。
（3）打印排版：适用于在大幅面的图纸上打印工艺卡片。

3.6.1　绘图输出

选择【文件】主菜单下的【绘图输出】命令，或者在卡片树中右击某一张卡片，选择右键菜单中的【打印】命令，均可启动【打印】对话框，如图 3-129 所示，使用此对话框中的选项，可以对当前打开工艺文件中的卡片进行打印。
（1）打印机名称：下拉列表中显示的是系统已经安装的打印机，根据需要选择即可。
（2）纸张与方向：打印通用选项，可根据打印机的实际情况做出选择。

图 3-129　选择指定卡片打印

(3) 映射关系：

① 选择【自动填满】选项时，卡片大小能够自动根据所选纸张的大小而缩放，一般选择此选项，以保证卡片内容能够全部输出。

② 选择【1：1】选项时，卡片中的表格、文字等按实际大小打印。

(4) 输出范围：

① 选择【全部卡片】选项时，打印当前文件中的全部卡片。

② 选择【指定卡片】选项时，单击此选项后，弹出如图 3-130 所示的对话框，通过单击卡片名称前的复选框，可以指定要打印的卡片。注意对于续页、子卡片等，必须单击主页前的"＋"将卡片树展开，才能看到并设置是否打印。

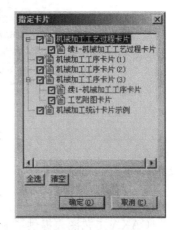

图 3-130　指定需要打印的卡片

(5) 指定范围：单击此选项后，可在文本框中输入要打印的卡片页码或者页码范围。注意输入单个页码时，页码之间用逗号分隔；输入连续页码时，在起始页码和终止页码之间输入短划线"-"。例如输入【1，3，5-15】。

(6) 打印到文件：如果选中此选项，则将卡片输出为打印机文件（＊.prn），而不是输出到打印纸上。选中此选项，并设置其他打印参数后，单击【确认】按钮，系统弹出【印出到文件】对话框，如图 3-131 所示，选择合适的路径和名称，可将当前打印设置输出为打印机文件。

(7) 黑白打印：如果选中此选项，那么无论卡片中的表格线、文字、图形等设置为何种颜色，打印后只显示为黑色。注意单元格底色打印时不输出。

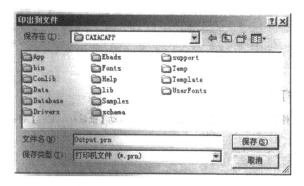

图 3-131 【印出到文件】对话框

(8) 输出份数：在文本框中输入数字，可以打印多份卡片。

(9) 设置线宽：单击此按钮后，弹出【设置线宽】对话框，如图 3-132 所示，可以设置打印输出的粗线和细线两种线型的线宽。

(10) 预显：设置完成其余打印选项后，可以单击【预显】按钮对打印效果进行预览，如图 3-133 所示。

图 3-132 【设置线宽】对话框

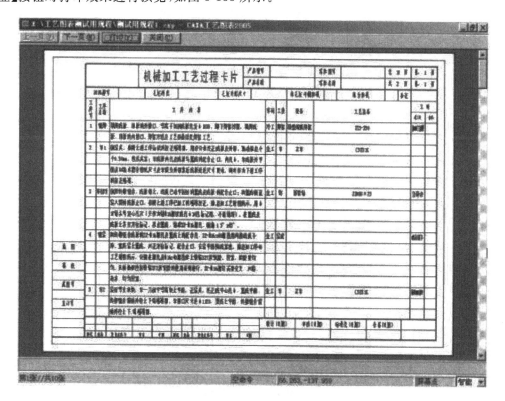

图 3-133 打印预显

3.6.2 批量打印

(1)选择【文件】主菜单中的【批量打印】命令,启动【批量打印文件】对话框,如图 3-134 所示。

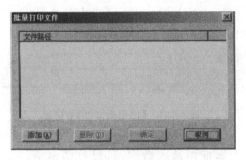

图 3-134 【批量打印文件】对话框

(2)单击【添加】按钮,弹出【打开】对话框,可同时选择多个工艺文件(＊.cxp),如图 3-135 所示。

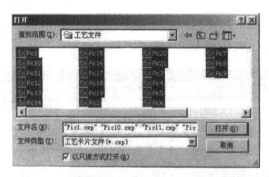

图 3-135 【打开】对话框

(3)单击【打开】按钮后,被选择的工艺文件即显示在【批量打印文件】对话框的列表中,如图 3-136 所示,可以再次单击【添加】按钮添加更多的工艺文件。

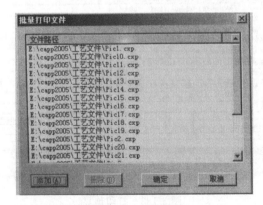

图 3-136 文件列表

(4) 单击【确定】后,弹出【打印】对话框(见图 3-137),此对话框与图 3-129 所示的【打印】对话框相比,缺少了【输出范围】选项,其他选项完全相同,按需要对其进行设置后,单击【确定】按钮即可将多个工艺文件中的卡片输出。

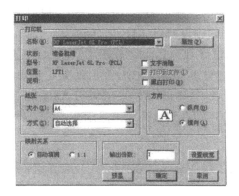

图 3-137 【打印】对话框

3.6.3 打印排版

打印排版是 CAXA 工艺图表的外部工具,且与 CAXA 电子图板的打印排版工具完全相同。为了方便在绘图仪等大型输出设备上进行打印,在打印排版中增加了对工艺图表文件(*.cxp)的排版和打印功能,以及与电子图板文件(*.exb)的混排和打印功能。打印排版的具体操作请参见电子图板用户手册。

选择【开始】菜单→【CAXA 工艺图表】→【CAXA 打印排版】命令即可启动打印排版界面,如图 3-138 所示。

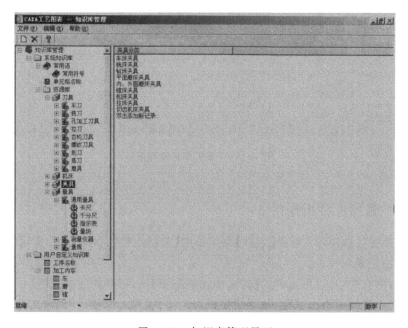

图 3-138 知识库管理界面

3.7 知识库管理

在 3.2 节工艺模板定制与 3.3 节工艺卡片填写中,均涉及了知识库的操作。本节介绍知识库的管理,包括各种知识库的建立、添加、修改等。

CAXA 工艺图表的知识库管理是作为外部工具提供的,选择【开始】菜单→【CAXA 工艺图表】→【CAXA 工艺知识管理】命令,可启动知识库管理界面,如图 3-139 所示。图 3-139 左侧列表框中显示的是知识库的树结构,分为【系统知识库】与【用户自定义知识库】两类,单击知识库树节点,在右侧数据库中显示节点的记录内容,可在其中添加或删除记录。

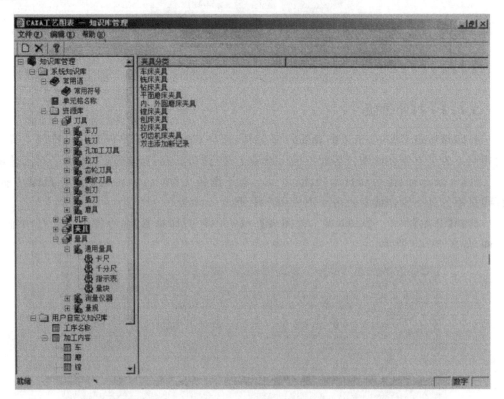

图 3-139 知识库管理界面

3.7.1 数据库常用操作

(1) 重新连接数据库:选择【文件】菜单下的【重新连接数据库】命令即可。
(2) 添加记录:
① 在右侧列表中,双击最后的【双击添加新纪录】行,可激活此单元格;
② 或者在右侧列表中,单击某一记录然后右击,选择右键菜单中的【添加记录】命令,也可激活右侧列表中的最后一行单元格;

③ 或者选择【编辑】菜单下的【添加记录】命令,也可激活右侧列表中的最后一行单元格,在激活的单元格中输入要添加的记录名称即可。

(3) 删除记录:

① 在右侧列表中,单击要删除的记录,然后右击,选择右键菜单中的【删除记录】命令,即可将此记录删除;

② 或者选中记录后,选择【编辑】菜单下的【删除】命令,也可将其删除。

(4) 删除节点:单击要删除的节点,然后选择【编辑】菜单下的【删除】命令,弹出如图3-140所示的【删除节点】对话框。如果选中【保留数据表】选项,那么删除此节点后,节点内容仍会临时保留在系统数据库中,可将其重新添加到数据库中来。

(5) 临时删除知识库查询:选择【编辑】菜单下的【临时删除知识库查询】命令,弹出如图3-141所示的对话框,列表框中显示的是虽然被删除但仍保留数据表的节点,这些节点仍然可以重新添加到数据库中去。选中其中某个知识库,选择【删除表】命令,可将其彻底删除。

图 3-140 【删除节点】对话框

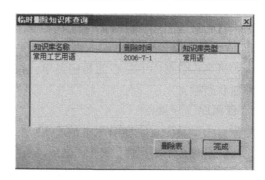

图 3-141 【临时删除知识库查询】对话框

3.7.2 系统知识库

【系统知识库】包含了【常用语】、【单元格名称】和【资源库】3个数据库。

1. 常用语

此数据库可用来存放卡片填写时经常用到的特殊符号、工艺用语等内容,以减少工艺人员重复输入的工作量。

(1) 新建分类:安装 CAXA 工艺图表后,常用语知识库下只有【常用符号】一个分类,用户可以根据需要为常用语知识库添加更多的分类,也可为其子数据库例如【常用符号】添加分类。

右击【常用语】或者其子数据库,选择右键菜单中的【新建分类】命令,弹出【常用语】对话框,如图 3-142 所示,在文本框中输入分类名称后单击【确认】按钮即可。

(2) 重命名分类:作为常用语知识库根节点的【常用语】是不允许重命名的,但可重命名其分类。右击某个分类,单击右键菜单中的【重命名分类】,弹出【常用语】对话框,在文本框中输入新的名称,单击【确定】按钮即可。

(3) 删除分类:作为常用语知识库根节点的【常用语】是不允许删除的,但可删除其分类。右击某个分类,单击右键菜单中的【删除分类】,弹出【删除节点】对话框。选择【保存数据表】选项,那么此分类被删除后,临时保存在系统数据库中,使用【添加已有分类】命令还可重新添加到数据库中。

（4）添加已有分类：可以将曾经被删除但仍保留在系统数据库中的分类添加到当前节点中。右击某个分类,选择【添加已有分类】命令,弹出如图 3-143 所示的【添加常用语分类】对话框,下拉列表中显示的即是临时被删除的数据库名称。选择其中的数据库,单击【确定】按钮即可。

图 3-142 【常用语】对话框　　　　图 3-143 【添加常用语分类】对话框

2. 单元格名称

单元格名称数据库下保存的是定制单元格时曾输入的单元格名称,可对其中的记录进行添加和删除。

3. 资源库

资源库主要是为了兼容旧版本的 CAXA 工艺图表模板而保留的,其中存储了刀具、夹具、机床、量具 4 个数据库,每个数据库均有 3 个等级。等级结构不允许用户修改,但可以对底层节点中的记录进行添加和删除。

在新版本的 CAXA 工艺图表中定义模板时,不建议用户使用此资源库,建议根据自身需要使用更加灵活的自定义知识库。

3.7.3　自定义知识库

使用自定义知识库,可以更加灵活的定义所需的各类知识库,右击自定义数据库中的某个节点,弹出右键菜单,如图 3-144 所示,利用快捷菜单中的命令,可以方便地完成自定义数据库结构的创建。

1. 新建知识库

选择右键菜单中的【新建知识库】命令,弹出【知识库结构定义】对话框,如图 3-145 所示。

（1）在【新建知识库名称】后的文本框中输入知识库的名称。

（2）在右侧【字段属性】区中输入字段的相关属性,单击【插入】按钮,字段即显示在左侧的【已有字段】列表中。

（3）在【已有字段】列表中选中某个字段,单击【删除字段】按钮,可将其删除。

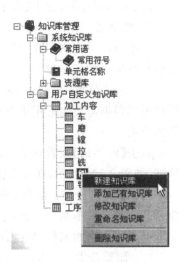

图 3-144　自定义知识库右键菜单

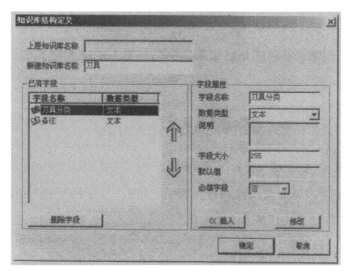

图 3-145 【知识库结构定义】对话框

（4）单击上下箭头，可以调整字段的顺序。
（5）单击【确定】按钮，即完成了知识库的添加。
（6）选中添加的数据库，可看到右侧列表框中显示的字段，用户可为其添加记录，如图 3-146 所示。

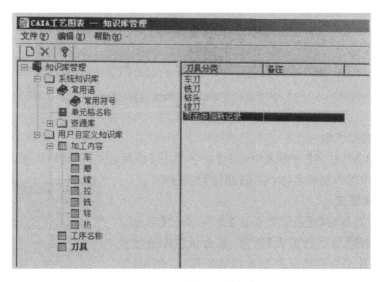

图 3-146 添加后的数据库

（7）使用同样的方法，可以添加多级的知识库。

2．添加已有知识库

选择右键菜单中的【添加已有知识库】命令，弹出如图 3-147 所示的对话框，下拉列表中显示的是系统临时删除的知识库，选择要添加的知识库，单击【确定】按钮即可。

图 3-147 【添加知识库】对话框

3. 修改知识库

选择右键菜单中的【修改知识库】命令,弹出如图 3-148 所示的对话框,其选项与【知识库结构定义】对话框相同,可对当前知识库修改、添加、删除字段。

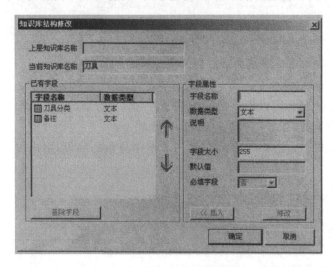

图 3-148 【知识库结构修改】对话框

4. 重命名知识库

选择右键菜单中的【重命名知识库】命令,弹出【重命名知识库】对话框,如图 3-149 所示,在文本框中输入新的名称,单击【确定】按钮即可。

5. 删除知识库

选择右键菜单中的【删除知识库】命令,弹出【删除节点】对话框,选择【保存数据表】选项,那么知识库虽然被删除,节点的数据表仍然保存在系统数据库中,使用【添加已有知识库】命令,可将其重新添加到数据库中来。

图 3-149 【重命名知识库】对话框

3.8 实 例

图 3-150 所示为针对具体的零件,通过工艺分析,填写的各加工零件的工艺过程卡片。

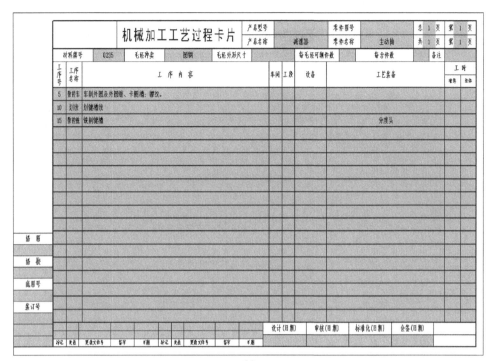

(a)

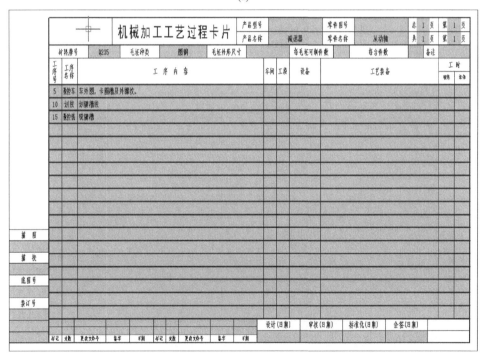

(b)

图 3-150　各加工零件的工艺过程卡片

机械加工工艺过程卡片	产品型号		零件图号		总 1 页	第 1 页
	产品名称	减速器	零件名称	箱体	共 1 页	第 1 页

材料牌号	ZAL12	毛坯种类		毛坯外形尺寸		每毛坯可制件数		每台件数	1	备注	

工序号	工序名称	工序内容	车间	工段	设备	工艺装备	工时 准终	工时 单件
1	数控铣	以65mm一侧面为定位基面，找直94端盖面，立铣94mm两面及Φ28两凸台端面，注意留量；以已加工过的65mm侧面为精基准面，铣削65mm凸台到尺寸。	机加		XK713			
5	数控铣	以94mm端盖一面为定位基面，找正凸台端面，铣削35×123箱体内腔以及36×124端盖止口（上下两处）。钻8—M5螺纹底孔，深20.	机加		XK713			
10	数控铣	以凸台端面定位，找直94mm端盖面，镗Φ20[illegible]、Φ15[illegible]、Φ12[illegible]、Φ10[illegible]孔。	机加		XK713			
15	钳	攻8—M5×15螺纹，去刺。	机加					
20								

描图	描校	底图号	装订号

标记	处数	更改文件号	签字	日期	标记	处数	更改文件号	签字	日期	设计(日期)	审核(日期)	标准化(日期)	会签(日期)
										2010.3.19			

(c)

机械加工工艺过程卡片	产品型号		零件图号		总 1 页	第 1 页
	产品名称	减速器	零件名称	上下盖	共 1 页	第 1 页

材料牌号		毛坯种类		毛坯外形尺寸		每毛坯可制件数		每台件数		备注	

工序号	工序名称	工序内容	车间	工段	设备	工艺装备	工时 准终	工时 单件
5	数控铣	铣削上下面到尺寸						
10	数控铣	铣削周边（包括圆弧）						
15	数控铣	铣削凸台止口，控制尺寸，钻削4-Φ6螺钉孔。						
20	钳	去刺						

描图	描校	底图号	装订号

标记	处数	更改文件号	签字	日期	标记	处数	更改文件号	签字	日期	设计(日期)	审核(日期)	标准化(日期)	会签(日期)

(d)

图 3-150（续）

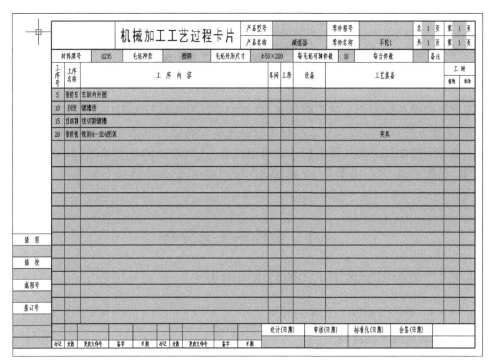

图 3-150（续）

第4章 数控车削加工

随着制造设备数控化率的不断提高,数控加工技术在我国得到日益广泛的使用,在模具行业,掌握数控技术与否及加工过程中数控化率的高低已成为企业是否具有竞争力的象征。数控车削加工是现代制造技术的典型代表,在制造业的各个领域(如航空航天、汽车、模具、精密机械、家用电器等)有着日益广泛的应用,已成为这些行业中不可缺少的加工手段。

4.1 数控车工艺分析

4.1.1 数控车削加工工件的装夹及对刀

4.1.1.1 数控车削加工工件的装夹

1. 工件采用通用夹具装夹

1) 工件定位要求

由于数控车削编程和对刀的特点,工件径向定位后要保证工件坐标系各轴与机床主轴轴线同轴,同时要保证加工表面径向的工序基准(或设计基准)与机床主轴回转中心线的位置满足工序(或设计)要求。如工序要求加工表面轴线与工序基准表面轴线同轴,这时工件坐标系 Z 轴即为工序基准表面的轴线,可采用三爪自定心卡盘以工序基准为定位基准,自动定心装夹或采用两顶尖(工序基准为工件两中心孔)定位装夹;若工序要求加工表面轴线与工序基准表面轴线有偏心,则采用偏心卡盘、偏心顶尖或专用夹具装夹。偏心卡盘、偏心顶尖或专用夹具的中心(为定位基准)到主轴回转中心线的距离,要满足加工表面中心线与工序基准(与定位基准重合)的偏心距要求,这时工件坐标系 Z 轴只能为加工表面的轴线。

工件轴向定位后,要保证加工表面轴向的工序基准(或设计基准)与工件坐标系 X 轴的位置要求。批量加工时,若采用三爪自定心卡盘装夹,工件轴向定位基准可选工件的左端面或左侧其他台阶面;若采用两顶尖装夹,为保证定位准确,工件两中心孔倒角可加工成准确的圆弧形倒角,这时顶尖与中心孔圆弧形倒角接触为一条环线,轴向定位非常准确,适合数控加工精确性要求。

2) 定位基准(指精基准)选择的原则

(1) 基准重合原则。为避免基准重合误差,方便编程,应选用工序基准(设计基准)作为定位基准,并使工序基准、定位基准、编程原点三者统一,这是最佳考虑的方案。因为当加工面的工序基准与定位基准不重合,且加工面与工序基准不在一次安装中同时加工出来的情况下,会产生基准重合误差。

(2) 基准统一原则。在多工序或多次安装中,选用相同的定位基准,这对数控加工保证零件的位置精度非常重要。

(3) 便于装夹原则。所选择的定位基准应能保证定位准确、可靠,夹紧机构简单,敞开性好,操作方便,能加工尽可能多的内容。

(4) 便于对刀原则。批量加工时,在工件坐标系已经确定的情况下,采用不同的定位基准为对刀基准建立工件坐标系,会使对刀的方便性不同,有时甚至无法对刀。这时就要分析此种定位方案是否能满足对刀操作的要求,否则原设工件坐标系须重新设定。

3) 常用装夹方式

(1) 在三爪自定心卡盘上装夹。三爪自定心卡盘的 3 个卡爪是同步运动的,能自动定心,一般不需找正。三爪自定心卡盘装夹工件方便、省时,自动定心好,但夹紧力较小,所以适用于装夹外形规则的中、小型工件。三爪自定心卡盘可装成正爪或反爪两种形式,反爪用来装夹直径较大的工件。用三爪自定心卡盘装夹精加工过的表面时,被夹住的工件表面应该包一层铜皮,以免夹伤工件表面。

数控车床多采用三爪自定心卡盘夹持工件,轴类工件还可使用尾座顶尖支持工件。数控车床主轴转速较高,为确保工件夹紧,多采用液压高速动力卡盘。这种卡盘在生产厂已通过了严格平衡检验,具有高转速(极限转速可达 8000r/min 以上)、高夹紧力(最大推拉力为 2000~8000N)、高精度、调爪方便、通孔、使用寿命长等优点。通过高速液压缸的压力,可改变卡盘的夹紧力,以满足夹持各种薄壁和易变形工件的特殊需要。还可使用软爪夹持工件,软爪弧面由操作者随机配制,可获得理想的夹持精度。为减少细长轴加工时的受力变形,提高加工精度,以及在加工带孔轴类工件内孔时,可采用液压自动定心中心架,其定心精度可达 0.03mm。

(2) 在两顶尖之间装夹。对于长度尺寸较大或加工工序较多的轴类工件,为保证每次装夹时的装夹精度,可用两顶尖装夹。两顶尖装夹工件方便,不需找正,装夹精度高,但必须先在工件的两端面钻出中心孔。该装夹方式适用于多工序加工或精加工。

用两顶尖装夹工件时必须注意的事项如下:

① 前后顶尖的连线应与车床主轴轴线同轴,否则车出的工件会产生锥度误差。

② 尾座套筒在不影响车刀切削的前提下,应尽量伸出得短些,以增加刚性,减少振动。

③ 中心孔应形状正确,表面粗糙度值小。轴向精确定位时,中心孔倒角可加工成准确的圆弧形倒角,并以该圆弧形倒角与顶尖锥面的切线为轴向定位基准定位。

④ 两顶尖与中心孔的配合应松紧合适。

(3) 用卡盘和顶尖装夹。用两顶尖装夹工件虽然精度高,但刚性较差。因此,车削质量较大工件时,要一端用卡盘夹住,另一端用后顶尖支撑。为了防止工件由于切削力的作用而产生轴向位移,必须在卡盘内装一限位支承,或利用工件的台阶面限位(见图 4-1)。这种方法较安全,能承受较大的轴向切削力,安装刚性好,轴向定位准确,所以应用比较广泛。

(4) 用双三爪自定心卡盘装夹。对于精度要求高、变形要求小的细长轴类零件,要采用双主轴驱动式数控车床加工。机床两主轴轴线同轴、转动同步,

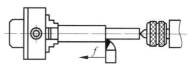

图 4-1 用工件的台阶面限位

零件两端同时分别由三爪自定心卡盘装夹并带动旋转，这样可以减小切削加工时切削力矩引起的工件扭转变形。

2．工件采用找正方式装夹

1）找正要求

找正装夹时，必须将工件的加工表面回转轴线（同时也是工件坐标系 Z 轴）找正到与车床主轴回转中心重合。

2）找正方法

这种装夹方式是利用可调垫块、千斤顶、四爪单动卡盘等工具，先将工件夹持在车床上，将划针或百分表安置在机床的有关部件上，然后使机床作慢速运动。这时划针或百分表在工件上划过的轨迹即代表着刀具切削成形运动的位置。根据这个轨迹调整工件，使工件处于正确的位置。例如，在车床上加工一个与外圆表面具有很小偏心量 e 的内孔，可采用四爪单动卡盘和百分表调整工件的位置，使其外圆表面轴线与主轴回转轴线恰好相距一个偏心量 e，再夹紧加工，如图 4-2 所示。

单件生产工件偏心安装时常采用找正装夹；用三爪自定心卡盘装夹较长的工件时，工件离卡盘夹持部分较远处的旋转中心不一定与车床主轴旋转中心重合，这时必须找正；当三爪自定心卡盘使用时间较长，已失去应有精度，而工件的加工精度要求又较高时，也需要找正。

3）装夹方式

一般采用四爪单动卡盘装夹，四爪单动卡盘的 4 个卡爪是各自独立运动的，可以调整工件夹持部位在主轴上的位置，使工件加工面的回转中心与车床主轴的回转中心重合，但四爪单动卡盘找正比较费时，只能用于单件小批生产。四爪单动卡盘夹紧力较大，所以适用于大型或形状不规则的工件。四爪单动卡盘也可装成正爪或反爪两种形式。

3．其他类型的数控车床夹具

为了充分发挥数控车床的高速度、高精度和自动化的效能，必须有相应的数控夹具与之配合。数控车床夹具除了使用通用三爪自定心卡盘、四爪单动卡盘、顶尖以及大批量生产中使用便于自动控制的液压、电动及气动卡盘、顶尖外，还有其他类型的夹具，它们主要分为两大类，即用于轴类工件的夹具和用于盘类工件的夹具。

（1）用于轴类工件的夹具。数控车床加工一些特殊形状的轴类工件（如异形杠杆）时，坯件可装卡在专用车床夹具上，夹具随同主轴一同旋转。用于轴类工件的夹具还有自动夹紧拨动卡盘、三爪拨动卡盘和快速可调万能卡盘等。图 4-3 所示为加工实心轴所用的鸡心夹头，其特点是在粗车时可以传递足够大的转矩，以适应主轴高速旋转车削要求。

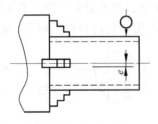

图 4-2 找正装夹方法

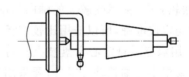

图 4-3 实心轴加工用鸡心夹头

（2）用于盘类工件的夹具。这类夹具适用在无尾座的卡盘式数控车床上。用于盘类工件的夹具主要有可调卡爪式卡盘和快速可调卡盘。

4.1.1.2 数控车削加工的对刀

对刀是数控加工时要解决的一个重要问题。数控编程时要正确选择对刀点，而在数控操作时，要根据编程时确定的对刀点，按一定的方法进行正确对刀。对刀是否正确，将直接影响被加工零件的精度。

1．数控加工对刀基本概念

1）刀位点

刀位点代表刀具的基准点，也是对刀时的注视点，一般是刀具上的一点。尖形车刀刀位点为假想刀尖点，刀尖带圆弧时刀位点为圆弧中心，钻头刀位点为钻尖，平底立铣刀刀位点为端面中心，球头铣刀刀位点为球心。各类刀具刀位点如图4-4所示。数控系统控制刀具的运动轨迹，准确说是控制刀位点的运动轨迹。手工编程时，程序中所给出的各点（节点）的坐标值就是指刀位点的坐标值；自动编程时程序输出的坐标值就是刀位点在每一有序位置的坐标数据，刀具轨迹就是由一系列有序的刀位点的位置点和连接这些位置点的直线（直线插补）或圆弧（圆弧插补）组成的。

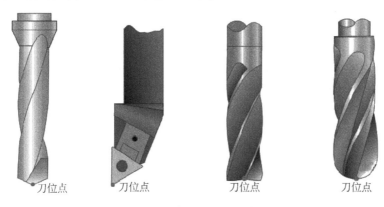

图4-4 各类刀具的刀位点

2）起刀点

起刀点是刀具相对零件运动的起点，即零件加工程序开始时刀位点的起始位置，而且往往还是程序运行的终点。有时也指一段循环程序的起点。

3）对刀点与对刀

对刀点是用来确定刀具与工件的相对位置关系的点，是确定工件坐标系与机床坐标系的点。对刀就是将刀具的刀位点置于对刀点上，以便建立工件坐标系。当采用G92指令建立坐标系时，对刀点就是程序开始时刀位点在工件坐标系内的起点（此时对刀点与起刀点重合），其对刀过程就是程序开始前，将刀位点置于G92指令要求的工件坐标系内的X,Z坐标位置上，也就是说，工件坐标系原点是根据起刀点的位置来确定的，由刀具的当前位置来决定。当采用G54～G59指令建立工件坐标系时，对刀点就是工件坐标系原点，其对刀过程就是确定出刀位点与工件坐标系原点重合时机床坐标系的坐标值，并将此值输入到 CNC 系统的零点偏置寄存器对应位置中,从而确定工件坐标系在机床坐标系内的位置。以此方式建立工件坐标系与刀具当前位置无关。若采用绝对坐标编程,程序开始运行时,刀具的起始位置不一定非得在某一固定位置,工件坐标系原点并不是根据起刀点来确定的,此时对刀点与起刀点可不重合,因此,对刀点与起刀点是两个不同的概念,尽管在编程中它们常常选在同一点,但有时对刀点是不能作为起刀点的。

4) 对刀基准(点)

对刀基准是对刀时为确定对刀点的位置所依据的基准,该基准可以是点、线或面,可设在工件上(如定位基准或测量基准)、夹具上(如夹具定位元件的起始基准)或机床上。图 4-5 表示了工件坐标系原点、刀位点、起刀点、对刀点、对刀基准点和对刀参考点之间的关系与区别。工件采用 G92 X100 Z150(直径编程)建立工件坐标系,通过试切工件右端面、外圆确定对刀点位置。试切时一方面保证 OO_1 间 Z 向距离为 100,同时测量外圆直径;另一方面,根据测出的外圆直径,以此为基准将刀尖沿 Z 正方向移 50,X 正方向半径移 50,使刀位点与对刀点重合并位于起刀点上。所以,O_1 为对刀基准点;O 为工件坐标系原点;A 为对刀点,也是起刀点和此时的刀位点。工件采用夹具定位装夹时一般以定位元件的起始基准为基准对刀,因此定位元件的起始基准为对刀基准。也可以将工件坐标系原点(如 G54~G59 指令时)直接设为对刀基准(点)。

5) 对刀参考点

对刀参考点代表刀架、刀台或刀盘在机床坐标系内的位置的参考点,即 CRT 上显示的机床坐标系下的坐标值表示的点,也称刀架中心或刀具参考点,见图 4-5 中的 B 点。可利用此坐标值进行对刀操作。数控车床回参考点时应使刀架中心与机床参考点重合。

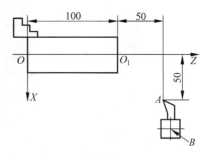

图 4-5 有关对刀点的关系

6) 换刀点

换刀点是数控程序中指定用于换刀的位置点。在数控车床上加工零件时,需要经常换刀,在程序编制时,就要设置换刀点。换刀点的位置应避免与工件、夹具和机床干涉。普通数控车床的换刀点是由编程员指定,通常将其与对刀点重合。车削中心、加工中心的换刀点一般为固定点。不能将换刀点与对刀点混为一谈。

2. 对刀的基本原理

数控加工是通过数控加工程序自动控制刀具相对工件的运动轨迹或位置来实现的。数控编程时要建立工件坐标系,刀具的运动是在工件坐标系中进行的;而在机床上加工工件时,刀具是在机床坐标系中运动的。如何将两个坐标系联系起来,使刀具按工件坐标系的运动轨迹运动,其方法就是通过对刀来实现,即确定刀具刀位点在工件坐标系中的起始位置。

对刀点可选在工件上,也可选在工件外面,但必须与工件坐标系的原点有一定的尺寸关系。为了提高加工精度,对刀点应尽量选在零件的设计基准或工艺基准上,如以孔定位的工件,可选孔的中心作为对刀点。工厂常用的找正方法是将千分表装在机床主轴上,然后转动机床主轴,以找正刀具的对刀点位置。

选择原则如下:

(1) 对刀点的位置容易确定。

(2) 能够方便换刀,以便与换刀点重合。

(3) 采用 G54~G59 建立工件坐标系时,对刀点就与工件坐标系原点重合。

(4) 批量加工时,应用调整法获得尺寸,即一次对刀可加工一批工件,对刀点(或对刀基准)应选在夹具定位元件的起始基准上,并将编程原点与定位基准重合,以便直接按定位基准对刀,或将对刀点选在夹具中专设的对刀元件上,以方便对刀。

3. 对刀方法

1) 一般对刀

(1) 试切对刀

试切对刀是实际应用最多的一种对刀方法。下面以采用 FANUC OT 数控系统的 CK6136i 车床为例,介绍其具体操作方法。如图 4-6 所示,设刀具起点在工件坐标系中的坐标值为 (a,b)。工件右端面中心为工件原点 O_p,卡爪前端面中心为机床原点 O。

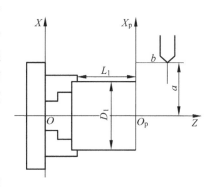

图 4-6 试切对刀
O—机床原点;O_p—工件原点

对刀步骤如下:

① 机床回参考点操作。

② 工件和刀具装夹完毕,驱动主轴旋转,移动刀架至工件,切工件端面一刀,沿 X 轴退出,在控制面板上按【主轴停】键使主轴停转。测量工件端面与某一基准面之间的距离,记为 L_1,并记下此时屏幕上显示的 Z 值,记为 Z_1。

③ 驱动主轴旋转,移动刀架至工件,切工件外圆一刀,沿 Z 轴退出,在控制面板上按【主轴停】键使主轴停转。测量被车削表面的外径,记为 D_1,并记下此时屏幕上显示的 X 值,记为 X_1。

④ 选择所需刀号,在控制面板上按【刀架开/停】键,进行刀架换刀操作;重复步骤 ①、②,得到 L_2、Z_2、D_2、X_2。重复上述动作,得到 L_3、Z_3、D_3、X_3、…。

⑤ 手动操作移动刀架,直到屏幕上显示的坐标值为 $X^* = a, Z = b + Z_1$,此时刀位点即位于对刀点上。

⑥ 计算刀偏量:假设 1 号刀为基准刀,则 2 号刀的刀偏量为
$$\Delta X_2 = X_2 - X_1 - (D_2 - D_1)$$
$$\Delta Z_2 = Z_2 - Z_1 - (L_2 - L_1)$$

用同样的方法可计算出其他刀的刀偏量,将计算得到的刀偏量数值输入到相应的刀具参数中,按【循环启动】键即可进行加工。

采用试切法对刀时一般不使用标准刀,在加工之前需要将所用的刀具全部都调整好。

(2) 改变参考点位置对刀

通过数控系统设定功能或调整数控机床各坐标轴的机械挡块位置,将参考点设置在

与起刀点相对应的对刀参考点上,这样在进行"回参考点"操作时,即能使刀尖到达起刀点位置。

(3) 多刀加工时的对刀——利用刀具长度补偿功能对刀

此种对刀的目的是使所换刀具的刀位点位于对刀点上,不是建立工件坐标系。刀具补偿功能由程序中指定的 T 代码来实现。T 代码是由字母 T 后面跟 4 位数码组成,即 T××××(如 T0101),其中前两位为刀具号,后两位为刀具补偿号,就是刀具补偿寄存器的地址号,该寄存器中存放有刀具的 X 轴偏置量和 Z 轴偏置量。系统对刀具补偿或取消都是通过滑板的移动来实现的。

(4) 车刀刀尖有圆弧半径时的对刀

数控程序是针对刀具上的某一点(刀位点)进行编制的,车刀的刀位点为理想尖锐状态下的刀尖点。但实际加工中的车刀,由于工艺或其他要求,刀尖往往不是一理想尖锐点,而是一段圆弧线。当加工轨迹与机床轴线平行时,实际切削点与理想尖锐点之间没有加工轴方向上的偏移,故不影响其尺寸、形状;当加工轨迹与机床轴线不平行时(斜线或圆弧),则实际切削点与理想尖锐点之间有加工轴方向上的偏移,故造成过切或少切,此时可用刀尖半径补偿功能来消除误差。对刀时应按刀尖圆弧中心(刀位点)建立工件坐标系。

手动对刀是基本对刀方法,但它还是没跳出传统车床的"试切-测量-调整"的对刀模式,占用较多在机床上的时间,因此较为落后。

2) 机外对刀仪对刀

把刀预先在机床外面校对好,使之装上机床就能使用,可节省对刀时间。机外对刀须用机外对刀仪,如图 4-7 所示,它由导轨、刻度尺、光源、投影放大镜、微型读数器、刀具台安装座和底座组成,可通用于各种数控车床。

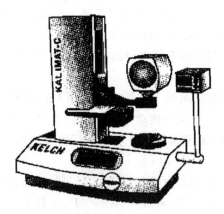

图 4-7 机外对刀仪

3) ATC 对刀

ATC 对刀是机床上利用对刀显微镜自动计算出车刀长度的一种对刀方法。

4) 自动对刀

利用 CNC 装置自动、精确地测出刀具两个坐标方向的长度,自动修正刀具补偿值,并且不用停顿就接着开始加工工件,这就是刀具检测功能,也叫自动对刀。

采用对刀仪对刀、ATC 对刀和自动对刀,都是确定刀具相对基准刀的刀补值,建立工件坐标系还需要利用基准刀根据编程原点安装后的位置采用其他方法对刀确定。

4.1.2 数控车削加工工艺制定

工艺分析是数控车削加工的前期工艺准备工作。工艺制定得合理与否,对程序编制、机床的加工效率和零件的加工精度都有重要影响。因此,应遵循一般的工艺原则并结合数控车床的特点,认真而详细地制定好零件的数控车削加工工艺。其主要内容有:分析零件图纸、确定工件在车床上的装夹方式、各表面的加工顺序和刀具的进给路线以及刀具、夹具和切削用时的选择等。

1. 选择并确定数控车削加工的主要内容

(1) 选择适合在数控车床上加工的零件,确定工序内容。

(2) 分析被加工零件的图样,明确加工内容及技术要求。

(3) 确定零件的加工方案,制定数控加工工艺路线。如划分工序,安排加工顺序,处理与非数控加工工序的衔接等。

(4) 加工工序的设计。如选取零件的定位基准、夹具方案的确定、工步划分、刀具选择和确定切削用量等。

(5) 数控加工程序的编制。如选取对刀点和换刀点、确定刀具补偿及确定加工路线等。

2. 数控车削加工零件的工艺性分析

在选择并决定数控加工零件及其加工内容后,应对零件的数控加工工艺性进行全面、认真、仔细的分析,主要包括零件图样分析与零件结构工艺性分析两部分。

1) 零件图样分析

首先应熟悉零件在产品中的作用、位置、装配关系和工作条件,搞清楚各项技术要求对零件装配质量和使用性能的影响,找出主要的、关键的技术要求,然后对零件图样进行分析。

(1) 尺寸标注方法分析

对于数控加工来说,零件图上应以同一基准引注尺寸或直接给出坐标尺寸,这就是坐标标注法。这种尺寸标注法既便于编程,也便于尺寸之间的相互协调,又利于设计基准、工艺基准、测量基准与编程原点设置的统一。零件设计人员在标注尺寸时,一般总是较多地考虑装配等使用特性方面的要求,因而常采用局部分散的标注方法,这样会给工序安排与数控加工带来诸多不便。实际上,由于数控加工精度及重复定位精度都很高,不会因产生较大的积累误差而破坏使用特性,因此可将局部的尺寸分散标注法改为坐标式标注法。

图 4-8 所示为将零件设计时采用的局部分散标注(图上部的轴向尺寸)换算为以编程原点为基准的坐标标注尺寸(图下部的尺寸)示例。

(2) 零件轮廓的几何要素分析

在手工编程时要计算构成零件轮廓的每一个节点坐标,在自动编程时要对构成零件轮廓的所有几何元素进行定义,因此在分析零件图时,要分析几何元素的给定条件是否充

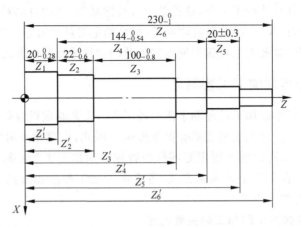

图 4-8 局部分散标注与坐标式标注

分、正确。由于设计等多方面的原因,可能在图样上出现构成加工轮廓的条件不充分、尺寸模糊不清及多余等缺陷,有时所给条件又过于"苛刻"或自相矛盾,增加了编程工作的难度,有的甚至无法编程。因此,当审查与分析图样时,一定要仔细认真,发现问题应及时与零件设计者协商解决。

如图 4-9 所示的圆弧与斜线的关系要求为相切,但经计算后却为相交关系,而非相切。又如图 4-10 所示,图样上给定几何条件自相矛盾,其给出的各段长度之和不等于其总长。

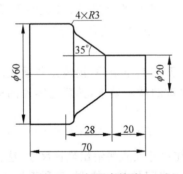

图 4-9 几何要素缺陷一

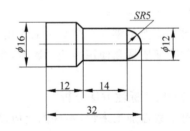

图 4-10 几何要素缺陷二

(3) 精度及技术要求分析

对被加工零件的精度及技术要求进行分析,是零件工艺性分析的重要内容,只有在分析零件精度和表面粗糙度的基础上,才能对加工方法、装夹方法、进给路线、刀具及切削用量等进行正确而合理的选择。

精度及技术要求分析的主要内容如下:

(1) 分析精度及各项技术要求是否齐全,是否合理。对采用数控加工的表面,其精度要求应尽量一致,以便最后能一刀连续加工。

(2) 分析本工序的数控车削加工精度能否达到图纸要求,若达不到,需采用其他措施

(如磨削)弥补的话,注意给后续工序留有余量。

(3) 找出图样上有位置精度要求的表面,这些表面应在一次安装下完成。

(4) 对表面粗糙度要求较高的表面,应确定用恒线速切削。

(5) 标准材料与热处理要求,零件图样上给定的材料与热处理要求,是选择刀具、数控车床型号、确定切削用量的依据。

2) 零件结构工艺性分析

零件的结构工艺性是指零件对加工方法的适应性,即所设计的零件结构应便于加工成形并且成本低、效率高。对零件进行结构工艺性分析时要充分反映数控加工的特色,过去用普通设备加工工艺性很差的结构改用数控设备加工其结构工艺性则可能不再成为问题,比如国外产品零件中大量使用的圆弧结构、微小结构等。如图 4-11(a)所示的定位销,销头部分为锥形的结构,而国外大多采用图 4-11(b)所示的球头结构。

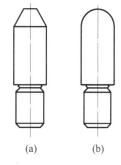

从使用效果来说,球形销头对工件的划伤要比锥形的小得多,但加工时,球形的销必须用数控车削加工。在数控车床上加工零件时,应根据数控车削的特点,认真审视零件结构的合理性。例如图 4-12(a)所示零件,需要用 3 把不同宽度的切槽刀切槽,如无特殊需要,显然是不合理的。若改成图 4-12(b)所示结构,只需一把刀即可切出 3 个槽,既减少了刀具数量,少占了刀架刀位,又节省了换刀时间。在结构分析时,若发现问题应向设计人员或有关部门提出修改意见。

图 4-11 定位销

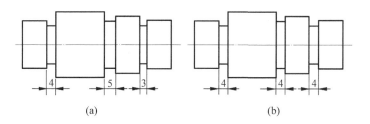

图 4-12 结构工艺性示例

3. 零件安装方式的选择

在数控车床上零件的安装方式与卧式车床一样,要合理选择定位基准和夹紧方案,主要注意以下两点:

(1) 力求设计、工艺与编程计算的基准统一,这样有利于提高编程时数值计算的简便性和精确性。

(2) 尽量减少装夹次数,尽可能在一次装夹后,加工出全部待加工面。

4.1.3 零件图形的数学处理及编程尺寸设定值的确定

数控加工是一种基于数字的加工,分析数控加工工艺过程不可避免地要进行数字分析和计算。对零件图形的数学处理是数控加工这一特点的突出体现。

数控工艺员在拿到零件图后,必须要对它作数学处理,最终确定编程尺寸设定值。

1. 编程原点的选择

加工程序中的字大部分是尺寸字,这些尺寸字中的数据是程序的主要内容。同一个零件,同样的加工,由于编程原点选择不同,尺寸字中的数据就不一样,所以编程之前首先要选定编程原点。从理论上说,编程原点选在任何位置都是可以的。但实际上,为了换算尽可能简便以及尺寸较为直观(至少让部分点的指令值与零件图上的尺寸值相同),应尽可能把编程原点的位置选得合理些;另外,当编程原点选在不同位置时,对刀的方便性和准确性也不同;还有就是编程原点位置不同时,确定其在毛坯上位置的难易程度和加工余量的均匀性也不一样。车削件的程序原点方向均应取在零件加工表面的回转中心,即装夹后与车床主轴的轴心线同轴,所以编程原点位置只在 Z 向作选择。如图 4-13 所示的 Z 向不对称零件,编程原点 Z 向位置一般在左端面、右端面两者中作选择。如果是左右对称零件,Z 向编程原点应选在对称平面内。一般来说,编程原点的确定原则如下所述。

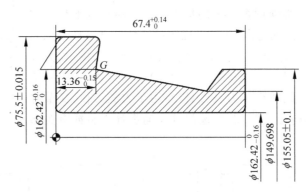

图 4-13 圆锥滚子轴承内圈零件简图

(1) 将编程原点选在设计基准上并以设计基准为定位基准,这样可避免基准不重合而产生的误差及不必要的尺寸换算。图 4-13 所示零件若批量生产,编程原点选在左端面上。

(2) 容易找正对刀,对刀误差小。如图 4-13 所示零件若单件生产,G92 建立工件坐标系,选零件的右端面为编程原点,可通过试切直接确定编程原点在 Z 向的位置,不用测量,找正对刀比较容易,对刀误差小。

(3) 编程方便。如图 4-14 所示,选零件球面的中心(图中 O 点)为编程原点,各节点的编程尺寸计算比较方便。

(4) 在毛坯上的位置能够容易、准确地确定,并且各面的加工余量均匀。

(5) 对称零件的编程原点应选在对称中心。一方面可以保证加工余量均匀,另一方面可采用镜像编程,编一个程序加工两个工序,零件的形廓精度高。例如,对于轮廓含椭圆之类曲线的零件 Z 向编程原点取在椭圆的对称中心为好。

具体应用哪条原则,要视具体情况,在保证质量的前提下,按操作方便和效率高来选择。

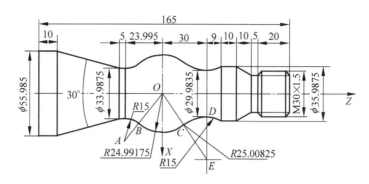

图 4-14 零件编程尺寸

2. 编程尺寸设定值的确定

编程尺寸设定值理论上应为该尺寸误差分散中心,但由于事先无法知道分散中心的确切位置,可先由平均尺寸代替,最后根据试加工结果进行修正,以消除常值系统性误差的影响。

1) 编程尺寸设定值确定的步骤

(1) 精度高的尺寸的处理,将基本尺寸换算成平均尺寸。

(2) 几何关系的处理,保持原重要的几何关系,如角度、相切等不变。

(3) 精度低的尺寸的调整,通过修改一般尺寸保持零件原有几何关系,使之协调。

(4) 节点坐标尺寸的计算,按调整后的尺寸计算有关未知节点的坐标尺寸。

(5) 编程尺寸的修正,按调整后的尺寸编程并加工一组工件,测量关键尺寸的实际分散中心并求出常值系统性误差,再按此误差对程序尺寸进行调整并修改程序。

2) 应用实例

例:图 4-15 所示典型轴类零件的数控车削编程尺寸的确定。

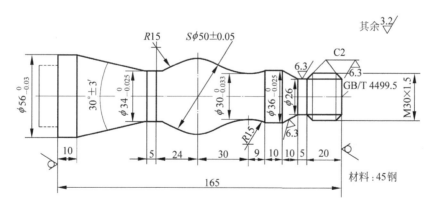

图 4-15 典型轴类零件

该零件中的 $\phi56_{-0.03}^{0}$、$\phi34_{-0.025}^{0}$、$\phi30_{-0.033}^{0}$、$\phi36_{-0.025}^{0}$ 四个直径基本尺寸都为最大尺寸,若按此基本尺寸编程,考虑到车削外尺寸时刀具的磨损及让刀变形,实际加工尺寸肯定偏大,难以满足加工要求,所以必须按平均尺寸确定编程尺寸。但这些尺寸一改,若其他尺寸保持不变,则左边 $R15$ 圆弧与 $S\phi50\pm0.05$ 球面、$S\phi50\pm0.05$ 球面与 $R25$ 圆弧以及 $R25$ 圆弧与右边 $R15$ 圆弧相切的几何关系就不能保持,所以必须按前述步骤对有关尺寸进行修正,以确定编程尺寸值。

(1) 将精度高的基本尺寸换算成平均尺寸。

$\phi56_{-0.03}^{0}$ 改成 $\phi55.985\pm0.015$;$\phi34_{-0.025}^{0}$ 改成 $\phi33.9875\pm0.0125$;$\phi30_{-0.033}^{0}$ 改成 $\phi29.9835\pm0.0165$;$\phi36_{-0.025}^{0}$ 改成 $\phi35.9875\pm0.0125$。

(2) 保持原有关圆弧间相切的几何关系,修改其他精度低的尺寸使之协调(见图 4-14)。设工件坐标系原点为图 4-14 所示 O 点,工件轴线为 Z 轴,径向为 X 轴。A 点为左边 $R15$ 圆弧圆心;B 点为左边 $R15$ 圆弧与 $R25$ 球面圆弧切点;C 点为 $R25$ 球面圆弧与右边 $R25$ 圆弧切点;D 点为 $R25$ 圆弧与右边 $R15$ 圆弧切点;E 点为右边 $R25$ 圆弧圆心。要保证 E 点到轴线距离为 40,由于 D 点到轴线距离为 14.099175(编程尺寸决定),所以该处圆弧半径调整为 $R25.00825$,保持 OE 间距离 50 不变,则球面圆弧半径调整为 $R24.99175$,球面圆弧相切,则左边 $R15$ 圆弧中心按此要求计算确定。

(3) 按调整后的尺寸计算有关未知节点尺寸。经计算,各有关主要节点的坐标值(保留小数点后 3 位)如下:

A 点:$Z=-23.995,X=31.994$

B 点:$Z=-14.995,X=19.994$

C 点:$Z=14.995,X=19.994$

D 点:$Z=30.000,X=14.992$

E 点:$Z=30.000,X=40.000$

需要说明的是,球面圆弧调整后的直径并不是其平均尺寸,但在其尺寸公差范围内。

4.1.4 数控车削加工工艺路线的拟定

理想的加工程序不仅应保证加工出符合图样的合格工件,同时应能使数控机床的功能得到合理的应用和充分的发挥。数控机床是一种高效率的自动化设备,它的效率高于普通机床 2~3 倍,所以,要充分发挥数控机床的这一特点,必须熟练掌握其性能、特点、使用操作方法,同时还必须在编程之前正确地确定加工方案。

由于生产规模的差异,对于同一零件的车削工艺方案是有所不同的,应根据具体条件,选择经济、合理的车削工艺方案。

1. 加工方案的确定

在数控车床上,能够完成内外回转体表面的车削、钻孔、镗孔、铰孔和攻螺纹等加工操作,具体选择时应根据零件的加工精度、表面粗糙度、材料、结构形状、尺寸及生产类型等因素,选用相应的加工方法和加工方案。

1) 数控车削外回转表面及端面加工方案的确定

(1) 加工公差等级为 IT7~IT8 级、$Ra0.8~1.6\mu m$ 的除淬火钢以外的常用金属,可采用普通型数控车床,按粗车、半精车、精车的方案加工。

(2) 加工公差等级为 IT5~IT6 级、$Ra0.2~0.63\mu m$ 的除淬火钢以外的常用金属,可采用精密型数控车床,按粗车、半精车、精车、细车的方案加工。

(3) 加工公差等级高于IT5级、$Ra<0.08\mu m$的除淬火钢以外的常用金属,可采用高档精密型数控车床,按粗车、半精车、精车、精密车的方案加工。

(4) 对淬火钢等难车削材料,其淬火前可采用粗车、半精车的方法,淬火后安排磨削加工。

2) 数控车削内回转表面加工方案的确定

(1) 加工公差等级为IT8~IT9级、$Ra1.6~3.2\mu m$的除淬火钢以外的常用金属,可采用普通型数控车床,按粗车、半精车、精车的方案加工。

(2) 加工公差等级为IT6~IT7级、$Ra0.2~0.63\mu m$的除淬火钢以外的常用金属,可采用精密型数控车床,按粗车、半精车、精车、细车的方案加工。

(3) 加工公差等级高于IT5级、$Ra<0.2\mu m$的除淬火钢以外的常用金属,可采用高档精密型数控车床,按粗车、半精车、精车、精密车的方案加工。

(4) 对淬火钢等难车削材料,同样其淬火前可采用粗车、半精车的方法,淬火后安排磨削加工。

2. 加工工序的划分

对于需要多台不同的数控机床、多道工序才能完成加工的零件,工序划分自然以机床为单位来进行。而对于需要很少的数控机床就能加工完零件全部内容的情况,数控加工工序的划分一般可按下列方法进行。

1) 以一次安装所进行的加工作为一道工序

将位置精度要求较高的表面安排在一次安装下完成,以免多次安装所产生的安装误差影响位置精度。例如,以图4-13所示的轴承内圈为例,轴承内圈有一项形位公差要求:壁厚差,是指滚道与内径在一个圆周上的最大壁厚差别。此零件的精车,原采用三台液压半自动车床和一台液压仿形车床加工,需4次装夹,滚道与内径分在两道工序车削(无法在一台液压仿形车床上将两面一次安装同时加工出来),因而造成较大的壁厚差,达不到图样要求。后改用数控车床加工,两次装夹完成全部精车加工。

第一道工序采用图4-16(a)所示的以大端面和大外径定位装夹的方案,滚道和内孔的车削及除大外径、大端面及相邻两个倒角外的所有表面均在这次装夹内完成。由于滚道和内孔的车削同在此工序车削,壁厚差大为减小,且加工质量稳定。此外,该轴承内圈小端面与内径的垂直度、滚道的角度也有较高要求,因此也在此工序内同时完成。若在数控车床上加工后经实测发现小端面与内径的垂直度误差较大,可以用修改程序内数据的方

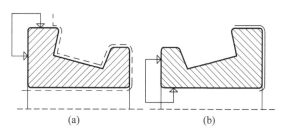

图4-16 轴承内圈加工方案

法来进行校正。第二道工序采用图 4-16(b)所示的以内孔和小端面定位装夹方案,车削大外圆和大端面及倒角。

2) 以一个完整数控程序连续加工的内容为一道工序

有些零件虽然能在一次安装中加工出很多待加工面,但考虑到程序太长,会受到某些限制,如控制系统的限制(主要是内存容量)、机床连续工作时间的限制(如一道工序在一个工作班内不能结束)等,此外,程序太长会增加出错率,查错与检索困难,因此程序不能太长。这时可以一个独立、完整的数控程序连续加工的内容为一道工序。在本工序内用多少把刀具、加工多少内容,主要根据控制系统的限制、机床连续工作时间的限制等因素考虑。

3) 以工件上的结构内容组合用一把刀具加工为一道工序

有些零件结构较复杂,既有回转表面也有非回转表面,既有外圆、平面也有内腔、曲面。对于加工内容较多的零件,按零件结构特点将加工内容组合分成若干部分,每一部分用一把典型刀具加工。这时可以将组合在一起的所有部位作为一道工序,然后再将另外组合在一起的部位换另外一把刀具加工、作为新的一道工序。这样可以减少换刀次数,减少空程时间。

4) 以粗、精加工划分工序

对于容易发生加工变形的零件,通常粗加工后需要进行矫形,这时粗加工和精加工作为两道工序,可以采用不同的刀具或不同的数控车床加工。对毛坯余量较大和加工精度要求较高的零件,应将粗车和精车分开,划分成两道或更多的工序。将粗车安排在精度较低、功率较大的数控车床上,将精车安排在精度较高的数控车床上。

3. 加工路线的确定

在数控加工中,刀具(严格说是刀位点)相对于工件的运动轨迹和方向称为加工路线,即刀具从对刀点开始运动起,直到加工结束所经过的路径,包括切削加工的路径及刀具引入、返回等非切削空行程。加工路线的确定首先必须保持被加工零件的尺寸精度和表面质量,其次考虑数值计算简单、走刀路线尽量短、效率较高等。

因精加工的进给路线基本上都是沿其零件轮廓顺序进行的,因此确定进给路线的工作重点是确定粗加工及空行程的进给路线。实现最短的进给路线,除了依靠大量的实践经验外,还应善于分析,必要时可辅以一些简单的计算。

1) 最短的空行程路线

(1) 巧用起刀点。图 4-17(a)为采用矩形循环方式进行粗车的一般情况示例。其对刀点 A 的设定是考虑到精车等加工过程中需方便地换刀,故设置在离坯件较远的位置处,同时将起刀点与对刀点重合在一起,按三刀粗车的进给路线安排如下:

第一刀为 $A \to B \to C \to D \to A$;
第二刀为 $A \to E \to F \to G \to A$;
第三刀为 $A \to H \to I \to J \to A$。

图 4-17(b)则是将起刀点与对刀点分离,并设于图示 B 点处,仍按相同的切削量进行三刀粗车,其进给路线安排如下:

起刀点与对刀点分离的空行程为 $A \to B$;

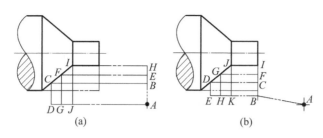

图 4-17　巧用起刀点

(a) 起刀点与对刀点重合；(b) 起刀点与对刀点分离

第一刀为 $B \to C \to D \to E \to B$；

第二刀为 $B \to F \to G \to H \to B$；

第三刀为 $B \to I \to J \to K \to B$。

显然,图 4-17(b)所示的进给路线短。该方法也可用在其他循环(如螺纹车削)切削加工中。

(2) 巧设换(转)刀点。为了考虑换(转)刀的方便和安全,有时将换(转)刀点也设置在离坯件较远的位置处(如图 4-17 中的 A 点),那么,当换第二把刀后,进行精车时的空行程路线必然也较长；如果将第二把刀的换刀点也设置在图 4-17(b)中的 B 点位置上(因工件已去掉一定的余量),则可缩短空行程距离,但换刀过程中一定不能发生碰撞。

(3) 合理安排"回零"路线。在手工编制较为复杂轮廓的加工程序时,为使其计算过程尽量简化,既不出错,又便于校核,编程者有时将每一刀加工完成后的刀具终点通过执行"回零"(即返回对刀点)指令,使其全都返回到对刀点位置,然后再执行后续程序。这样会增加进给路线的距离,从而降低生产效率。因此,在合理安排"回零"路线时,应使其前一刀终点与后一刀起点间的距离尽量减短或者为零,这样即可满足进给路线为最短的要求。另外,在选择返回对刀点指令时,在不发生加工干涉现象的前提下,宜尽量采用 X、Z 坐标轴双向同时"回零"指令,该指令功能的"回零"路线是最短的。

2) 粗加工(或半精加工)进给路线

(1) 常用的粗加工进给路线。常用的粗加工循环进给路线如图 4-18 所示,对以上三种切削进给路线,经分析和判断后可知矩形循环进给路线的进给长度总和最短。因此,在同等条件下,其切削所需时间(不含空行程)最短,刀具的损耗最少。但粗车后的精车余量不够均匀,一般需安排半精车加工。

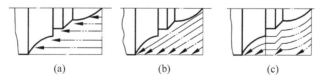

图 4-18　常用的粗加工循环进给路线

(a) 利用数控系统具有的矩形循环功能而安排的"矩形"循环进给路线；(b) 利用数控系统具有的三角形循环功能而安排的"三角形"循环进给路线；(c) 利用数控系统具有的封闭式复合循环功能控制车刀沿工件轮廓等距线循环的进给路线

(2) 大余量毛坯的阶梯切削进给路线。图 4-19 所示为车削大余量工件毛坯的两种加工路线,图 4-19(a)是错误的阶梯切削路线,图 4-19(b)按 1～5 的顺序切削,每次切削所留余量相等,是正确的阶梯切削路线。因为在同样背吃刀量的条件下,按图 4-19(a)的方式加工所剩的余量过多。

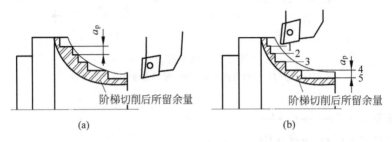

图 4-19 大余量工件毛坯的阶梯切削进给路线
(a) 错误的阶梯切削路线;(b) 正确的阶梯切削路线

(3) 双向切削进给路线。利用数控车床加工的特点,还可以放弃常用的阶梯车削法,改用轴向和径向联动双向进刀,顺工件毛坯轮廓进给的路线,如图 4-20 所示。

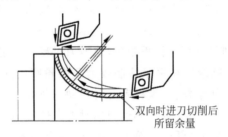

图 4-20 顺工件毛坯轮廓双向进给的路线

3) 精加工进给路线

(1) 完工轮廓的连续切削进给路线。在安排一刀或多刀进行的精加工进给路线时,其零件的完工轮廓应由最后一刀连续加工而成,并且加工刀具的进、退刀位置要考虑妥当,尽量不要在连续的轮廓中安排切入和切出或换刀及停顿,以免因切削力突然变化而破坏工艺系统的平衡状态,致使光滑连接轮廓上产生表面划伤、形状突变或滞留刀痕等缺陷。

(2) 各部位精度要求不一致的精加工进给路线。若各部位精度相差不是很大时,应以最严格的精度为准,连续走刀加工所有部位;若各部位精度相差很大,则精度接近的表面安排在同一把刀的走刀路线内加工,并先加工精度较低的部位,最后再单独安排精度高的部位的走刀路线。

4) 特殊的进给路线

在数控车削加工中,一般情况下,Z 坐标轴方向的进给路线都是沿着坐标的负方向进给的,但有时按这种常规方式安排进给路线并不合理,甚至可能车坏工件。

例如,图 4-21 所示为用尖形车刀加工大圆弧内表面的两种不同的进给路线。对于图 4-21(a)所示的第一种进给路线(刀具沿 $-Z$ 方向进给),因切削时尖形车刀的主偏角为

$100°\sim105°$,这时切削力在 X 向的分力 F_p 将沿着图 4-22 所示的 $+X$ 方向作用,当刀尖运动到圆弧的换象限处,即由 $-Z$、$-X$ 向 $-Z$、$+X$ 变换时,吃刀抗力 F_p 马上与传动拖板的传动力方向相同,若螺旋副间有机械传动间隙,就可能使刀尖嵌入零件表面(即扎刀),其嵌入量在理论上等于其机械传动间隙量 e(见图 4-22)。即使该间隙量很小,由于刀尖在 X 方向换向时,横向拖板进给过程的位移量变化也很小,加上处于动摩擦与静摩擦之间呈过渡状态的拖板惯性的影响,仍会导致横向拖板产生严重的爬行现象,从而大大降低零件的表面质量。

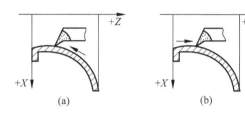

图 4-21 两种不同的进给路线

对于图 4-21(b)所示的第二种进给路线(刀具沿 $+Z$ 方向进给),因为刀尖运动到圆弧的换象限处,即由 $+Z$、$-X$ 向 $+Z$、$+X$ 方向变换时,吃刀抗力 F_p 与丝杠传动横向拖板的传动力方向相反(见图 4-23),不会受螺旋副机械传动间隙的影响而产生嵌刀现象,所以图 4-21(b)所示进给路线是较合理的。

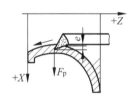 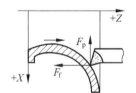

图 4-22 嵌刀现象　　图 4-23 合理的进给方案

4. 车削加工顺序的安排

在数控机床加工过程中,由于加工对象复杂多样,特别是轮廓曲线的形状及位置千变万化,加上材料不同、批量不同等多方面因素的影响,在对具体零件制定加工顺序时,应该进行具体分析和区别对待,灵活处理。只有这样,才能使所制定的加工顺序合理,从而达到质量优、效率高和成本低的目的。制定零件车削加工顺序一般遵循下列原则。

1) 先粗后精

按照粗车-半精车-精车的顺序依次进行,逐步提高加工精度。粗车将在较短的时间内将工件表面上的大部分加工余量(如图 4-24 中的双点画线内所示部分)切掉,一方面提高金属切除率,另一方面满足精车的余量均匀性要求。若粗车后所留余量的均匀性满足不了精加工的要求时,则要安排半精车,以此为精车做准备。精车要保证加工精度,按图样尺寸一刀切出零件轮廓。

2) 先近后远

在一般情况下,离对刀点近的部位先加工,离对刀点远的部位后加工,以便缩短刀具移动距离,减少空行程时间。对于车削而言,先近后远还有利于保持坯件或半成品的刚性,改善其切削条件。例如加工图 4-25 所示零件时,若第一刀吃刀量未超限,则应该按 $\phi 34 \rightarrow \phi 36 \rightarrow \phi 38$ 的次序先近后远地安排车削顺序。

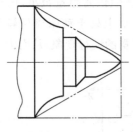

图 4-24　先粗后精

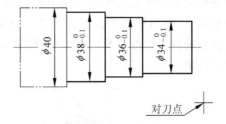

图 4-25　先近后远

3) 内外交叉

对既有内表面(内型腔),又有外表面需加工的零件,安排加工顺序时,应先进行内外表面粗加工,后进行内外表面精加工。切不可将零件上一部分表面(外表面或内表面)加工完毕后,再加工其他表面(内表面或外表面)。

4) 基面先行

用作精基准的表面应优先加工出来,因为定位基准的表面越精确,装夹误差就越小。例如轴类零件加工时,总是先加工中心孔,再以中心孔为精基准加工外圆表面和端面。

4.1.5　数控车削加工工序的设计

4.1.5.1　刀具的选择

1. 常用车刀种类及其选择

数控车削常用车刀一般分尖形车刀、圆弧形车刀和成形车刀三类。

1) 尖形车刀

尖形车刀是以直线形切削刃为特征的车刀。这类车刀的刀尖(同时也为其刀位点)由直线形的主、副切削刃构成,如 90°内外圆车刀、左右端面车刀、切断(车槽)车刀以及刀尖倒棱很小的各种外圆和内孔车刀。

用这类车刀加工零件时,其零件的轮廓形状主要由一个独立的刀尖或一条直线形主切削刃位移后得到,它与另两类车刀加工时所得到零件轮廓形状的原理是截然不同的。

尖形车刀几何参数(主要是几何角度)的选择方法与普通车削时基本相同,但应适合数控加工的特点(如加工路线、加工干涉等)进行全面的考虑,并应兼顾刀尖本身的强度。

2) 圆弧形车刀

圆弧形车刀是以一圆度误差或线轮廓误差很小的圆弧形切削刃为特征的车刀(见图 4-26)。该车刀圆弧刃上每一点都是圆弧形车刀的刀尖,因此,刀位点不在圆弧上,而在该圆弧的圆心上。当某些尖形车刀或成形车刀(如螺纹车刀)的刀尖具有一定的圆弧形状时,也可作为这类车刀使用。

圆弧形车刀可用于车削内外表面,特别适合于车削各种光滑连接(凹形)的成形面。

选择车刀圆弧半径时应考虑两点:一是车刀切削刃的圆弧半径应小于或等于零件凹形轮廓上的最小曲率半径,以免发生加工干涉;二是该半径不宜选择太小,否则不但制造困难,而且还会因刀具强度太弱或刀体散热能力差而导致车刀损坏。

3) 成形车刀

成形车刀俗称样板车刀,其加工零件的轮廓形状完全由车刀刀刃的形状和尺寸决定。数控车削加工中,常见的成形车刀有小半径圆弧车刀、非矩形槽车刀和螺纹车刀等。在数控加工中,应尽量少用或不用成形车刀,当确有必要选用时,则应在工艺准备文件或加工程序单上进行详细说明。

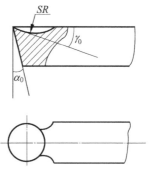

图 4-26 圆弧形车刀

2. 机夹可转位车刀的选用

目前,数控机床上大多使用系列化、标准化刀具,对可转位机夹外圆车刀、端面车刀等的刀柄和刀头都有国家标准及系列化型号。

数控车床所采用的可转位车刀,与通用车床相比一般无本质的区别,其基本结构、功能特点是相同的。但数控车床的加工工序是自动完成的,因此对可转位车刀的要求又有别于通用车床所使用的刀具,具体要求和特点如表 4-1 所示。

表 4-1 可转位车刀的要求和特点

要 求	特 点	目 的
精度高	采用 M 级或更高精度等级的刀片;多采用精密级的刀杆;用带微调装置的刀杆在机外预调好	保证刀片重复定位精度,方便坐标设定,保证刀尖位置精度
可靠性高	采用断屑可靠性高的断屑槽型或有断屑台和断屑器的车刀;采用结构可靠的车刀,采用复合式夹紧结构和夹紧可靠的其他结构	断屑稳定,不能有紊乱和带状切屑;适应刀架快速移动和换位以及整个自动切削过程中夹紧不得有松动的要求
换刀迅速	采用车削工具系统;采用快换小刀夹	迅速更换不同形式的切削部件,完成多种切削加工,提高生产效率
刀片材料	刀片较多采用涂层刀片	满足生产节拍要求,提高加工效率
刀杆截形	刀杆较多采用正方形刀杆,但因刀架系统结构差异大,有的需采用专用刀杆	刀杆与刀架系统匹配

4.1.5.2 夹具的选择

车床主要用于加工工件的内圆柱面、圆锥面、回转成形面、螺纹及端平面等。上述各表面都是绕机床主轴的旋转轴心而形成的,根据这一加工特点和夹具在车床上安装的位置,将车床夹具分为两种基本类型:一类是安装在车床主轴上的夹具,这类夹具和车床主轴相连接并带动工件一起随主轴旋转,除了各种卡盘(三爪、四爪)、顶尖等通用夹具或其他机床附件外,往往根据加工的需要设计出各种心轴或其他专用夹具;另一类是安装在滑板或床身上的夹具,对于某些形状不规则和尺寸较大的工件,常常把夹具安装在车床滑板上,刀具则安装在车床主轴上作旋转运动,夹具作进给运动。车床夹具的选择参考第 2 章中的相关内容。

4.1.5.3 切削用量的确定

数控编程时,编程人员必须确定每道工序的切削用量,并以指令的形式写入程序中。切削用量包括主轴转速 n(切削速度 v_c)、背吃刀量 a_p 和进给量 f,如图 4-27 所示。

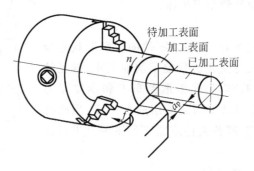

图 4-27 切削用量的确定

对于不同的加工方法,需要选用不同的切削用量。切削用量的选择原则是:保证零件加工精度和表面粗糙度,充分发挥机床的性能,最大限度提高生产率、降低成本。

1. 切削速度 v_c 的确定

车削加工速度应根据主轴转速 n 和工件直径 d 来选择,按下式计算:

$$v_c = \frac{\pi dn}{1000}$$

式中,d——工件切削部分的最大直径,mm;

n——主轴转速,r/min。

表 4-2 为硬质合金外圆车刀切削速度的参考数值,选用时可参考选择。

表 4-2 硬质合金外圆车刀切削速度的参考数值

工件材料	热处理状态	$a_p=0.3\sim 2$mm $f=0.08\sim 0.3$mm/r	$a_p=2\sim 6$mm $f=0.3\sim 0.6$mm/r	$a_p=6\sim 10$mm $f=0.6\sim 1$mm/r
		v_c/m·min^{-1}		
低碳钢	热轧	140~180	100~120	70~90
中碳钢	热轧	130~160	90~110	60~80
	调质	100~130	70~90	50~70
合金结构钢	热轧	100~130	70~90	50~70
	调质	80~110	50~70	40~60
工具钢	退火	90~120	60~80	50~70
灰铸铁	<190HBS	90~120	60~80	50~70
	190~225HBS		50~70	40~60
铜及铜合金		200~250	120~180	90~120
铝及铝合金		300~600	200~400	150~200
铸铝合金		100~180	80~150	60~100

注:切削钢及灰铸铁时刀具耐用度约为 60min。

数控车床加工螺纹时,因其传动链的改变,原则上其转速只要能保证主轴每转一周时,刀具沿主进给轴(多为 Z 轴)方向位移一个螺距即可,不应受到限制。但数控车螺纹时,会受到以下几方面的影响。

(1) 螺纹加工程序段中指令的螺距值,相当于以进给量 $f(\text{mm/r})$ 表示的进给速度,如果将机床的主轴转速选择过高,其换算后的进给速度(mm/min)则必定大大超过正常值。

(2) 刀具在其位移过程的始/终,都将受到伺服驱动系统升/降频率和数控装置插补运算速度的约束,由于升/降频特性满足不了加工需要等原因,则可能因主进给运动产生出的超前和滞后而导致部分螺纹的螺距不符合要求。

(3) 车削螺纹必须通过主轴的同步运行功能而实现,即车削螺纹需要有主轴脉冲发生器(编码器)。当其主轴转速选择过高时,通过编码器发出的定位脉冲(即主轴每转一周时所发出的一个基准脉冲信号)将可能因"过冲"(特别是当编码器的质量不稳定时)而导致工件螺纹产生乱纹(俗称"烂牙")。

(4) 鉴于上述原因,不同的数控系统车螺纹时推荐使用不同的主轴转速范围,大多数经济型数控车床的数控系统推荐车螺纹时主轴转速 n 为

$$n \leqslant \frac{1200}{P} - k$$

式中:P——被加工螺纹螺距,mm;

K——保险系数,一般为 80。

2. 进给速度 v_f 的确定

进给速度 v_f 是数控机床切削用量中的重要参数,其大小直接影响表面粗糙度值和车削效率。进给速度主要根据零件的加工精度和表面粗糙度要求以及刀具、工件的材料性质选取。最大进给速度受机床刚度和进给系统的性能限制。确定进给速度的原则如下所述。

(1) 当工件的质量要求能够得到保证时,为提高生产效率,可选择较高的进给速度,一般在 100~200mm/min 范围内选取。

(2) 在切断、加工深孔或用高速钢刀具加工时,宜选择较低的进给速度,一般在 20~50mm/min 范围内选取。

(3) 当加工精度、表面粗糙度要求较高时,进给速度应选小些,一般在 20~50mm/min 范围内选取。

(4) 刀具空行程时,特别是远距离"回零"时,可以选择该机床数控系统设定的最高进给速度。

进给速度包括纵向进给速度和横向进给速度,可查阅切削用量手册选取每转进给量 f。

4.2 数控车削的自动编程

CAXA 数控车是在全新的数控加工平台上开发的数控车床加工编程和二维图形设计软件,不仅具有 CAD 软件的强大绘图功能和完善的外部数据接口,可以绘制任意复杂

的图形,可通过 DXF、IGES 等数据接口与其他系统交换数据,还具有轨迹生成及通用后置处理功能,可按加工要求生成各种复杂图形的加工轨迹,通过后置处理模块,可输出满足各种机床的 G 代码,并对生成的代码进行校验及加工仿真。

4.2.1 CAXA 数控车用户界面及主要功能

1. 用户界面

CAXA 数控车 2008 的系统界面如图 4-28 所示,与其他 Windows 风格的软件一样,各种应用功能通过菜单栏和工具栏驱动;状态栏指导用户进行操作并提示当前状态和所处位置;绘图区显示各种绘图操作的结果。同时,绘图区和参数栏为用户实现各种功能提供数据的交互,基本绘图操作与 AutoCAD 软件有些相似。

图 4-28 CAXA 数控车 2008 系统界面

2. 主要功能

1) 图形编辑功能

CAXA 数控车有出众的图形编辑功能,其操作速度是手工编程无法比拟的。曲线分成点、直线、圆弧、样条、组合曲线等类型;提供拉伸、删除、裁剪、曲线过渡、曲线打断、曲线组合等操作;提供多种变换方式,如平移、旋转、镜像、阵列、缩放等功能。工作坐标系可任意定义,并可在多坐标系间随意切换。图层、颜色、拾取过滤工具应有尽有,系统完善。

2) 通用后置

开放的后置设置功能,使用户可根据企业的机床自定义后置,允许用户根据特种机床自定义代码,自动生成符合特种机床的代码文件,用于加工。支持小内存机床系统加工大程序,可以自动将大程序分段输出。可根据数控系统要求决定是否输出行号、行号是否自动填满。编程方式可以选择增量或绝对方式编程。坐标输出格式可以定义到小数及整数位数。

3) 基本加工功能

(1) 轮廓粗车：用于实现对工件外轮廓表面、内轮廓表面和端面的粗车加工,用来快速清除毛坯的多余部分;

(2) 轮廓精车：实现对工件外轮廓表面、内轮廓表面和端面的精车加工;

(3) 切槽：用于在工件外轮廓表面、内轮廓表面和端面切槽;

(4) 钻中心孔：用于在工件的旋转中心钻中心孔。

4) 高级加工功能

内外轮廓及端面的粗、精车削;样条曲线的车削;自定义公式曲线车削;加工轨迹自动干涉排除功能,避免人为因素的判断失误。支持不具有循环指令的老机床编程,解决这类机床手工编程的烦琐工作。

5) 车螺纹

车螺纹功能为非固定循环方式时对螺纹的加工,可对螺纹加工中的各种工艺条件、加工方式进行灵活的控制;螺纹的起始点坐标和终止点坐标通过用户的拾取自动计入加工参数中,不需要重新输入,减少出错环节。螺纹节距可以选择恒定节距或者变节距。螺纹加工方式可以选择粗加工、粗＋精一起加工两种方式。

4.2.2 CAXA 数控车界面说明

1. 绘图区

绘图区是用户进行绘图设计的工作区域,如图 4-28 所示的空白区域。它位于屏幕的中心,并占据了屏幕的大部分面积。在绘图区的中央设置了一个二维直角坐标系,该坐标系称为世界坐标系。它的坐标原点为(0.0000,0.0000)。CAXA 数控车以当前用户坐标系的原点为基准,水平方向为 x 方向,并且向右为正,向左为负;垂直方向为 y 方向,向上为正,向下为负。在绘图区用鼠标拾取的点或由键盘输入的点,均为以当前用户坐标系为基准。

2. 菜单系统

CAXA 数控车的菜单系统包括主菜单、立即菜单和工具菜单三个部分。

(1) 主菜单位于屏幕的顶部。它由一行菜单条及其子菜单组成,菜单条包括文件、编辑、视图、格式、绘制、标注、修改、工具、数控车、通信和帮助等。每个部分都含有若干个下拉菜单。

(2) 立即菜单描述了该项命令执行的各种情况和使用条件。用户根据当前的作图要求,正确地选择某一选项,即可得到准确的响应。

(3) 工具菜单包括工具点菜单、拾取元素菜单。

CAXA 数控车的弹出菜单是当前命令状态下的子命令,通过空格键弹出,不同的命令执行状态下可能有不同的子命令组,主要分为点工具组、矢量工具组、选择集拾取工具组、轮廓拾取工具组和岛拾取工具组。如果子命令是用来设置某种子状态的，CAXA 数控车会在状态条中显示提示用户。

3. 状态栏

CAXA 数控车提供了多种显示当前状态的功能，包括屏幕状态显示、操作信息提示、当前工具点设置及拾取状态显示等。

（1）当前点的坐标显示区位于屏幕底部状态栏的中部，当前点的坐标值随鼠标光标的移动作动态变化。

（2）操作信息提示区位于屏幕底部状态栏的左侧，用于提示当前命令执行情况或提醒用户输入。

（3）当前工具点设置及拾取状态提示位于状态栏的右侧，自动提示当前点的性质以及拾取方式。例如，点可能为屏幕点、切点、端点等，拾取方式为添加状态、移出状态等。

（4）点捕捉状态设置区位于状态栏的最右侧，在此区域内设置点的捕捉状态，分别为自由、智能、导航和栅格。

（5）命令与数据输入区位于状态栏左侧，用于由键盘输入命令或数据。

（6）命令提示区位于命令与数据输入区与操作信息提示区之间，显示目前执行的功能的键盘输入命令的提示，便于用户快速掌握数控车的键盘命令。

4. 工具栏

在工具栏中，可以通过鼠标左键单击相应的功能按钮进行操作，系统默认工具栏包括【标准】、【属性工具】、【图幅操作】、【设置工具】、【常用工具】、【绘图工具】、【绘图工具Ⅱ】、【编辑工具】、【标注工具】、【数控车工具】等工具栏，如图 4-29 所示。

图 4-29　工具栏

4.2.3　CAXA 数控车基本操作

1. 命令的执行

CAXA 数控车在执行命令的操作方法上，为用户设置了鼠标选择和键盘输入两种并行的输入方式，两种输入方式的并行存在，为不同程度的用户提供了操作上的方便。

鼠标选择方式主要适合于初学者或是已经习惯于使用鼠标的用户。所谓鼠标选择就是根据屏幕显示出来的状态或提示，用鼠标光标去单击所需的菜单或者工具栏按钮。菜单或者工具栏按钮的名称与其功能相一致。选中了菜单或者工具栏按钮就意味着执行了与其对应的键盘命令。由于菜单或者工具栏选择直观、方便,减少了背记命令的时间。

键盘输入方式是由键盘直接输入命令或数据,它适合于习惯键盘操作的用户。键盘输入要求操作者熟悉了解软件的各条命令以及它们相应的功能,否则将给输入带来困难。实践证明,键盘输入方式比菜单选择输入效率更高。

在操作提示为【命令】时,使用鼠标右键和键盘回车键可以重复执行上一条命令,命令结束后会自动退出该命令。

2. 点的输入

点是最基本的图形元素,点的输入是各种绘图操作的基础。因此,各种绘图软件都非常重视点的输入方式的设计,力求简单、迅速、准确。CAXA 数控车也不例外,除了提供常用的键盘输入和鼠标单击输入方式外,还设置了若干种捕捉方式,例如:智能点的捕捉、工具点的捕捉等。

1) 由键盘输入点的坐标

点在屏幕上的坐标有绝对坐标和相对坐标两种方式。它们在输入方法上是完全不同的,初学者必须正确地掌握它们。

绝对坐标的输入方法很简单,可直接通过键盘输入 x,y 坐标,但 x,y 坐标值之间必须用逗号隔开,例如:30,40。

相对坐标是指相对系统当前点的坐标,与坐标系原点无关。输入时,为了区分不同性质的坐标,CAXA 数控车对相对坐标的输入作了如下规定:输入相对坐标时必须在第一个数值前面加上一个符号@,以表示相对。例如:输入@60,84,它表示相对参考点来说,输入了一个 x 坐标为 60,y 坐标为 84 的点。另外,相对坐标也可以用极坐标的方式表示。例:@60<84 表示输入了一个相对当前点的极坐标。相对当前点的极坐标半径为 60,半径与 x 轴的逆时针夹角为 84°。

参考点的解释:参考点是系统自动设定的相对坐标的参考基准,它通常是用户最后一次操作点的位置。在当前命令的交互过程中,用户可以按 F4 键,专门确定希望的参考点。

2) 用鼠标输入点的坐标

鼠标输入点的坐标就是通过移动十字光标选择需要输入的点的位置。选中后按下鼠标左键,该点的坐标即被输入。鼠标输入的都是绝对坐标。用鼠标输入点时,应一边移动十字光标,一边观察屏幕底部的坐标显示数字的变化,以便尽快较准确地确定待输入点的位置。

鼠标输入方式与工具点捕捉配合使用可以准确的定位特征点,如端点、切点、垂足点等。用功能键 F6 可以进行捕捉方式的切换。

3) 工具点的捕捉

工具点就是在作图过程中具有几何特征的点,如圆心点、切点、端点等。所谓工具点捕捉就是使用鼠标捕捉工具点菜单中的某个特征点。进入作图命令,需要输入特征点时,只要按下空格键,即在屏幕上弹出下列工具点菜单。

屏幕点(S):屏幕上的任意位置点;

端点(E)：曲线的端点；

中心(M)：曲线的中点；

圆心(C)：圆或圆弧的圆心；

交点(I)：两曲线的交点；

切点(T)：曲线的切点；

垂足点(P)：曲线的垂足点；

最近点(N)：曲线上距离捕捉光标最近的点；

孤立点(L)：屏幕上已存在的点；

象限点(Q)：圆或圆弧的象限点；

控制点(K)：样条线的型值点、直线的端点和中点、圆弧的起点或终点以及象限点；

刀位点(O)：刀具轨迹上的点；

存在点(G)：已生成的点。

工具点的默认状态为屏幕点，在作图时拾取了其他的点状态，即在提示区右下角工具点状态栏中显示出当前工具点捕获的状态。但这种点的捕获一次有效，用完后立即自动回到【屏幕点】状态。工具点的捕获状态的改变，也可以不用工具点菜单的弹出与拾取，用户在输入点状态的提示下，可以直接按相应的键盘字符(如"E"代表端点、"C"代表圆心等)进行切换。

在使用工具点捕获时，捕捉框的大小可用主菜单【设置】中的菜单项【拾取设置】(命令名 objectset)进行设置，可在弹出的对话框【拾取设置】中预先设定。当使用工具点捕获时，其他设定的捕获方式暂时被取消，这就是工具点捕获优先原则。

3. 选择(拾取)实体

绘图时所用的直线、圆弧、块或图符等，在交互软件中称为实体。每个实体都有其相对应的绘图命令。CAXA 数控车中的实体有下面一些类型：直线、圆或圆弧、点、椭圆、块、剖面线、尺寸等。拾取实体，其目的就是根据作图的需要在已经画出的图形中，选取作图所需的某个或某几个实体。拾取实体的操作是经常要用到的操作，应当熟练地掌握它。已选中的实体集合，称为选择集。当交互操作处于拾取状态(工具菜单提示出现【添加状态】或【移出状态】)时用户可通过操作拾取工具菜单来改变拾取的特征。

(1)【拾取所有】就是拾取画面上所有的实体。但系统规定，在所有被拾取的实体中不应含有拾取设置中被过滤掉的实体或被关闭图层中的实体。

(2)【拾取添加】指定系统为拾取添加状态，此后拾取到的实体，将放到选择集中。拾取操作有两种状态：【添加状态】和【移出状态】。

(3)【取消所有】就是取消所有被拾取到的实体。

(4)【拾取取消】的操作就是从拾取到的实体中取消某些实体。

(5)【取消尾项】执行本项操作可以取消最后拾取到的实体。

(6)【重复拾取】拾取上一次选择的实体。

上述几种拾取实体的操作，都是通过鼠标来完成的。也就是说，通过移动鼠标的十字光标，将其交叉点或靶区方框对准待选择的某个实体，然后按下鼠标左键，即可完成拾取的操作。被拾取的实体呈拾取加亮颜色的显示状态（默认为红色），以示与其他实体的区别。

4. 鼠标键操作

1) 鼠标左键

左键可以用来激活菜单，确定位置点、拾取元素等。

例如，要运行画直线功能，先把鼠标光标移动到"直线"图标上，然后单击，激活画直线功能，这时，在命令提示区出现下一步操作的提示："输入起点："，把鼠标光标移动到绘图区内并单击，输入一个位置点，再根据提示输入第二个位置点，就生成了一条直线。

又如，在无命令执行状态下，用鼠标左键或窗口拾取实体，被选中的实体将变成拾取加亮颜色（默认为红色），此时可单击任一被选中的元素，然后按下鼠标左键移动鼠标来随意拖动该元素。对于圆、直线等基本曲线还可以单击其控制点（屏幕上的蓝色亮点）来进行拉伸操作。

2) 鼠标右键

鼠标右键用来确认拾取、结束操作和终止命令。

例如，在删除几何元素时，当拾取完毕要删除的元素后，该元素就被删除掉了。

又如，在生成样条曲线的功能中，当顺序输入一系列点完毕后，右击就可以结束输入点的操作。因此，该样条曲线就生成了。

被选中的图形元素，是以拾取加亮颜色显示。系统认为被选中的实体为操作的对象，此时按下鼠标右键，则弹出相应的命令菜单，如图 4-30 所示，单击菜单项，则将对选中的实体进行操作。拾取不同的实体（或实体组），将会弹出不同的功能菜单。

图 4-30　鼠标右键菜单选项

3) Enter 键和数值键

在 CAXA 数控车 XP 中，在系统要求输入点时，回车键（Enter）和数值键可以激活一个坐标输入条，在输入条中可以输入坐标值。如果坐标值以@开始，表示一个相对于前一个输入点的相对坐标，在一些情况还可以输入字符串。

4) 热键

对于一个熟练的 CAXA 数控车 XP 用户，热键的使用极大地提高了工作效率，用户还可以自定义想要的热键。

在 CAXA 数控车中设置了以下几种功能热键：

F5（F6、F7）键：将当前面切换至 XOY（YOZ、XOZ）面，同时将显示平面置为 XOY（YOZ、XOZ）面，将图形投影到 XOY（YOZ、XOZ）面进行显示。

F8 键：按轴测图方式显示图形。

F9 键：切换当前面，将当前面在 XOY、YOZ、XOZ 之间进行切换，但不改变显示平面。

方向键(↑、↓、←、→):显示旋转。
Ctrl+方向键(↑、↓、←、→):显示平移。
Shift+↑(↓):显示放大(缩小)。

5. 立即菜单的操作

在输入某些命令以后,在绘图区的底部会弹出一行立即菜单。例如,输入一条画直线的命令(从键盘输入 line 或用鼠标在【绘图】工具栏单击【直线】按钮),则系统弹出一行立即菜单及相应的操作提示,如图 4-31 所示。

此菜单表示当前待画的直线为两点线方式、非正交的连续直线。在显示立即菜单的同时,在其下面的状态栏内显示提示:【第一点(切点,垂足点):】,括号中的【切点,垂足点】表示此时可输入切点或垂足点。需要说明的是,在输入点时,如果没有提示(切点,垂足点),则表示不能输入工具点中的切点或垂足点。按要求输入第一点后,系统会提示【第二点(切点,垂足点):】,再输入第二点,系统在屏幕上从第一点到第二点画出一条直线。

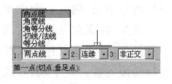

图 4-31 立即菜单

立即菜单的主要作用是可以选择某一命令的不同功能。可以通过鼠标单击立即菜单中的下拉箭头或用快捷键 Alt+数字键进行激活,如果下拉菜单中有很多可选项我们使用快捷键 Alt+连续数字键进行选项的循环。如上例,如果想在两点间画一条正交直线,那么可以用鼠标单击立即菜单中的【3.非正交】或用快捷键 Alt+3 激活它,则该菜单变为【3.正交】。如果要使用【平行线】命令,那么可以用鼠标单击立即菜单中的【1 平行线】或用快捷键 Alt+1 激活它。

6. 其他常用的操作

本系统具有计算功能,它不仅能进行加、减、乘、除、平方、开方和三角函数等常用的数值计算,还能完成复杂表达式的计算。

例如:60/91+(44.35)/23;Sqrt(23);Sin(70*3.1415926/180)。

4.3 CAXA 数控车加工的主要内容

数控加工就是将加工数据和工艺参数输入到机床,机床的控制系统对输入信息进行运算与控制,并不断地向直接指挥机床运动的机电功能转换部件——机床的伺服机构发送脉冲信号,伺服机构对脉冲信号进行转换与放大处理,然后由传动机构驱动机床,从而加工零件。所以,数控加工的关键是加工数据和工艺参数的获取,即数控编程。数控加工一般包括以下几个内容:

(1) 对图纸进行分析,确定需要数控加工的部分。
(2) 利用图形软件对需要数控加工的部分造型。
(3) 根据加工条件,选择合适的加工参数生成加工轨迹,包括粗加工、半精加工、精加工轨迹。
(4) 轨迹的仿真检验。
(5) 传给机床加工。

4.3.1 常用术语

1. 两轴加工

在 CAXA 数控车中,机床坐标系的 Z 轴即是绝对坐标系的 X 轴,平面图形均指投影到绝对坐标系的 XOY 面的图形。

2. 轮廓

轮廓是一系列首尾相接曲线的集合,如图 4-32 所示为轮廓示意图。

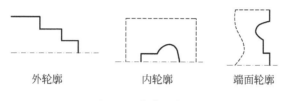

图 4-32 轮廓示意图

3. 毛坯轮廓

针对粗车,需要制定被加工体的毛坯。毛坯轮廓是一系列首尾相接曲线的集合,如图 4-33 所示为毛坯轮廓。

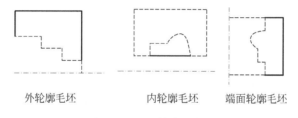

图 4-33 毛坯轮廓示意图

在进行数控编程、交互指定待加工图形时,常常需要指定毛坯的轮廓,用来界定被加工的表面或被加工的毛坯本身。如果毛坯轮廓是用来界定被加工表面的,则要求指定的轮廓是闭合的;如果加工的是毛坯轮廓本身,则毛坯轮廓也可以不闭合。

4. 机床参数

数控车床的一些速度参数,包括主轴转速、接近速度、进给速度和退刀速度,如图 4-34 所示。

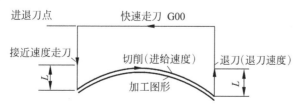

图 4-34 数控车中各种速度(L=慢速下刀/快速退刀距离)

主轴转速是切削时机床主轴转动的角速度；进给速度是正常切削时刀具行进的线速度(r/mm)；接近速度为从进刀点到切入工件前刀具行进的线速度，又称进刀速度；退刀速度为刀具离开工件回到退刀位置时刀具行进的线速度。

这些速度参数的给定一般依赖于操作者的经验，原则上讲，它们与机床本身、工件的材料、刀具材料、工件的加工精度和表面粗糙度要求等相关。

5. 刀具轨迹和刀位点

刀具轨迹是系统按给定工艺要求生成的对给定加工图形进行切削时刀具行进的路线，如图 4-35 所示。

刀具轨迹由一系列有序的刀位点和连接这些刀位点的直线（直线插补）或圆弧（圆弧插补）组成。CAXA 数控车系统的刀具轨迹是按刀尖位置来显示的。

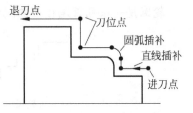

图 4-35　刀具轨迹和刀位点

6. 加工余量

车加工是一个去余量的过程，即从毛坯开始逐步除去多余的材料，以得到需要的零件。这种过程往往由粗加工和精加工构成，必要时还需要进行半精加工，即需经过多道工序的加工。在前一道工序中，往往需给下一道工序留下一定的余量，称为加工余量。

实际的加工模型是指定的加工模型按给定的加工余量进行等距的结果，如图 4-36 所示加工余量示例。

7. 加工误差

刀具轨迹和实际加工模型的偏差即加工误差，操作者可通过控制加工误差来控制加工的精度。操作者给出的加工误差是刀具轨迹同加工模型之间的最大允许偏差，系统保证刀具轨迹与实际加工模型之间的偏离不大于加工误差。

操作者应根据实际工艺要求给定加工误差，如在进行粗加工时，加工误差可以较大，否则加工效率会受到不必要的影响；而进行精加工时，需根据表面要求等给定加工误差。

在两轴加工中，对于直线和圆弧的加工不存在加工误差，加工误差指对样条线进行加工时用折线段逼近样条时的误差。如图 4-37 所示为加工误差与步长的关系。

图 4-36　加工余量示例　　　　图 4-37　加工误差与步长

8. 干涉

切削被加工表面时，如刀具切到了不应该切的部分，则称为出现干涉现象，或者叫做过切。

在 CAXA 数控车系统中，干涉分为以下两种情况：

（1）被加工表面中存在刀具切削不到的部分时存在的过切现象。

(2) 切削时,刀具与未加工表面存在的过切现象。

4.3.2 刀具库管理

刀具库可定义、确定刀具的有关数据,以便于操作者从刀具库中获取刀具信息和对刀具库进行维护,包括轮廓车刀、切槽刀具、钻孔刀具、螺纹车刀 4 种刀具类型的管理。

1. 操作方法

在菜单区中选择【数控车】→【刀具管理】,系统弹出【刀具库管理】对话框,如图 4-38 所示,操作者可按自己的需要添加新的刀具,对已有刀具的参数进行修改,更换使用的当前刀等。

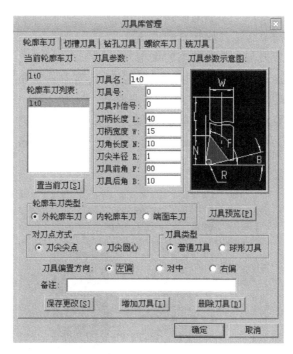

图 4-38 【刀具库管理】对话框

当需要定义新的刀具时,按【增加刀具】按钮可弹出添加刀具对话框。

在刀具列表中选择要删除的刀具名,按【删除刀具】按钮可从刀具库中删除所选择的刀具(注意:不能删除当前刀具)。

在刀具列表中选择要使用得当前刀具名,按【置当前刀】可将选择的刀具设为当前刀具,也可在刀具列表中用鼠标双击所选的刀具。

改变参数后,按【保存更改】按钮即可对刀具参数进行修改。

需要指出的是,刀具库中的各种刀具只是同一类刀具的抽象描述,并非符合国标或其他标准的详细刀具库。所以只列出了对轨迹生成有影响的部分参数,其他与具体加工工艺相关的刀具参数并未列出。例如,将各种外轮廓、内轮廓、端面粗精车刀均归为轮廓车刀,对轨迹生成没有影响。其他补充信息可在【备注】栏中输入。

2. 刀具参数说明

1) 轮廓车刀(见图 4-38)

刀具名：刀具的名称，用于刀具标识和列表。刀具名是唯一的。

刀具号：刀具的系列号，用于后置处理的自动换刀指令。刀具号唯一，并对应机床的刀库。

刀具补偿号：刀具补偿值的序列号，其值对应于机床的数据库。

刀柄长度：刀具可夹持段的长度。

刀柄宽度：刀具可夹持段的宽度。

刀角长度：刀具可切削段的长度。

刀尖半径：刀尖部分用于切削的圆弧的半径。

刀具前角：刀具前刃与工件旋转轴的夹角。

刀具后角：刀具后刃与工件旋转轴的夹角。

当前轮廓车刀：显示当前使用刀具的刀具名。当前刀具就是在加工中要使用的刀具，在加工轨迹的生成中要使用当前刀具的刀具参数。

轮廓车刀列表：显示刀具库中所有同类型刀具的名称，可通过鼠标或键盘的上下键选择不同的刀具名，刀具参数表中将显示所选刀具的参数。用鼠标双击所选的刀具还能将其置为当前刀具。

2) 切槽刀具(见图 4-39)

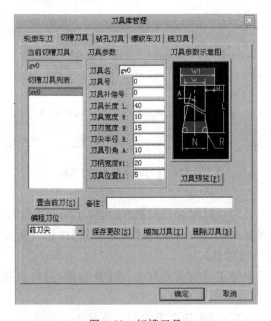

图 4-39 切槽刀具

刀具名：刀具的名称，用于刀具标识和列表。刀具名是唯一的。

刀具号：刀具的系列号，用于后置处理的自动换刀指令。刀具号唯一，对应机床的刀具库。

刀具补偿号：刀具补偿值的序列号，其值对应于机床的数据库。
刀具长度：刀具的总体长度。
刀柄宽度：刀具夹持段的宽度。
刀刃宽度：刀具切削刃的宽度。
刀尖半径：刀具切削刃两端圆弧的半径。
刀具引角：刀具切削段两侧边与垂直于切削方向的夹角。
当前切槽刀具：显示当前使用刀具的刀具名。当前刀具就是在加工中要使用的刀具，在加工轨迹的生成中要使用当前刀具的刀具参数。
切槽刀具列表：显示刀具库中所有同类型刀具的名称，可通过鼠标或键盘的上下键选择不同的刀具名，刀具参数表中将显示所选刀具的参数。用鼠标双击所选的刀具还能将其置为当前刀具。

3) 钻孔刀具（见图 4-40）

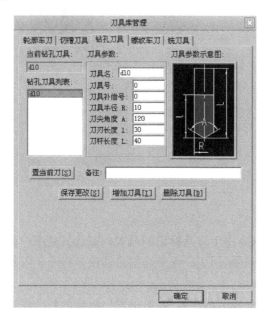

图 4-40　钻孔刀具

刀具名：刀具的名称，用于刀具标识和列表。刀具名是唯一的。
刀具号：刀具的系列号，用于后置处理的自动换刀指令。刀具号唯一，对应机床的刀具库。
刀具补偿号：刀具补偿值的序列号，其值对应机床的数据库。
刀具半径：刀具的半径。
刀尖角度：钻头前段尖部的角度。
刀刃长度：刀具的刀杆可用于切削部分的长度。
刀杆长度：刀尖到刀柄之间的距离。刀杆长度应大于刀刃有效长度。
当前钻孔刀具：显示当前使用刀具的刀具名。当前刀具就是在加工中要使用的刀具,在加工轨迹的生成中要使用当前刀具的刀具参数。

钻孔刀具列表:显示刀具库中所有同类型刀具的名称,可通过鼠标或键盘的上下键选择不同的刀具名,刀具参数表中将显示所选刀具的参数。用鼠标双击所选的刀具还能将其置为当前刀具。

4) 螺纹车刀(见图 4-41)

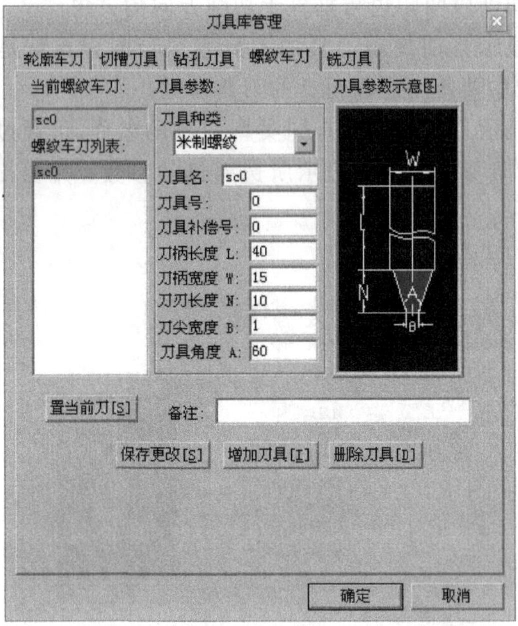

图 4-41　螺纹车刀

刀具名:刀具的名称,用于刀具标识和列表。刀具名是唯一的。

刀具号:刀具的系列号,用于后置处理的自动换刀指令。刀具号唯一,对应机床的刀具库。

刀具补偿号:刀具补偿值的序列号,其值对应机床的数据库。

刀柄长度:刀具可夹持段的长度。

刀柄宽度:刀具夹持段的宽度。

刀刃长度:刀具切削刃顶部的宽度。对于三角螺纹车刀,刀刃宽度等于 0。

刀具角度:刀具切削段两侧边与垂直于切削方向的夹角,该角度决定了车削出的螺纹的螺纹角。

刀尖宽度:螺纹齿底宽度。

当前螺纹车刀:显示当前使用刀具的刀具名。当前刀具就是在加工中要使用的刀具,在加工轨迹的生成中要使用当前刀具的刀具参数。

螺纹车刀列表:显示刀具库中所有同类型刀具的名称,可通过鼠标或键盘的上下键选择不同的刀具名,刀具参数表中将显示所选刀具的参数。用鼠标双击所选的刀具还能将其置为当前刀具。

4.3.3 主要加工方法

CAXA 数控车 XP 提供了多种数控车加工功能,如轮廓粗车、轮廓精车、切槽加工、螺纹加工、钻孔加工和机床设置等。

4.3.3.1 轮廓粗车

该功能用于实现对工件外轮廓表面、内轮廓表面和端面的粗车加工,用来快速清除毛坯的多余部分。

做轮廓粗车时要确定被加工轮廓和毛坯轮廓,被加工轮廓就是加工结束后的工件表面轮廓,毛坯轮廓就是加工前毛坯的表面轮廓。被加工轮廓和毛坯轮廓两端点相连,两轮廓共同构成一个封闭的加工区域,在此区域的材料将被加工去除。被加工轮廓和毛坯轮廓不能单独闭合或自相交。

1) 操作步骤

(1) 在菜单区中选择【数控车】→【轮廓粗车】菜单项,或单击 图标,系统弹出轮廓粗车加工参数表,如图 4-42 所示。

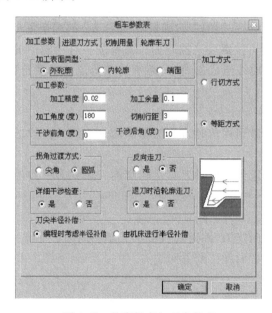

图 4-42 轮廓粗车加工参数表

在参数表中首先要确定被加工的是外轮廓表面还是内轮廓表面或端面,接着按加工要求确定其他各加工参数。

(2) 确定参数后拾取被加工的轮廓和毛坯轮廓,此时可使用系统提供的轮廓拾取工具,对于多段曲线组成的轮廓使用"限制链拾取"将极大地方便拾取。采用"链拾取"和"限制链拾取"时的拾取箭头方向与实际的加工方向无关。

(3) 确定进退刀点:指定一点为刀具加工前和加工后所在的位置,按鼠标右键可忽略该点的输入。

完成上述步骤后即可生成加工轨迹。在【数控车】菜单区中选取【生成代码】功能项，拾取刚生成的刀具轨迹，即可生成加工指令。

2) 轮廓粗车参数说明

(1) 加工参数

单击对话框中的【加工参数】标签即进入加工参数表。加工参数表主要用于对粗车加工中的各种工艺条件和加工方式进行限定，各加工参数含义说明如下。

【加工表面类型】

外轮廓：采用外轮廓车刀加工外轮廓，此时默认加工方向角度为 180°。

内轮廓：采用内轮廓车刀加工内轮廓，此时默认加工方向角度为 180°。

车端面：此时默认加工方向应垂直于系统 X 轴，即加工角度为 $-90°$ 或 270°。

【加工参数】

干涉后角：做底切干涉检查时，确定干涉检查的角度。

干涉前角：做前角干涉检查时，确定干涉检查的角度。

加工角度：刀具切削方向与机床 Z 轴正方向（软件系统 X 正方向）的夹角。

切削行距：行间切入深度，即两相邻切削行之间的距离。

加工余量：加工结束后，被加工表面没有加工部分的剩余量（与最终加工结果比较）。

【加工精度】操作者可按需要来控制加工的精度。对轮廓中的直线和圆弧，机床可以精确地加工；对由样条曲线组成的轮廓，系统将按给定的精度把样条转化成直线段来满足用户所需的加工精度。

【拐角过渡方式】

圆弧：在切削过程遇到拐角时刀具从轮廓的一边到另一边的过程中，以圆弧的方式过渡。

尖角：在切削过程遇到拐角时刀具从轮廓的一边到另一边的过程中，以尖角的方式过渡。

【反向走刀】

否：刀具按默认方向走刀，即刀具从机床 Z 轴正向向 Z 轴负向移动。

是：刀具按与默认方向相反的方向走刀。

【详细干涉检查】

否：假定刀具前后干涉角均为 0°，对凹槽部分不做加工，以保证切削轨迹无前角及底切干涉。

是：加工凹槽时，用定义的干涉角度检查加工中是否有刀具前角及底切干涉，并按定义的干涉角度生成无干涉的切削轨迹。

【退刀时沿轮廓走刀】

否：刀位行首末直接进退刀，不加工行与行之间的轮廓。

是：两刀位行之间如果有一段轮廓，在后一刀位行之前、之后增加对行间轮廓的加工。

【刀尖半径补偿】

编程时考虑半径补偿：在生成加工轨迹时，系统根据当前所用刀具的刀尖半径进行补偿计算(按假想刀尖点编程)。所生成代码即为已考虑半径补偿的代码,无需机床再进行刀尖半径补偿。

由机床进行半径补偿:在生成加工轨迹时,假设刀尖半径为0,按轮廓编程,不进行刀尖半径补偿计算。所生成代码在用于实际加工时应根据实际刀尖半径由机床指定补偿值。

(2)进退刀方式

单击对话框中的【进退刀方式】标签即进入进退刀方式参数表,如图4-43所示,该参数表用于对加工中的进退刀方式进行设定。

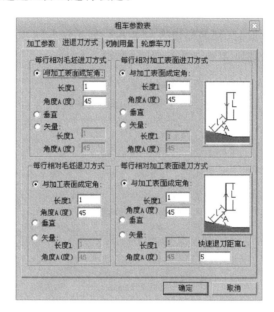

图 4-43　进退刀方式参数设置页

【每行相对毛坯进刀方式】

相对毛坯进刀方式用于指定对毛坯部分进行切削时的进刀方式,相对加工表面进刀方式用于指定对加工表面部分进行切削时的进刀方式。

与加工表面成定角:在每一切削行前加入一段与轨迹切削方向成一定角度的进刀段,刀具垂直进刀到该进刀段的起点,再沿该进刀段进刀至切削行。角度定义该进刀段与轨迹切削方向的夹角,长度定义该进刀段的长度。

垂直进刀:刀具直接进刀到每一切削行的起始点。

矢量进刀:在每一切削行前加入一段与系统 X 轴(机床 Z 轴)正方向成一定夹角的进刀段,刀具进刀到该进刀段的起点,再沿该进刀段进刀至切削行。角度定义矢量(进刀段)与系统 X 轴正方向的夹角,长度定义矢量(进刀段)的长度。

【每行粗对毛坯退刀方式】

相对毛坯退刀方式用于指定对毛坯部分进行切削时的退刀方式,相对加工表面退刀方式用于指定对加工表面部分进行切削时的退刀方式。

与加工表面成定角:在每一切削行后加入一段与轨迹切削方向成一定角度的退刀段,刀具先沿该退刀段退刀,再从该退刀段的末点开始垂直退刀。角度定义该退刀段与轨迹切削方向的夹角,长度定义该退刀段的长度。

轮廓垂直退刀:刀具直接进刀到每一切削行的起始点。

轮廓矢量退刀:在每一切削行后加入一段与系统 X 轴(机床 Z 轴)正方向成一定夹角的退刀段,刀具先沿该退刀段退刀,再从该退刀段的末点开始垂直退刀。角度定义矢量(退刀段)与系统 X 轴正方向的夹角;长度定义矢量(退刀段)的长度快速退刀距离:以给定的退刀速度回退的距离(相对值),在此距离上以机床允许的最大进给速度 G0 退刀。

(3) 切削用量

在每种刀具轨迹生成时,都需要设置一些与切削用量及机床加工相关的参数。单击【切削用量】标签可进入切削用量参数设置页,如图 4-44 所示。

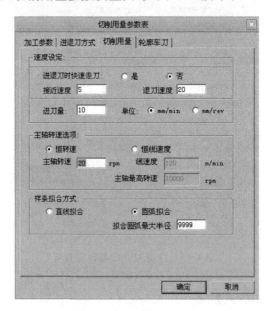

图 4-44 切削用量参数设置页

【速度设定】

接近速度:刀具接近工件时的进给速度。

退刀速度:刀具离开工件的速度。

【主轴转速选项】

主轴转速:机床主轴旋转的速度,计量单位是机床默认的单位。

恒转速:切削过程中按指定的主轴转速保持主轴转速恒定,直到下一指令改变该转速。

恒线速度:切削过程中按指定的线速度值保持线速度恒定。

【样条拟合方式】

直线拟合:对加工轮廓中的样条线根据给定的加工精度用直线段进行拟合。

圆弧拟合：对加工轮廓中的样条线根据给定的加工精度用圆弧段进行拟合。

(4) 轮廓车刀

单击【轮廓车刀】标签可进入轮廓车刀参数设置页，该页用于对加工中所用的刀具参数进行设置。具体参数说明请参考"刀具管理"中的说明。

3) 轮廓粗车实例

(1) 如图4-45所示，曲线轮廓内部部分为要加工出的外轮廓，方框部分为毛坯轮廓。

(2) 生成轨迹时，只需画出由要加工出的外轮廓和毛坯轮廓的上半部分组成的封闭区域(需切除部分)即可，其余线条不用画出，如图4-46所示。

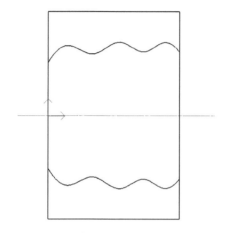
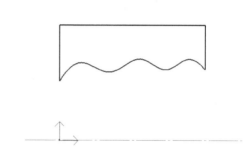

图4-45 待加工零件及毛坯外轮廓　　　　图4-46 待加工外轮廓和毛坯轮廓的上半部分组成的封闭区域

(3) 填写参数表：在图4-42所示对话框中填写参数表，填写完参数后，拾取对话框【确认】按钮。

(4) 拾取轮廓，系统提示用户选择轮廓线。拾取轮廓线可以利用曲线拾取工具菜单，在立即菜单中选取，如图4-47所示。工具菜单提供三种拾取方式：单个拾取，链拾取和限制链拾取。

当拾取第一条轮廓线后，此轮廓线变为红色的虚线。系统给出提示：选择方向。要求操作者选择一个方向，此方向只表示拾取轮廓线的方向，与刀具的加工方向无关，如图4-48所示。

图4-47 轮廓的三种拾取方式

选择方向后，如果采用的是链拾取方式，则系统自动拾取首尾连接的轮廓线，如果采用单个拾取，则系统提示继续拾取轮廓线。如果采用限制链拾取则系统自动拾取该曲线与限制曲线之间连接的曲线。若加工轮廓与毛坯轮廓首尾相连，采用链拾取会将加工轮廓与毛坯轮廓混在一起。

采用限制链拾取或单个拾取则可以将加工轮廓与毛坯轮廓区分开。

(5) 拾取毛坯轮廓，拾取方法与上类似。

(6) 确定进退刀点。指定一点为刀具加工前和加工后所在的位置，按鼠标右键也可忽略该点的输入。

(7) 生成刀具轨迹。确定进退刀点之后,系统生成绿色的刀具轨迹,如图 4-49 所示。

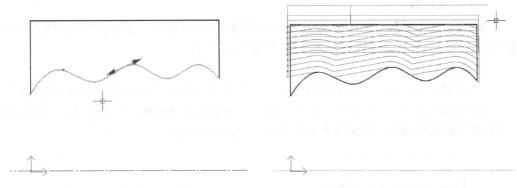

图 4-48 轮廓拾取方向示意图　　　　图 4-49 生成的粗车加工轨迹

(8) 在【数控车】菜单区中选取【生成代码】功能项,拾取刚生成的刀具轨迹,即可生成加工指令,如图 4-50 所示。

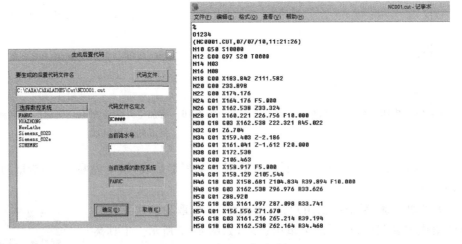

图 4-50 代码生成对话框

注意:

① 加工轮廓与毛坯轮廓必须构成一个封闭区域,被加工轮廓和毛坯轮廓不能单独闭合或自相交。

② 为便于采用链拾取方式,可以将加工轮廓与毛坯轮廓绘成相交,系统能自动求出其封闭区域。图 4-51 所示为由相交的待加工外轮廓和毛坯轮廓(上半部分)组成的封闭区域。

③ 软件绘图坐标系与机床坐标系的关系。在软件坐标系中 X 正方向代表机床的 Z 轴正方向,Y 正方向代表机床的 X 正方向。本软件用加工角度将软件的 XY 向转换成机床的 ZX 向,如切外轮廓,刀具由右到左运动,与机床的 Z 正向成 $180°$,加工角度取 $180°$;切端面,刀具从上到下运动,与机床的 Z 正向成 $-90°$ 或 $270°$,加工角度取 $-90°$ 或 $270°$。

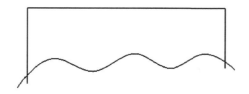

图 4-51 由相交的待加工外轮廓和毛坯轮廓(上半部分)组成的封闭区域

4.3.3.2 轮廓精车

轮廓精车实现对工件外轮廓表面、内轮廓表面和端面的精车加工。做轮廓精车时要确定被加工轮廓,被加工轮廓就是加工结束后的工件表面轮廓,被加工轮廓不能闭合或自相交。

1) 操作步骤

(1) 在菜单区中的【数控车】子菜单区中选取【轮廓精车】菜单项,或单击 ☒ 系统弹出加工参数表,如图 4-52 所示。

图 4-52 精车加工参数表

在参数表中首先要确定被加工的是外轮廓表面还是内轮廓表面或端面,接着按加工要求确定其他各加工参数。

(2) 确定参数后拾取被加工轮廓,此时可使用系统提供的轮廓拾取工具。

(3) 选择完轮廓后确定进退刀点,指定一点为刀具加工前和加工后所在的位置。按鼠标右键可忽略该点的输入。

完成上述步骤后即可生成精车加工轨迹。在【数控车】菜单区中选取【生成代码】功能项,拾取刚生成的刀具轨迹,即可生成加工指令。

2) 参数说明

轮廓精车说明请参考轮廓粗车中的说明。

3) 轮廓精车实例

(1) 如图 4-53 所示,曲线内部部分为要加工出的外轮廓,阴影部分为须去除的材料。

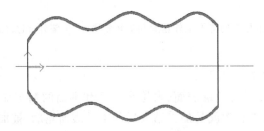

图 4-53　要进行精车的零件轮廓

(2) 生成轨迹时,也可只画出由要加工出的外轮廓的上半部分即可,其余线条不用画出,如图 4-54 所示。

图 4-54　要加工出的外轮廓

(3) 填写参数表：在精车参数表对话框中填写完参数后,拾取对话框【确认】按钮。

(4) 拾取轮廓,在立即菜单中选择单个拾取,系统提示操作者选择轮廓线。当拾取第一条轮廓线后,此轮廓线变为红色的虚线。系统给出提示：选择方向。要求用户选择一个方向,此方向只表示拾取轮廓线的方向,与刀具的加工方向无关。如图 4-55 所示。

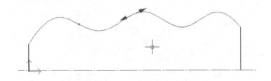

图 4-55　轮廓拾取方向示意图

(5) 确定进退刀点。指定一点为刀具加工前和加工后所在的位置,按鼠标右键可忽略该点的输入。

(6) 生成刀具轨迹。确定进退刀点之后,系统生成绿色的刀具轨迹,如图 4-56 所示。

(7) 在【数控车】菜单区中选取【生成代码】功能项,拾取刚生成的刀具轨迹,即可生成加工指令。

注意：被加工轮廓不能闭合或自相交。

4.3.3.3　切槽加工

切槽加工用于在工件外轮廓表面、内轮廓表面和端面切槽。切槽时要确定被加工轮

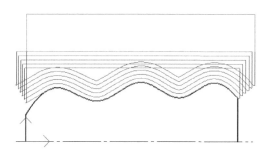

图 4-56　生成的精车加工轨迹

廓，被加工轮廓就是加工结束后的工件表面轮廓，被加工轮廓不能闭合或自相交。

1) 操作步骤

(1) 在菜单区中选取【数控车】→【切槽】菜单项，或单击 图标，系统弹出加工参数表，如图 4-57 所示。

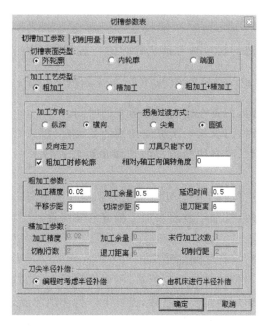

图 4-57　切槽加工参数表

在参数表中首先要确定被加工的是外轮廓表面还是内轮廓表面或端面，接着按加工要求确定其他各加工参数。

(2) 确定参数后拾取被加工轮廓，此时可使用系统提供的轮廓拾取工具。

(3) 选择完轮廓后确定进退刀点。指定一点为刀具加工前和加工后所在的位置，按鼠标右键可忽略该点的输入。

完成上述步骤后即可生成切槽加工轨迹。在【数控车】菜单区中选取【生成代码】功能项，拾取刚生成的刀具轨迹，即可生成加工指令。

2）参数说明

（1）切槽加工参数

切槽加工参数主要对切槽加工中各种工艺条件和加工方式进行限定，各加工参数含义说明如下。

【切槽表面类型】

外轮廓：外轮廓切槽，或用切槽刀加工外轮廓。

内轮廓：内轮廓切槽，或用切槽刀加工内轮廓。

端面：端面切槽，或用切槽刀加工端面。

【加工工艺类型】

粗加工：对槽只进行粗加工。

精加工：对槽只进行精加工。

粗加工＋精加工：对槽进行粗加工之后接着做精加工。

【拐角过渡方式】

圆弧：在切削过程遇到拐角时刀具从轮廓的一边到另一边的过程中，以圆弧的方式过渡。

尖角：在切削过程遇到拐角时刀具从轮廓的一边到另一边的过程中，以尖角的方式过渡。

【粗加工参数】

延迟时间：粗车槽时，刀具在槽的底部停留的时间。

切深步距：粗车槽时，刀具每一次纵向切槽的切入量（机床 X 向）。

平移步距：粗车槽时，刀具切到指定的切深步距后进行下一次切削前的水平平移量（机床 Z 向）。

退刀距离：粗车槽中进行下一行切削前退刀到槽外的距离。

加工余量：粗加工时，被加工表面未加工部分的预留量。

【精加工参数】

切削行距：精加工行与行之间的距离。

切削行数：精加工刀位轨迹的加工行数，不包括最后一行的重复次数。

退刀距离：精加工中切削完一行之后，进行下一行切削前退刀的距离。

加工余量：精加工时，被加工表面未加工部分的预留量。

末行加工次数：精车槽时，为提高加工的表面质量，最后一行常常在相同进给量的情况下进行多次车削，该处定义多次切削的次数。

（2）切削用量

切削用量参数表的说明请参考轮廓粗车中的说明。

（3）切槽刀具

单击【切槽刀具】标签可进入切槽车刀参数设置页，该页用于对加工中所用的切槽刀具参数进行设置。具体参数说明请参考"刀具管理"中的说明。

3）切槽实例

（1）如图 4-58 所示，螺纹退刀槽凹槽部分为要加工出的轮廓。

图 4-58　待加工零件

（2）填写参数表：在切槽参数表对话框中填写完参数后，拾取对话框【确认】按钮。

（3）拾取轮廓，提示用户选择轮廓线，在立即菜单中采用限制链拾取。当拾取第一条轮廓线后，此轮廓线变为红色的虚线。系统给出提示：选择方向。要求操作者选择一个方向，此方向只表示拾取轮廓线的方向，与刀具的加工方向无关，选择向下箭头。如图 4-59 所示。

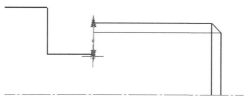

图 4-59　轮廓拾取方向示意图

（4）选择方向后，系统继续提示选取限制线，选取终止线段即凹槽的左边部分，凹槽部分变成红色虚线。如图 4-60 所示。

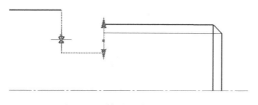

图 4-60　拾取凹槽左边部分

（5）确定进退刀点。指定一点为刀具加工前和加工后所在的位置，按鼠标右键可忽略该点的输入。

（6）生成刀具轨迹。确定进退刀点之后，系统生成绿色的刀具轨迹，如图 4-61 所示。

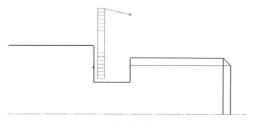

图 4-61　生成的切槽加工轨迹

(7) 在【数控车】菜单区中选取【生成代码】功能项,拾取刚生成的刀具轨迹,即可生成加工指令。

注意:
① 被加工轮廓不能闭合或自相交。
② 生成轨迹与切槽刀刀角半径,刀刃宽度等参数密切相关。
③ 可按实际需要只绘出退刀槽的上半部分。

4.3.3.4 钻中心孔

该功能用于在工件的旋转中心钻中心孔。该功能提供了多种钻孔方式,包括高速啄式深孔钻、左攻螺纹、精镗孔、钻孔、镗孔、反镗孔等。

因为车加工中的钻孔位置只能是工件的旋转中心,所以,最终所有的加工轨迹都在工件的旋转轴上,也就是系统的 X 轴(机床的 Z 轴)上。

1) 操作步骤

(1) 在菜单区中选取【数控车】→【钻中心孔】菜单项,或单击 图标,弹出加工参数表,如图 4-62 所示。操作者可在该参数表对话框中确定各参数。

图 4-62 钻孔加工参数表

(2) 确定各加工参数后,拾取钻孔的起始点,因为轨迹只能在系统的 X 轴上(机床的 Z 轴),所以把输入的点向系统的 X 轴投影,得到的投影点作为钻孔的起始点,然后生成钻孔加工轨迹。拾取完钻孔点之后即生成加工轨迹。

2) 参数说明

(1) 加工参数

加工参数主要对加工中的各种工艺条件和加工方式进行限定,钻孔加工参数表如图 4-62 所示,各加工参数含义说明如下。

钻孔深度:要钻孔的深度。

暂停时间：攻螺纹时刀在工件底部的停留时间。
钻孔模式：钻孔的方式。钻孔模式不同,后置处理中用到机床的固定循环指令不同。
进刀增量：深孔钻时每次进刀量或镗孔时每次测进量。
接近速度：刀具接近工件时的进给速度。
钻孔速度：钻孔时的进给速度。
主轴转速：机床主轴旋转的速度。计量单位是机床默认的单位。
退刀速度：刀具离开工件的速度。

(2) 钻孔刀具

单击【钻孔刀具】标签可进入钻孔车刀参数设置页,该页用于对加工中所用的刀具参数进行设置。具体参数说明请参考"刀具管理"中的说明。

4.3.3.5 车螺纹

该功能为非固定循环方式加工螺纹,可对螺纹加工中的各种工艺条件、加工方式进行更为灵活的控制,螺纹车削参数表如图 4-63 所示。

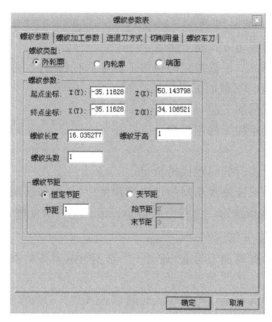

图 4-63　螺纹车削参数表

1) 操作步骤

(1) 在菜单区中选取【数控车】→【车螺纹】菜单项,或单击 图标。依次拾取螺纹起点、终点。

(2) 拾取完毕,弹出加工参数表,前面拾取的点的坐标也将显示在参数表中。操作者可在该参数表对话框中确定各加工参数,如图 4-63 所示。

(3) 参数填写完毕,选择【确定】按钮,即生成螺纹车削刀具轨迹。

(4) 在【数控车】菜单区中选取【生成代码】功能项,拾取刚生成的刀具轨迹,即可生成螺纹加工指令。

2) 参数说明

(1) 螺纹参数

起点坐标：车螺纹的起始点坐标，单位为 mm。

终点坐标：车螺纹的终止点坐标，单位为 mm。

螺纹长度：螺纹起始点到终止点的距离。

螺纹牙高：螺纹牙的高度。

螺纹牙数：螺纹起始点到终止点之间的牙数。

恒定节距：两个相邻螺纹轮廓上对应点之间的距离为恒定值。

节距：恒定节距值。

变节距：两个相邻螺纹轮廓上对应点之间的距离为变化的值。

始节距：起始端螺纹的节距。

末节距：终止端螺纹的节距。

(2) 螺纹加工参数

【加工工艺】

粗加工：直接采用粗切方式加工螺纹。

粗加工＋精加工方式：根据指定的粗加工深度进行粗切后，再采用精切方式（如采用更小的行距）切除剩余余量（精加工深度）。

精加工深度：螺纹精加工的切深量。

粗加工深度：螺纹粗加工的切深量。

【每行切削用量】

固定行距：每一切削行的间距保持恒定。

恒定切削面积：为保证每次切削的切削面积恒定，各次切削深度将逐步减小，直至等于最小行距。操作者需指定第一刀行距及最小行距。吃刀深度规定：第 n 刀的吃刀深度为第一刀的吃刀深度的 $\sqrt{n}$ 倍。

末行走刀次数：为提高加工质量，最后一个切削行有时需要重复走刀多次，此时需要指定重复走刀次数。

每行切入方式：刀具在螺纹始端切入时的切入方式。刀具在螺纹末端的退出方式与切入方式相同。

(3) 进退刀方式

单击【进退刀方式】标签即进入进退刀方式参数表，如图 4-64 所示，该参数表用于对加工中的进退刀方式进行设定。

【进刀方式】

垂直：刀具直接进刀到每一切削行的起始点。

矢量：在每一切削行前加入一段与系统 X 轴（机床 Z 轴）正方向成一定夹角的进刀段，刀具进刀到该进刀段的起点，再沿该进刀段进刀至切削行。

长度：定义矢量（进刀段）的长度。

角度：定义矢量（进刀段）与系统 X 轴正方向的夹角。

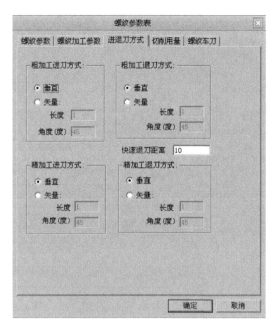

图 4-64 进退刀方式参数表

【进退刀方式】

垂直：刀具直接退刀到每一切削行的起始点。

矢量：在每一切削行后加入一段与系统 X 轴（机床 Z 轴）正方向成一定夹角的退刀段，刀具先沿该退刀段退刀，再从该退刀段的末点开始垂直退刀。

长度：定义矢量（退刀段）的长度。

角度：定义矢量（退刀段）与系统 X 轴正方向的夹角。

快速退刀距离：以给定的退刀速度回退的距离（相对值），在此距离上以机床允许的最大进给速度 G0 退刀。

(4) 切削用量

在每种刀具轨迹生成时，都需要设置一些与切削用量及机床加工相关的参数。单击【切削用量】标签可进入切削用量参数设置页，如图 4-65 所示。

【速度设定】

接近速度：刀具接近工件时的进给速度。

退刀速度：刀具离开工件的速度。

【主轴转速选项】

主轴转速：机床主轴旋转的速度，计量单位是机床默认的单位。

恒转速：切削过程中按指定的主轴转速保持主轴转速恒定，直到下一指令改变该转速。

恒线速度：切削过程中按指定的线速度值保持线速度恒定。

【样条拟合方式】

直线拟合：对加工轮廓中的样条线根据给定的加工精度用直线段进行拟合。

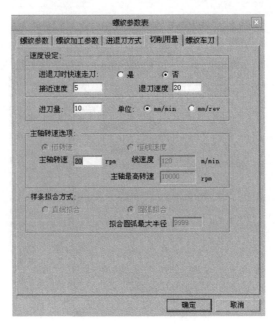

图 4-65 切削用量的参数说明

圆弧拟合：对加工轮廓中的样条线根据给定的加工精度用圆弧段进行拟合。

(5) 螺纹车刀

单击【螺纹车刀】标签可进入螺纹车刀参数设置页，该页用于对加工中所用的螺纹车刀参数进行设置。具体参数说明请参考"刀具管理"中的说明。

3) 螺纹加工实例

(1) 如图 4-66 所示为要加工出的螺纹。

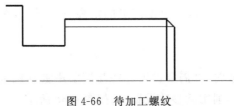

图 4-66 待加工螺纹

(2) 在菜单区中选取【数控车】→【车螺纹】菜单项，或单击 ![icon] 图标。

(3) 按系统提示依次拾取螺纹起点（右边）、终点（左边），如图 4-67 所示。

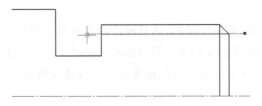

图 4-67 螺纹起点、终点选择示意图

(4) 填写参数表:选择完螺纹起点、终点后,系统弹出螺纹参数表。在螺纹参数表对话框中填写完参数后,拾取对话框【确认】按钮。

(5) 确定进退刀点。指定一点为刀具加工前和加工后所在的位置。

(6) 生成刀具轨迹。确定进退刀点之后,系统生成绿色的刀具轨迹,如图 4-68 所示。

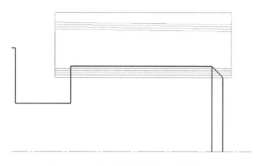

图 4-68　生成的车螺纹加工轨迹

(7) 在【数控车】菜单区中选取【生成代码】功能项,拾取刚生成的刀具轨迹,即可生成加工指令。

4.3.3.6　查看代码

查看代码主要是查看、编辑生成的代码的内容。

在【数控车】菜单区中选取【查看代码】功能项,或单击 图标,则弹出一个需要用户选取数控程序的对话框。选择一个程序后,系统即用 Windows 提供的"记事本"显示代码的内容,当代码文件较大时,则要用"写字板"打开,用户可在其中对代码进行修改。

4.3.3.7　参数修改

如果对生成的轨迹不满意时可以用参数修改功能对轨迹的各种参数进行修改,以生成新的加工轨迹。

在【数控车】菜单区中选取【参数修改】功能项,或单击 图标,则提示用户拾取要进行参数修改的加工轨迹。拾取轨迹后将弹出该轨迹的参数表供用户修改。参数修改完毕选取【确定】按钮,即依据新的参数重新生成该轨迹。

注意:由于在生成轨迹时经常需要拾取轮廓,在此对轮廓拾取方式作一专门介绍。

轮廓拾取工具提供三种拾取方式:单个拾取,链拾取和限制链拾取。

"单个拾取"需用户挨个拾取需批量处理的各条曲线,适合于曲线条数不多且不适合于"链拾取"的情形。

"链拾取"需用户指定起始曲线及链搜索方向,系统按起始曲线及搜索方向自动寻找所有首尾搭接的曲线,适合于需批量处理的曲线数目较大且无两根以上曲线搭接在一起的情形。

"限制链拾取"需用户指定起始曲线、搜索方向和限制曲线,系统按起始曲线及搜索方向自动寻找首尾搭接的曲线至指定的限制曲线,适用于避开有两根以上曲线搭接在一起的情形,以正确地拾取所需要的曲线。

4.3.3.8 轨迹仿真

轨迹仿真是对已有的加工轨迹进行加工过程模拟，以检查加工轨迹的正确性。对系统生成的加工轨迹，仿真时用生成轨迹时的加工参数，即轨迹中记录的参数；对从外部反读进来的刀位轨迹，仿真时用系统当前的加工参数。

1. 轨迹仿真的分类

轨迹仿真分为动态仿真、静态仿真和二维仿真，仿真时可指定仿真的步长来控制仿真的速度，也可以通过调节速度条控制仿真速度。当步长设为 0 时，步长值在仿真中无效；当步长大于 0 时，仿真中每一个切削位置之间的间隔距离即为所设的步长。

（1）动态仿真：仿真时模拟动态的切削过程，不保留刀具在每一个切削位置的图像。

（2）静态仿真：仿真过程中保留刀具在每一个切削位置的图像，直至仿真结束。

（3）二维仿真：仿真前先渲染实体区域，仿真时刀具不断抹去它切削掉部分的染色。

2. 操作说明

（1）在【数控车】菜单区中选取【轨迹仿真】功能项，或单击 图标，同时可指定仿真的类型和仿真的步长。

（2）拾取要仿真的加工轨迹，此时可使用系统提供的选择拾取工具。在结束拾取前仍可修改仿真的类型或仿真的步长。

（3）按鼠标右键结束拾取，系统弹出仿真控制条，按【▶】键开始仿真。仿真过程中可按【‖】键暂停，按【▶▶】键仿真下一步，按【◀◀】键仿真上一步，按【■】键终止仿真。

（4）仿真结束，可以按【▶】键重新仿真，或者按【■】键终止仿真。

4.3.3.9 代码反读（校核 G 代码）

代码反读就是把生成的 G 代码文件反读进来，生成刀具轨迹，以检查生成的 G 代码的正确性。如果反读的刀位文件中包含圆弧插补，需用户指定相应的圆弧插补格式，否则可能得到错误的结果。若后置文件中的坐标输出格式为整数，且机床分辨率不为 1 时，反读的结果是不对的。亦即系统不能读取坐标格式为整数且分辨率为非 1 的情况。

在【数控车】菜单区中选取【代码反读】功能项，或单击 图标，则弹出一个需要用户选取数控程序的对话框。系统要求操作者选取需要校对的 G 代码程序。拾取到要校对的数控程序后，系统根据程序 G 代码立即生成刀具轨迹。

注意：

① 刀位校核只用来进行对 G 代码的正确性进行检验，由于精度等方面的原因，用户应避免将反读出的刀位重新输出，因为系统无法保证其精度。

② 校对刀具轨迹时，如果存在圆弧插补，则系统要求选择圆心的坐标编程方式，如图 4-69 所示，其含义可参考后置设置中的说明。用户应正确选择对应的形式，否则会导致错误。

4.3.3.10 机床设置

机床设置就是针对不同的机床、不同的数控系统，设置特定的数控代码、数控程序格式及参数，并生成设置文件。生成数控程序时，系统根据该设置文件的定义生成用户所需

图 4-69 【反读代码格式设置】对话框

要的特定代码格式的加工指令。

机床设置给用户提供了一种灵活方便的设置系统配置的方法。对不同的机床进行适当的设置,具有重要的实际意义。通过设置系统配置参数,后置处理所生成的数控程序可以直接输入数控机床或加工中心进行加工,而无需进行修改。如果已有的机床类型中没有所需的机床,可增加新的机床类型以满足使用需求,并可对新增的机床进行设置。机床设置的各参数见图 4-70 所示。

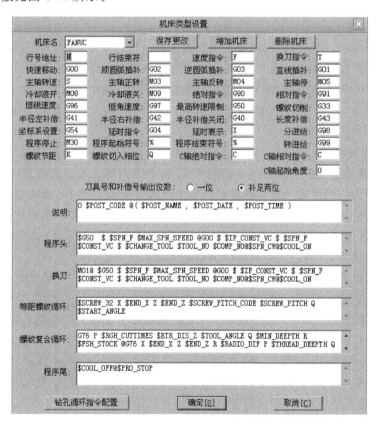

图 4-70 【机床类型设置】对话框

在【数控车】菜单区中选取【机床设置】功能项,或单击 图标,系统弹出机床设置参数表,用户可按自己的需求增加新的机床或更改已有的机床设置。按【确定】按钮可将用户的更改保存,【取消】则放弃已做的更改。

机床参数设置包括主轴控制、数值插补方法、补偿方式、冷却控制、程序起停以及程序首尾控制符等。现以某系统参数配置为例,具体设置方法如下所述。

1. 机床参数设置

在机床类型设置对话框中,在【机床名】一栏中用鼠标单击选取可选择一个已存在的机床并进行修改。按【增加机床】按钮可增加系统没有的机床,按【删除机床】按钮可删除当前的机床。可对机床的各种指令地址进行设置。

1)行号地址<N××××>

一个完整的数控程序由许多的程序段组成,每一个程序段前有一个程序段号,即行号地址。系统可以根据行号识别程序段。如果程序过长,还可以利用调用行号很方便地把光标移到所需的 CAXA 程序段。行号可以从 1 开始,连续递增,如 N0001,N0002,N0003等;也可以间隔递增,如 N0001,N0005,N0010 等。建议用户采用后一种方式,因为间隔行号比较灵活方便,可以随时插入程序段,对原程序进行修改,而无需改变后续行号。如果采用前一种连续递增的方式,每修改一次程序,插入一个程序段,都必须对后续的所有程序段的行号进行修改,很不方便。

2)行结束符<;>

在数控程序中,一行数控代码就是一个程序段。数控程序一般以特定的符号,而不是以 Enter 键作为程序段结束标志,它是一段程序段不可缺少的组成部分。有些系统以分号符";"作为程序段结束符,系统不同,程序段结束符一般不同,如有的系统结束符是"*",有的是"#"。一个完整的程序段应包括行号、数控代码和程序段结束符,如:N10G92X10.000Y5.000;。

3)插补方式控制

一般地,插补就是把空间曲线分解为 XYZ 各个方向的很小的曲线段,然后以微元化的直线段去逼近空间曲线。数控系统都提供直线插补和圆弧插补,其中圆弧插补又可分为顺圆插补和逆圆插补。插补指令都是模代码。所谓模代码就是只要指定一次功能代码格式,以后就不用指定,系统会以前面最近的功能模式确认本程序段的功能。除非重新指定同类型功能代码,否则以后的程序段仍然可以默认该功能代码。

(1)直线插补<G01>:系统以直线段的方式逼近该点,需给出终点坐标。如:G01X100.000Y100.000 表示刀具将以直线的方式从当前点到达点(100,100)。

(2)顺圆插补<G02>:系统以半径一定的圆弧的方式按顺时针的方向逼近该点,要求给出终点坐标、圆弧半径以及圆心坐标。如:G02X100.000Y100.000R20.000 表示刀具将以半径为 R20 圆弧的方式,按顺时针方向从当前点到达目的点(100,100)。G02X100.000Y100.000I50.000J50.000 表示刀具将以当前点,终点(100,100)、圆心(50,50)所确定的圆弧的方式,按顺时针方向从当前点到达目的点(100,100)。

(3)逆圆插补<G03>:系统以半径一定的圆弧的方式按逆时针的方向逼近该点。要求给出终点坐标,圆弧半径,以及圆心坐标。如:G03X100.000Y100.000R20.000 表示刀具将以半径为 R20 圆弧的方式,按逆时针方向从当前点到达目的点(100,100)。

4) 主轴控制指令

(1) 主轴转数:S。

(2) 主轴正转:M03。

(3) 主轴反转:M04。

(4) 主轴停:M05。

5) 冷却液开关控制指令

(1) 冷却液开<M07>:M07 指令打开冷却液阀门开关,开始开放冷却液。

(2) 冷却液关<M09>:M09 指令关掉冷却液阀门开关,停止开放冷却液。

6) 坐标设定

用户可以根据需要设置坐标系,系统根据用户设置的参照系确定坐标值是绝对的还是相对的。

(1) 坐标设定<G54>:程序坐标系设置指令。一般地,以零件原点作为程序的坐标原点。程序零点坐标存储在机床的控制参数区。程序中不设置此坐标系,而是通过 G54 指令调用。

(2) 绝对指令<G90>:把系统设置为绝对编程模式。以绝对模式编程的指令,坐标值都以 G54 所确定的工件零点为参考点。绝对指令 G90 也是模代码,除非被同类型代码 G91 所代替,否则系统一直默认。

(3) 相对指令<G91>:把系统设置为相对编程模式。以相对模式编程的指令,坐标值都以该点的前一点为参考点,指令值以相对递增的方式编程。同样 G91 也是模代码指令。

(4) 设置当前点坐标<G92>:把随后跟着的 X、Y 值作为当前点的坐标值。

7) 补偿

补偿包括左补偿、右补偿及补偿关闭。有了补偿后,编程时可以直接根据曲线轮廓编程。

(1) 半径左补偿<G41>:加工轨迹以进给的方向为正方向,沿轮廓线左边让出一个刀具半径。

(2) 半径右补偿<G42>:加工轨迹以进给的方向为正方向,沿轮廓线右边让出一个刀具半径。

(3) 半径补偿关闭<G40>:补偿的关闭是通过代码 G40 来实现的。左右补偿指令代码都是模代码,所以,也可以通过开启一个补偿指令代码来关闭另一个补偿指令代码。

8) 延时控制

(1) 延时指令<G04>:程序执行延时指令时,刀具将在当前位置停留给定的延时时间。

(2) 延时表示<X>:其后跟随的数值表示延时的时间。

9) 程序止<M02>

程序结束指令 M02 将结束整个程序的运行,所有的功能 G 代码和与程序有关的一些机床运行开关,如冷却液开关、开关走丝、机械手开关等都将关闭处于原始禁止状态。

机床处于当前位置,如果要使机床停在机床零点位置,则必须用机床回零指令使之回零。

10) 速度设置

(1) 恒线速度<G96>：切削过程中按指定的线速度值保持线速度恒定。

(2) 恒角速度<G97>：切削过程中按指定的主轴转速保持主轴转速恒定,直到下一指令改变该指令为止。

(3) 最高转速<G50>：限制机床主轴的最高转速,常与恒线速度<G96>同用匹配。

2. 程序格式设置

程序格式设置就是对 G 代码各程序段格式进行设置。"程序段"含义见 G 代码程序示例。用户可以对以下程序段进行格式设置：程序起始符号、程序结束符号、程序说明、程序头、程序尾换刀段。

1) 设置方式

设置方式：字符串或宏指令@字符串或宏指令。

其中宏指令为 $ + 宏指令串,系统提供的宏指令串有：

当前后置文件名 POST_NAME

当前日期 POST_DATE

当前时间 POST_TIME

当前 X 坐标值 COORD_Y

当前 Z 坐标值 COORD_X

当前程序号 POST_CODE

以下宏指令内容与图 4-70 中的设置内容一致：

行号指令 LINE_NO_ADD

行结束符 BLOCK_END

直线插补 G01

顺圆插补 G02

逆圆插补 G03

绝对指令 G90

相对指令 G91

指定当前点坐标 G92

冷却液开 COOL_ON

冷却液关 COOL_OFF

程序止 PRO_STOP

左补偿 DCMP_LFT

右补偿 DCMP_RGH

补偿关闭 DCMP_OFF

@号为换行标志,若是字符串则输出它本身,$号输出空格。

2) 程序说明

说明部分是对程序的名称、与此程序对应的零件名称编号、编制日期和时间等有关信息的记录。程序说明部分是为了管理的需要而设置的。有了这个功能项目,操作者可以很方便地进行管理。比如要加工某个零件时,只需要从管理程序中找到对应的程序编号即可,而不需要从复杂的程序中去一个一个地寻找需要的程序。

(N126—60231,$POST_NAME,$POST_DATE,$POST_TIME),在生成的后置程序中的程序说明部分输出如下说明:

(N126—60231,O1261,1996,9,2,15:30:30)

3) 程序头

针对特定的数控机床来说,其数控程序开头部分都是相对固定的,包括一些机床信息,如机床回零、工件零点设置、开走丝以及冷却液开启等。

例如:直线插补指令内容为 G01,那么,$G1 的输出结果为 G01;同样 $COOL_ON 的输出结果为 M7;$PRO_STOP 为 M02;以此类推。

例如:$COOL_ON@$SPN_CW@$G90 $ $G0 $COORD_Y $COORD_X@G41 在后置文件中的输出内容为:

M07;
M03;
G90 G00X10.000Z20.0000;
G41;

4.3.3.11 后置设置

后置设置就是针对特定的机床,结合已经设置好的机床设置,对后置输出的数控程序的格式,如对程序段行号、程序大小、数据格式、编程方式、圆弧控制方式等进行设置。本功能可以设置默认机床及 G 代码输出选项。机床名选择已存在的机床名作为默认机床。

后置参数设置包括程序段行号、程序大小、数据格式、编程方式、圆弧控制方式等。

在【数控车】菜单区中选取【后置设置】功能项,或单击 图标,系统弹出后置处理设置参数表,如图 4-71 所示。

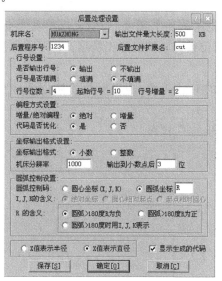

图 4-71 后置处理设置参数表

操作者可按自己的需要更改已有机床的后置设置。按"确定"按钮可将用户的更改保存,"取消"则放弃已做的更改。

1) 机床系统

首先,数控程序必须针对特定的数控机床,所以后置设置必须先调用机床配置。在图 4-71 中,用鼠标拾取机床名一栏就可以很方便地从配置文件中调出机床的相关配置。图中调用的为 HUAZHONG 数控系统的相关配置。

2) 输出文件最大长度

输出文件长度可以对数控程序的大小进行控制,文件大小控制以 K(字节)为单位。当输出的代码文件长度大于规定长度时系统自动分割文件。例如:当输出的 G 代码文件 post.ISO 超过规定的长度时,就会自动分割为 post0001.ISO,post0002.ISO,post0003.ISO,post0004.ISO 等。

3) 行号设置

程序段行号设置包括行号的位数、行号是否输出、行号是否填满、起始行号以及行号递增数值等。

(1) 是否输出行号:选中行号输出则在数控程序中的每一个程序段前面输出行号,反之亦然。

(2) 行号是否填满:行号不足规定的行号位数时是否用 0 填充,行号填满就是不足所要求的行号位数的前面补零,如 N0028;反之亦然,如 N28。

(3) 行号递增数值就是程序段行号之间的间隔。如 N0020 与 N0025 之间的间隔为 5,建议用户选取比较适中的递增数值,这样有利于程序的管理。

4) 编程方式设置

编程方式设置有绝对编程 G90 和相对编程 G91 两种方式。

5) 坐标输出格式设置

(1) 决定数控程序中数值的格式:小数输出还是整数输出;

(2) 机床分辨率就是机床的加工精度,如果机床精度为 0.001mm,则分辨率设置为 1000,以此类推;输出小数位数可以控制加工精度。但不能超过机床精度,否则是没有实际意义的。

优化坐标值是指输出的 G 代码中,若坐标值的某分量与上一次相同,则此分量在 G 代码中不出现。

下一段是没有经过优化的 G 代码。

X0.0 Y0.0 Z0.0;
X100. Y0.0 Z0.0;
X100. Y100. Z0.0;
X0.0 Y100. Z0.0;
X0.0 Y0.0 Z0.0;

经过坐标优化,结果如下:

X0.0 Y0.0 Z0.0;
X100.;

Y100.;
X0.0;
Y0.0;

6) 圆弧控制设置

圆弧控制设置主要设置控制圆弧的编程方式,即是采用圆心编程方式还是采用半径编程方式。

当采用圆心编程方式时,圆心坐标(I,J,K)有三种含义。

(1) 绝对坐标:采用绝对编程方式,圆心坐标(I,J,K)的坐标值为相对于工件零点绝对坐标系的绝对值。

(2) 圆心相对起点:圆心坐标以圆弧起点为参考点取值。

(3) 起点相对圆心:圆弧起点坐标以圆心坐标为参考点取值。

按圆心坐标编程时,圆心坐标的各种含义是针对不同的数控机床而言的。不同机床之间其圆心坐标编程的含义不同,但对于特定的机床其含义只有其中一种。当采用半径编程时,采用半径正负区别的方法来控制圆弧是劣圆弧还是优圆弧,圆弧半径 R 的含义即表现为以下两种。

(1) 优圆弧:圆弧大于 $180°$,R 为负值。

(2) 劣圆弧:圆弧小于 $180°$,R 为正值。

7) X 值表示含义

(1) X 值表示直径:软件系统采用直径编程。

(2) X 值表示半径:软件系统采用半径编程。

8) 显示生成的代码

选中时系统调用 Windows 记事本显示生成的代码,如代码太长,则提示用写字板打开。

9) 扩展文件名控制和后置程序号

后置文件扩展名是控制所生成的数控程序文件名的扩展名。有些机床对数控程序要求有扩展名,有些机床没有这个要求,应视不同的机床而定。后置程序号是记录后置设置的程序号,不同的机床其后置设置不同,所以采用程序号来记录这些设置,以便于操作者日后使用。

第 5 章 数控铣削加工

数控铣床是一种加工功能很强的数控机床,在数控加工中占据了重要地位。世界上首台数控机床就是一部三坐标铣床,这主要因为铣床具有 X、Y、Z 三轴向可移动的特性,更加灵活,且可完成较多的加工工序。现在数控铣床已全面向多轴化发展。目前迅速发展的加工中心和柔性制造单元也是在数控铣床和数控镗床的基础上产生的。当前人们在研究和开发数控系统时,也一直把铣削加工作为重点。

5.1 数控铣床加工工艺基础

数控工艺的设计是进行数控加工的前期准备工作,是程序编制的依据。数控程序受控于程序指令,加工的全过程都是按程序指令自动进行的。数控铣削加工工艺制订的合理与否,直接影响到零件的加工质量、生产率和加工成本。设计数控工艺时,必须考虑周全,不仅要包括零件的工艺过程,而且还要包括切削用量、走刀路线、刀具尺寸以及铣床的运动过程。因此,要求编程人员对数控铣床的性能、特点、运动方式、刀具系统、切削规范以及工件的装夹方法都要非常熟悉。工艺方案的好坏不仅会影响铣床效率的发挥,而且将直接影响到零件的加工质量。

数控铣削加工工艺性分析是编程前的重要工艺准备工作之一,根据加工实践,数控铣削加工工艺分析所要解决的主要问题大致可归纳为以下几个方面。

5.1.1 选择并确定数控铣削加工部位及工序内容

在选择数控铣削加工内容时,应充分发挥数控铣床的优势和关键作用。

1. 易采用数控铣削加工的内容

(1) 工件上的曲线轮廓,特别是由数学表达式给出的非圆曲线与列表曲线等曲线轮廓,如图 5-1 所示的正弦曲线。

(2) 已给出数学模型的空间曲面,如图 5-2 所示的球面。

(3) 形状复杂、尺寸繁多、划线与检测困难的部位。

(4) 用通用铣床加工时难以观察、测量和控制进给的内外凹槽。

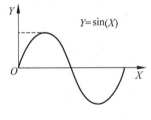

图 5-1 $Y=\sin(X)$ 曲线

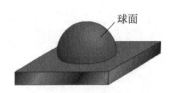

图 5-2 球面

(5) 以尺寸协调的高精度孔和面。

(6) 能在一次安装中顺带铣出来的简单表面或形状。

(7) 用数控铣削方式加工后,能成倍提高生产率、大大减轻劳动强度的一般加工内容。

2. 不宜采用数控加工的内容

(1) 需长时间占机和进行人工调整的粗加工表面,如:以毛坯粗基准定位划线找正加工精基准;加工表面之外的表面为不加工表面,不能用作定位基准等。

(2) 必须用专用工装协调的加工内容。

(3) 毛坯上余量不均匀或不太稳定的表面。

(4) 简单的粗加工表面。

(5) 必须用细长铣刀加工的部位。

此外,在选择和决定加工内容时,还要考虑生产批量、生产周期、工序间周转情况等。

5.1.2 零件图样的工艺性分析

根据数控铣削加工的特点,对零件图样进行工艺性分析时,应主要分析与考虑以下一些问题。

1. 零件图样尺寸的正确标注

由于加工程序是以准确的坐标点来编制的,因此,各图形几何元素间的相互关系(如相切、相交、垂直和平行等)应明确,各种几何元素的条件要充分,应无引起矛盾的多余尺寸或者影响工序安排的封闭尺寸等。例如,零件在用同一把铣刀、同一个刀具半径补偿值编程加工时,由于零件轮廓各处尺寸公差带不同,如在图 5-3 中,就很难同时保证各处尺寸在尺寸公差范围内。这时一般采取的方法是:兼顾各处尺寸公差,在编程计算时,改变轮廓尺寸并移动公差带,改为对称公差,采用同一把铣刀和同一个刀具半径补偿值加工,对图 5-3 中括号内的尺寸,其公差带均作了相应改变,计算与编程时用括号内尺寸来进行。

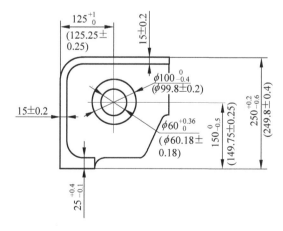

图 5-3 零件尺寸公差带的调整

2. 统一内壁圆弧的尺寸

加工轮廓上内壁圆弧的尺寸往往限制刀具的尺寸。

1) 内壁转接圆弧半径 R

如图 5-4 所示,当工件的被加工轮廓高度 H 较小,内壁转接圆弧半径 R 较大时,则可采用刀具切削刃长度 L 较小、直径 D 较大的铣刀加工。这样,底面 A 的走刀次数较少,表面质量较好,因此,工艺性较好。反之如图 5-5 所示,铣削工艺性则较差。通常,当 $R<0.2H$ 时,则属工艺性较差。

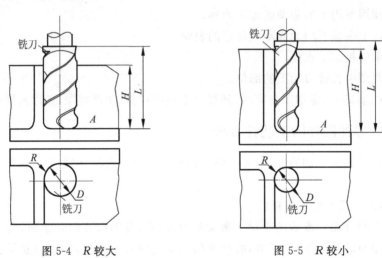

图 5-4 R 较大   图 5-5 R 较小

2) 内壁与底面转接圆弧半径 r

如图 5-6 所示,铣刀直径 D 一定时,工件的内壁与底面转接圆弧半径 r 越小,铣刀与铣削平面接触的最大直径($d=D-2r$)越大,铣刀端刃铣削平面的面积越大,则加工平面的能力越强,因而,铣削工艺性越好。反之,工艺性越差,如图 5-7 所示。

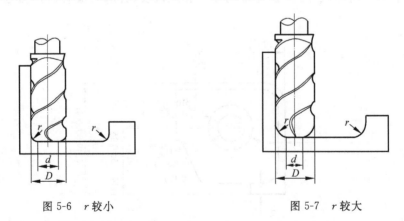

图 5-6 r 较小   图 5-7 r 较大

当底面铣削面积大,转接圆弧半径 r 也较大时,只能先用一把 r 较小的铣刀加工,再用符合要求 r 的刀具加工,分两次完成切削。

总之,一个零件上内壁转接圆弧半径尺寸的大小和一致性,影响着加工能力、加工质量和换刀次数等。因此,转接圆弧半径尺寸大小要力求合理,半径尺寸尽可能一致,至少要力求半径尺寸分组靠拢,以改善铣削工艺性。

5.1.3 保证基准统一的原则

有些工件需要在铣削完一面后,再重新安装铣削另一面。数控铣削时,不能使用通用铣床加工时常用的试切方法来接刀,因此往往会因为工件的重新安装而接不好刀(即与上道工序加工的面接不齐或造成本来要求一致的两对应面上的轮廓错位),此时最好采用统一基准定位,即力求设计基准、工艺基准和编程基准统一。这样做可以减少基准不重合产生的误差和数控编程中的计算量,并且能有效减少装夹次数。

因此零件上最好有合适的孔作为定位基准孔。如果零件上没有基准孔,也可以专门设置工艺孔作为定位基准(如在毛坯上增加工艺凸耳或在后续工序要铣去的余量上设基准孔)。如实在无法制出基准孔,起码也要用经过精加工的面作为统一基准。如果连这也办不到,则最好只加工其中一个最复杂的面,另一面放弃数控铣削而改由通用铣床加工。

5.1.4 分析零件的变形情况

要考虑零件的形状及原材料的热处理状态是否会在加工过程中变形,哪些部位最容易变形。因为铣削最忌讳工件在加工时的变形,这种变形不但无法保证加工的质量,而且经常造成加工不能继续进行下去,半途而废,影响加工质量。这时,可采用常规方法如粗、精加工分开及对称去余量法等,也可采用热处理的方法,如对钢件进行调质处理,对铸铝件进行退火处理等,对不能用热处理方法解决的,也可考虑粗、精加工及对称去余量等常规方法。加工薄板时,切削力及薄板的弹性退让极易产生切削面的振动,使薄板厚度尺寸公差和表面粗糙度难以保证,这时,应考虑合适的工件装夹方式。此外,还要分析加工后的变形问题,采取什么工艺措施来解决。

总之,加工工艺取决于产品零件的结构形状、尺寸和技术要求等。在表 5-1 中给出了改进零件结构提高工艺性的一些实例。

表 5-1 改进零件结构提高工艺性

提高工艺	结 构		结果
性方法	改进前	改进后	
改进内壁形状	$R_2 < \left(\frac{1}{6} \sim \frac{1}{5}H\right)$	$R_2 > \left(\frac{1}{6} \sim \frac{1}{5}H\right)$	可采用较高刚性刀具
统一圆弧尺寸	r_1 r_2 r_3 r_4		减少刀具数和更换刀具次数,减少辅助时间

续表

提高工艺性方法	结构 改进前	结构 改进后	结果
选择合适的圆弧半径 R 和 r			提高生产效率
用两面对称结构			减少编程时间，简化编程
合理改进凸台分布	$a<2R$	$a>2R$	减少加工劳动量
改进结构形状		≤ 0.3	减少加工劳动量
改进结构形状		≤ 0.3	减少加工劳动量
改进尺寸比例	$\dfrac{H}{b}>10$	$\dfrac{H}{b}\leq 10$	可用较高刚度刀具加工，提高生产率

续表

提高工艺性方法	结 构		结果
	改进前	改进后	
在加工和不加工表面间加入过渡		0.5~1.5 0.5~1.5	减少加工劳动量
改进零件几何形状			斜面筋代替阶梯筋,节约材料

5.1.5 零件的加工路线

在数控加工中,刀具(严格说是刀位点)相对于工件的运动轨迹和方向称为加工路线。即刀具从对刀点开始运动起,直至结束加工所经过的路径,包括切削加工的路径及刀具引入、返回等非切削空行程。加工路线的确定首先必须保证被加工零件的尺寸精度和表面质量,其次考虑数值计算简单、走刀路线尽量短、效率较高等。

下面举例分析数控机床加工零件时常用的加工路线。

1. 铣削轮廓表面

如图 5-8 所示的铣削轮廓表面时一般采用立铣刀侧面刃口进行切削。对于二维轮廓加工通常采用的加工路线为:

(1) 从起刀点下刀到下刀点;
(2) 沿切向切入工件;
(3) 轮廓切削;
(4) 刀具向上抬刀,退离工件;
(5) 返回起刀点。

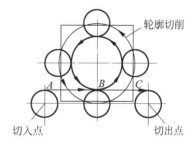

图 5-8 轮廓铣削

2. 寻求最短走刀路线

走刀路线就是刀具在整个加工工序中的运动轨迹,它不但包括了工步的内容,也反映出工步顺序,走刀路线是编写程序的依据之一。

如加工图 5-9(a)所示的孔系。图 5-9(b)的走刀路线为先加工完外圈孔后,再加工内圈孔。若改用图 5-9(c)图的走刀路线,可减少空刀时间,则可节省定位时间近一倍,提高了加工效率。

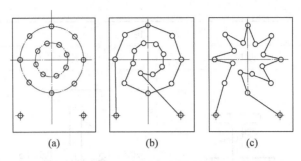

图 5-9 最短走刀路线的设计
(a) 钻削示例件；(b) 常规进给路线；(c) 最短进给路线

3. 顺铣和逆铣对加工的影响

在铣削加工中，采用顺铣还是逆铣方式是影响加工表面粗糙度的重要因素之一。逆铣时切削力 F 的水平分力 F_x 的方向与进给运动 v_f 方向相反，顺铣时切削力 F 的水平分力 F_x 的方向与进给运动 v_f 的方向相同。铣削方式的选择应视零件图样的加工要求，工件材料的性质、特点以及机床、刀具等条件综合考虑。通常，由于数控机床传动采用滚珠丝杠结构，其进给传动间隙很小，顺铣的工艺性就优于逆铣。

如图 5-10(a) 所示为采用顺铣切削方式精铣外轮廓，图 5-10(b) 所示为采用逆铣切削方式精铣型腔轮廓，图 5-10(c) 所示为顺、逆铣时的切削区域。

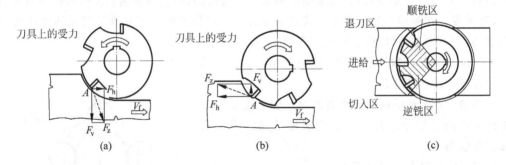

图 5-10 顺铣和逆铣切削方式
(a) 顺铣；(b) 逆铣；(c) 切入和退刀区

同时，为了降低表面粗糙度值，提高刀具耐用度，对于铝镁合金、钛合金和耐热合金等材料，尽量采用顺铣加工。但如果零件毛坯为黑色金属锻件或铸件，表皮硬而且余量一般较大，这时采用逆铣较为合理。

5.1.6 数控铣削加工顺序的安排

加工顺序通常包括切削加工工序、热处理工序和辅助工序等，工序安排的科学与否将直接影响到零件的加工质量、生产率和加工成本。

切削加工工序通常按以下原则安排。

(1) 先粗后精：当加工零件精度要求较高时都要经过粗加工、半精加工、精加工阶段，如果精度要求更高，还包括光整加工等几个阶段。

(2) 基准面先行原则：用作精基准的表面应先加工。任何零件的加工过程总是先对定位基准进行粗加工和精加工，例如轴类零件总是先加工中心孔，再以中心孔为精基准加工外圆和端面；箱体类零件总是先加工定位用的平面及两个定位孔，再以平面和定位孔为精基准加工孔系和其他平面。

(3) 先面后孔：对于箱体、支架等零件，平面尺寸轮廓较大，用平面定位比较稳定，而且孔的深度尺寸又是以平面为基准的，故应先加工平面，然后加工孔。

(4) 先主后次：即先加工主要表面，然后加工次要表面。

5.1.7 常用铣削用量的选择

在数控机床上加工零件时，切削用量都预先编入程序中，在正常加工情况下，人工不予改变。只有在试加工或出现异常情况时，才通过速率调节旋钮或由手轮调整切削用量。因此程序中选用的切削用量应是最佳的、合理的切削用量。只有这样才能提高数控机床的加工精度、刀具寿命和生产率，降低加工成本。

1. 影响切削用量的因素

1) 机床

切削用量的选择必须在机床主传动功率、进给传动功率以及主轴转速范围、进给速度范围之内。机床-刀具-工件系统的刚性是限制切削用量的重要因素。切削用量的选择应使机床-刀具-工件系统不发生较大的"振颤"。如果机床的热稳定性好，热变形小，可适当加大切削用量。

2) 刀具

刀具材料是影响切削用量的重要因素。表 5-2 是常用刀具材料的性能比较。

表 5-2 常用刀具材料的性能比较

刀具材料	切削速度	耐磨性	硬度	硬度随温度变化
高速钢	最低	最差	最低	最大
硬质合金	低	差	低	大
陶瓷刀片	中	中	中	中
金刚石	高	好	高	小

数控机床所用的刀具多采用可转位刀片（机夹刀片）并具有一定的寿命。机夹刀片的材料和形状尺寸必须与程序中的切削速度和进给量相适应并存入刀具参数中去。标准刀片的参数请参阅有关手册及产品样本。

3) 工件

不同的工件材料要采用与之适应的刀具材料、刀片类型，要注意到可切削性。可切削性良好的标志是，在高速切削下有效地形成切屑，同时具有较小的刀具磨损和较好的表面加工质量。较高的切削速度、较小的背吃刀量和进给量，可以获得较好的表面粗糙度。合理的恒切削速度、较小的背吃刀量和进给量可以得到较高的加工精度。

4) 冷却液

冷却液同时具有冷却和润滑作用。带走切削过程产生的切削热,降低工件、刀具、夹具和机床的温升,减少刀具与工件的摩擦和磨损,提高刀具寿命和工件表面加工质量。使用冷却液后,通常可以提高切削用量。冷却液必须定期更换,以防因其老化而腐蚀机床导轨或其他零件,特别是水溶性冷却液。

2. 铣削加工的切削用量

铣削加工的切削用量包括:切削速度、进给速度、背吃刀量和侧吃刀量。从刀具耐用度出发,切削用量的选择方法是:先选择背吃刀量或侧吃刀量,其次选择进给速度,最后确定切削速度。

1) 背吃刀量 a_p 或侧吃刀量 a_e

背吃刀量 a_p 为平行于铣刀轴线测量的切削层尺寸,单位为 mm。端铣时,a_p 为切削层深度;而圆周铣削时,a_p 为被加工表面的宽度。侧吃刀量 a_e 为垂直于铣刀轴线测量的切削层尺寸,单位为 mm。端铣时,a_e 为被加工表面宽度;而圆周铣削时,a_e 为切削层深度,如图 5-11 所示。

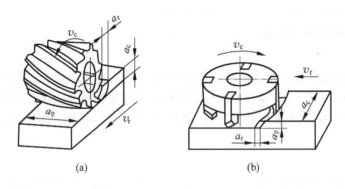

图 5-11 铣削加工的切削用量
(a) 周铣;(b) 端铣

背吃刀量或侧吃刀量的选取主要由加工余量和对表面质量的要求决定:

(1) 当工件表面粗糙度值要求为 $Ra=12.5\sim25\mu m$ 时,如果圆周铣削加工余量小于 5mm,端面铣削加工余量小于 6mm,粗铣一次进给就可以达到要求。但是在余量较大,工艺系统刚性较差或机床动力不足时,可分为两次进给完成。

(2) 当工件表面粗糙度值要求为 $Ra=3.2\sim12.5\mu m$ 时,应分为粗铣和半精铣两步进行。粗铣时背吃刀量或侧吃刀量选取同前。粗铣后留 0.5~1.0mm 余量,在半精铣时切除。

(3) 当工件表面粗糙度值要求为 $Ra=0.8\sim3.2\mu m$ 时,应分为粗铣、半精铣、精铣三步进行。半精铣时背吃刀量或侧吃刀量取 1.5~2mm;精铣时,圆周铣侧吃刀量取 0.3~0.5mm,面铣刀背吃刀量取 0.5~1mm。

2) 进给量 f 与进给速度 v_f 的选择

铣削加工的进给量 f(mm/r)是指刀具转一周,工件与刀具沿进给运动方向的相对位移量；进给速度 v_f(mm/min)是单位时间内工件与铣刀沿进给方向的相对位移量。进给速度与进给量的关系为 $v_f=nf$（n 为铣刀转速，单位为 r/min）。进给量与进给速度是数控铣床加工切削用量中的重要参数，根据零件的表面粗糙度、加工精度要求、刀具及工件材料等因素，参考切削用量手册选取或通过选取每齿进给量 f_z，再根据公式 $f=Zf_z$（Z 为铣刀齿数）计算。

每齿进给量 f_z 的选取主要依据工件材料的力学性能、刀具材料、工件表面粗糙度等因素。工件材料强度和硬度越高，f_z 越小；反之则越大。硬质合金铣刀的每齿进给量高于同类高速钢铣刀。工件表面粗糙度要求越高，f_z 就越小。每齿进给量的确定可参考表 5-3 选取。工件刚性差或刀具强度低时，应取较小值。

表 5-3　铣刀每齿进给量参考值

工件材料	f_z/mm			
	粗　铣		精　铣	
	高速钢铣刀	硬质合金铣刀	高速钢铣刀	硬质合金铣刀
钢	0.10～0.15	0.10～0.25	0.02～0.05	0.10～0.15
铸铁	0.12～0.20	0.15～0.30		

3）切削速度 v_c

铣削的切削速度计算公式为

$$v_c = \frac{C_v d^q}{T^m f_z^{y_v} a_p^{x_v} a_e^{p_v} z^{x_v}\, 60^{1-m}} K_v$$

由上式可知铣削的切削速度与刀具耐用度 T、每齿进给量 f_z、背吃刀量 a_p、侧吃刀量 a_e 以及铣刀齿数 z 成反比，而与铣刀直径 d 成正比。其原因为 f_z、a_p、a_e 和 z 增大时，刀刃负荷增加，而且同时工作齿数也增多，使切削热增加，刀具磨损加快，从而限制了切削速度的提高。刀具耐用度的提高使允许使用的切削速度降低。但是加大铣刀直径则可改善散热条件，因而可提高切削速度。

铣削加工的切削速度 v_c 可参考表 5-4 选取，也可参考有关切削用量手册中的经验公式通过计算选取。

表 5-4　铣削加工的切削速度参考值

工件材料	硬度(HBS)	v_c/(m/min)	
		高速钢铣刀	硬质合金铣刀
钢	<225	18～42	66～150
	225～325	12～36	54～120
	325～425	6～21	36～75
铸铁	<190	21～36	66～150
	190～260	9～18	45～90
	260～320	4.5～10	21～30

5.1.8 模具数控加工工艺分析举例

图 5-12 所示为盒形模具的凹模零件图,该盒形模具为单件生产,零件材料为 T8A,分析其数控加工工艺。

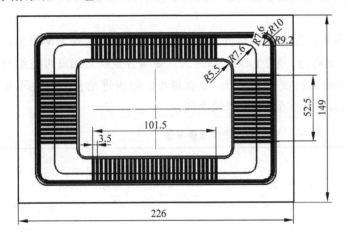
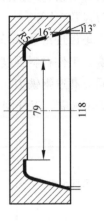

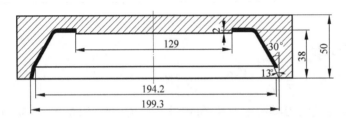

图 5-12 盒形模具

1. 零件图工艺性分析

该盒形模具为单件生产,零件材料为 T8A,外形为一个六面体,内腔型面复杂。其主要结构是由多个曲面组成的凹形型腔,型腔四周的斜平面之间采用半径为 7.6mm 的圆弧面过渡,斜平面与底平面之间采用半径为 5mm 的圆弧面过渡,在模具的底平面上有一个四周也为斜平面的锥台。模具的外部结构较为简单,是一个标准的长方体。因此零件的加工以凹形型腔为重点。

2. 选择设备

根据被加工零件的外形和材料等条件,选用立式镗铣床加工中心。

3. 确定零件的定位基准和装夹方式

零件直接安装在机床工作台面上,用两块压板压紧。

4. 确定加工顺序及进给路线

(1) 粗加工整个型腔,去除大部分加工余量。

(2) 半精加工和精加工上型腔。

(3) 半精加工和精加工下型腔。

（4）对底平面上的锥台四周表面进行精加工。

5．刀具选择（见表 5-5）

表 5-5　数控加工刀具卡片

产品名称或代号	×××			零件名称	盒形模具	零件图号	×××
序号	刀具号	刀具规格名称/mm	数量	加工表面		刀长/mm	备注
1	T01	φ20 平底立铣刀	1	粗铣整个型腔		实测	
2	T02	φ12 球头铣刀	1	半精铣上、下型腔		实测	
3	T03	φ6 平底立铣刀	1	精铣上型腔、精铣底平面上锥台四周表面		实测	
4	T04	φ6 球头铣刀	1	精铣下型腔		实测	建议以球心对刀
编制	×××	审核	×××	批准	×××	共　页	第　页

6．确定切削用量（略）

7．数控加工工艺卡片拟订（见表 5-6）

表 5-6　盒形零件数控加工工艺卡片

单位名称	×××	产品名称或代号		零件名称		零件图号	
		×××		盒形模具		×××	
工序号	程序编号	夹具名称		使用设备		车间	
×××	×××	压板		×××立式镗铣床加工中心		数控中心	
工步号	工步内容	刀具号	刀具规格/mm	主轴转速/(r/min)	进给速度/(mm/min)	背吃刀量/mm	备注
1	粗铣整个型腔	T01	φ20 平底立铣刀	600	60		
2	半精铣上型腔	T02	φ12 球头铣刀	700	40		
3	精铣上型腔	T03	φ6 平底立铣刀	1000	30		
4	半精铣下型腔	T02	φ12 球头铣刀	700	40		
5	精铣下型腔	T04	φ6 球头铣刀	1000	30		
6	精铣底平面上锥台四周表面	T03	φ6 平底立铣刀	1000	30		
编制	×××	审核	×××	批准	×××	年　月　日	共　页　第　页

5.2　CAXA 制造工程师简介及运行环境说明

CAXA 制造工程师（又称 CAXA ME）是由我国北京北航海尔软件有限公司研制开发的、在 Windows 环境下运行的、面向数控铣床和加工中心的三维 CAD/CAM 一体化数控加工编程软件,即集三维设计、虚拟仿真加工、自动生成 G 代码等功能于一体,在我国各大、中型企业尤其是制造业得到了广泛应用,获得了广大用户的好评。

CAXA 制造工程师支持图标菜单、工具条、快捷键,用户还可以自由创建符合自己习惯的操作环境,它既具有线框造型、曲面造型和实体造型的设计功能,又具有生成 2~5 轴的加工代码的数控加工功能,可用于加工具有复杂三维曲面的零件,便于轻松地学习和操作,目前已在国内众多企业和研究院所得到应用。

5.2.1 CAXA 制造工程师窗口界面

当运行了桌面图标 CAXA 制造工程师 2008,将会看到主屏幕,如图 5-1 所示,其窗口界面和其他 Windows 风格的软件一样,各种应用功能通过菜单和工具栏驱动。绘图区用于绘图,特征管理树记录了历史操作和相互关系,状态栏指导用户进行操作并提示当前状态和所处位置等。

1. 绘图区

绘图区是进行绘图设计的工作区域,如图 5-13 所示的空白区域,它们位于屏幕的中心,占据了屏幕的大部分面积。

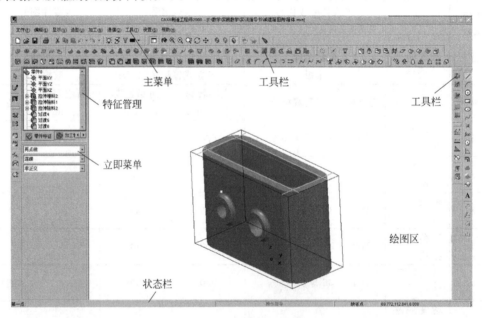

图 5-13　CAXA 制造工程师界面

在绘图区的中央系统设置了一个三维直角坐标系,该坐标系称为世界坐标系,它的坐标原点为(0.0000,0.0000,0.0000),在操作过程中的所有坐标均以此坐标系的原点为基准。

2. 主菜单

主菜单是界面最上方的菜单条,单击菜单条中的任意一个菜单项,都会弹出一个下拉式菜单,指向某一个菜单项则会弹出其子菜单。菜单条与子菜单构成了下拉主菜单,如

图 5-14 所示。

主菜单包括文件、编辑、显示、造型、加工、工具、设置和帮助等功能,每个部分都含有若干个下拉菜单。

单击主菜单中的【造型】,指向下拉菜单中的【曲线生成】,然后单击其子菜单中的【直线】,界面左侧会弹出一个立即菜单,并在状态栏显示相应的操作提示和执行命令状态。

对于除立即菜单和工具点菜单以外的其他菜单来说,某些菜单选项要求以对话的形式予以回答。用鼠标单击这些菜单时,系统会弹出一个对话框,可根据当前操作作出响应。

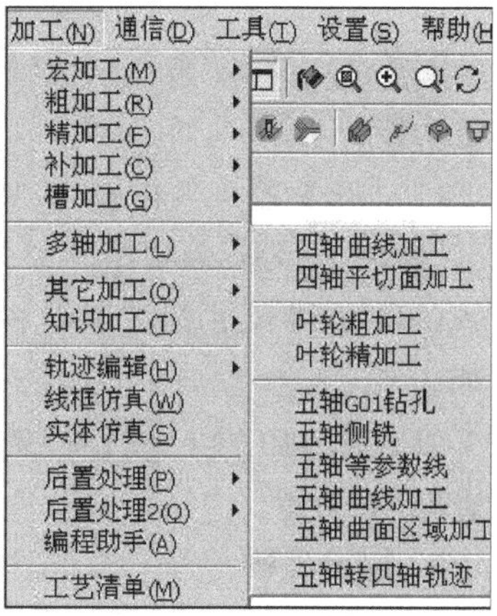

3. 立即菜单

立即菜单描述了该项命令执行的各种情况和使用条件。根据当前的作图要求,正确地选择某一选项,即可得到准确的响应。在图 5-13 中显示的是画直线的立即菜单。

图 5-14 下拉菜单

在立即菜单中,用鼠标选取其中的某一项(例如"两点线"),便会在下方出现一个选项菜单并可改变该项的内容。

4. 工具栏

在工具栏中,可以通过用鼠标左键单击相应的按钮进行操作。界面上的工具栏包括标准工具、显示工具、状态工具、曲线工具、几何变换、线面编辑、曲面工具和特征工具等。除此之外,工具栏也可以自定义。

(1)标准工具 :包含了标准的"打开文件"、"打印文件"等 Windows 按钮,也有"制造工程师"的"线面可见"、"层设置"、"拾取过滤设置"和"当前颜色"按钮。

(2)显示工具 :包含了"缩放"、"移动"、"视向定位"等选择显示方式的按钮。

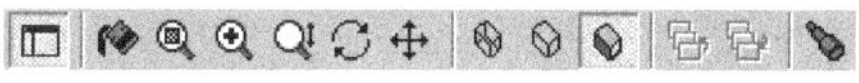

(3)状态工具 :包含了"终止当前命令"、"草图状态开关"、"启动电子图板"和"数据接口"功能。

(4)曲线工具 :包含了"直线"、"圆弧"、"公式曲线"等丰富的曲线绘制工具。

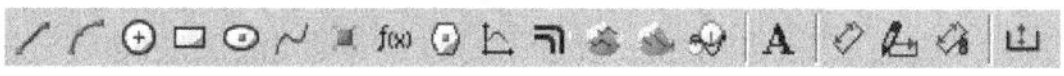

(5)几何变换 :包含了"平移"、"镜像"、"旋转"、"阵列"等几何变换工具。

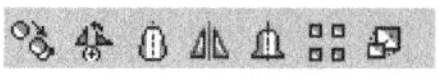

(6)线面编辑 :包含了曲线的裁剪、过渡、拉伸和曲面的裁剪、过渡、缝合等编辑工具。

(7)曲面工具 :包含了"直纹面"、"旋转面"、"扫描面"等曲面生成工具。

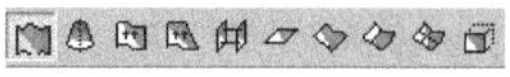

(8)特征工具 :包含了

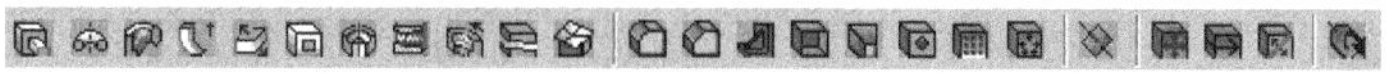

"拉伸"、"导动"、"过渡"、"阵列"等工具。

(9) 加工工具 ：包含了"粗加工"、"精加工"、"补加工"等 30 多种加工功能。

(10) 坐标系工具栏 ：包含了"创建坐标系"、"激活坐标系"、"删除坐标系"、"隐藏坐标系"等功能。

(11) 三维尺寸标注工具栏 ：包含了"尺寸标注"、"尺寸编辑"等功能。

(12) 查询工具栏 ：包含了"坐标查询"、"距离查询"、"角度查询"、"属性查询"等功能。

5. 树管理器

(1) 零件特征树记录了零件生成的操作步骤,用户可以直接在特征树中对零件特征进行编辑,如图 5-15 所示。

(2) 加工管理树记录了生成的刀具轨迹的刀具、几何元素、加工参数等信息,用户可以在加工管理树中编辑上述信息,如图 5-16 所示。

(3) 属性树记录元素属性查询的信息,支持曲线、曲面的最大和最小曲率半径、圆弧半径等,如图 5-17 所示。

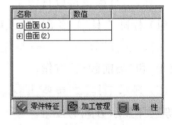

图 5-15　零件特征树　　　图 5-16　加工管理树　　　图 5-17　属性树

当鼠标在树管理器中聚焦时,按 Tab 键可以在【零件特征】、【加工管理】、【属性】之间切换。

5.2.2　常用键含义

1. 鼠标键

鼠标左键可以用来激活菜单、确定位置点、拾取元素等;鼠标右键用来确认拾取、结束操作和终止命令。

例如,要实现画直线功能,应先把光标移动到直线图标上,然后单击左键,激活画直线功能,这时,在命令提示区出现下一步操作的提示;把光标移动到绘图区内,单击左键,输入一个位置点,再根据提示输入第二个位置点,就生成了一条直线。

删除几何元素时,当拾取完毕要删除的元素后,单击右键就可以结束拾取,被拾取到的元素就被删除掉了。

文中"单(左)击",一般指单击鼠标左键,右击为单击鼠标右键。

2. 回车键和数值键

回车键和数值键在系统要求输入点时,可以激活一个坐标输入条,在输入条中可以输入坐标值。如果坐标值以@开始,表示是相对于前一个输入点的相对坐标;在某些情况下也可以输入字符串。

3. 空格键

在下列情况下,需要按空格键。

(1) 当系统要求输入点时,按空格键弹出【点工具】菜单,显示点的类型,如图 5-18(a)所示。

(2) 有些操作(如作扫描面)中需要选择方向,这时按空格键,会弹出【矢量工具】菜单,如图 5-18(b)所示。

(3) 在有些操作(如进行曲线组合等)中,要拾取元素时,按空格键,可以进行拾取方式的选择,如图 5-18(c)所示。

(4) 在删除等操作需要拾取多个元素时,按空格键则弹出【选择集拾取工具】菜单,如图 5-18(d)所示。

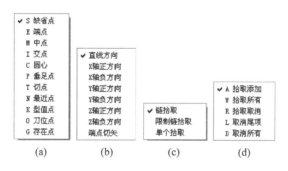

图 5-18 按空格键弹出的工具菜单

默认状态是【拾取添加】,在这种状态下,可以单个拾取元素,也可以用窗口来拾取对象。

5.2.3 文件的读入

CAXA 制造工程师是一个开放的设计和加工工具,它提供了丰富的数据接口,如图 5-19 所示,包括基于曲面的 DXF 和 IGES 标准图形接口,基于实体的 X_T、X_B,面向快速成形设备的 STL 以及面向 Internet 和虚拟现实的 VRML 等接口,这些接口保证了与世界流行的 CAD 软件进行双向数据交换,使企业与合作伙伴可以跨平台和跨地区进行协同工作,实现虚拟产品开发和生产。

文件的读入通过【文件】下拉菜单中的【打开】命令来实现,可以打开制造工程师存储的数据文件,并为其他数据文件格式提供相应接口,使在其他软件上生成的文件通过此接

图 5-19 文件读入视窗

口转换成制造工程师的文件格式,并进行处理。

在制造工程师中可以读入 ME 数据文件 mxe,EB3D 数据文件 epb,ME1.0、ME2.0 数据文件 csn,Parasolidx_t 文件,Parasolidx_b 文件,dxf 文件,IGES 文件和 DAT 数据文件,如图 5-19 所示。

选择【文件】下拉菜单中【打开】命令,或者直接单击 按钮,弹出打开文件对话框。选择相应的文件类型并选中要打开的文件名,单击【打开】按钮。

CAXA 制造工程师可以输出也就是将零件存储为多种格式的文件,方便在其他软件中打开。

(1) 单击【文件】下拉菜单中的【保存】,或者直接单击 按钮,如果当前没有文件名,则系统弹出一个存储文件对话框。

(2) 在对话框的文件名输入框内输入一个文件名,单击【保存】,系统即按所给文件名存盘。文件类型可以选用 ME 数据文件 mex、EB3D 数据文件 epb、Parasolidx_t 文件、Parasolidx_b 文件、dxf 文件、IGES 文件、VRML 数据文件、STL 数据文件和 EB97 数据文件。

(3) 如果当前文件名存在,则系统直接按当前文件名存盘。

5.2.4 零件的显示

CAXA 制造工程师为用户提供了图形的显示命令,它们只改变图形在屏幕上显示的位置、比例、范围等,不改变原图形的实际尺寸。图形的显示控制对复杂零件和刀具轨迹观察和拾取具有重要作用。用鼠标单击【显示】下拉菜单中的【显示变换】,在该菜单中的右侧弹出菜单项,如图 5-20 所示。

图 5-20　显示变换右侧菜单项

（1）显示全部：将当前绘制的所有图形全部显示在屏幕绘图区内。用户还可以通过 F3 键使图形显示全部。单击【显示】，指向【显示变换】，单击【显示全部】，或者直接单击 ⊙ 按钮。

（2）显示窗口：提示用户输入一个窗口的上角点和下角点，系统将两角点所包含的图形充满屏幕绘图区加以显示。

① 单击【显示】，指向【显示变换】，单击【显示窗口】，或者直接单击 ⊙ 按钮。

② 按提示要求在所需位置输入显示窗口的第一个角点，输入后十字光标立即消失。此时再移动鼠标时，出现一个由方框表示的窗口，窗口大小可随鼠标的移动而改变。

③ 窗口所确定的区域就是即将被放大的部分。窗口的中心将成为新的屏幕显示中心。在该方式下，不需要给定缩放系数，制造工程师将把给定窗口范围按尽可能大的原则，将选中区域内的图形按充满屏幕的方式重新显示出来。

（3）显示缩放：按照固定的比例将绘制的图形进行放大或缩小。用户也可以通过 PageUp 或 PageDown 来对图形进行放大或缩小。也可使用 Shift 配合鼠标右键，执行该项功能。也可以使用 Ctrl 键配合方向键，执行该项功能。

① 单击【显示】，指向【显示变换】，单击【显示缩放】，或者直接单击 ⊙ 按钮。

② 按住鼠标右键向左上或者右上方拖动鼠标，图形将跟着鼠标的上下拖动而放大或者缩小。

③ 按住 Ctrl 键，同时按动左右方向键或上下方向键，图形将跟着按键的按动而放大或者缩小。

（4）显示旋转：将拾取到的零部件进行旋转。用户还可以使用 Shift 键配合上、下、左、右方向键使屏幕中心进行显示的旋转。也可以使用 Shift 配合鼠标左键，执行该项功能。

① 单击【显示】，指向【显示变换】，单击【显示旋转】，或者直接单击 ⊙ 按钮。

② 在屏幕上选取一个显示中心点,拖动鼠标左键,系统立即将该点作为新的屏幕显示中心,将图形重新显示出来。

(5) 显示平移：根据用户输入的点作为屏幕显示的中心,将显示的图形移动到所需的位置。用户还可以使用上、下、左、右方向键使屏幕中心进行显示的平移。

① 单击【显示】,指向【显示变换】,单击【显示平移】,或者直接单击 ✥ 按钮。

② 在屏幕上选取一个显示中心点,按下鼠标左键,系统立即将该点作为新的屏幕显示中心将图形重新显示出来。

5.2.5 曲线的绘制

CAXA 制造工程师为曲线绘制提供了 16 项功能：直线、圆弧、圆、矩形、椭圆、样条、点、公式曲线、多边形、二次曲线、等距线、曲线投影、相关线、样条→圆弧和文字等。用户可以利用这些功能,方便快捷地绘制出各种各样复杂的图形。

利用 CAXA 制造工程师编程加工时,主要应用曲线中的直线、矩形工具绘制零件的加工范围。

直线中的两点线就是在屏幕上按给定两点画一条直线段或按给定的连续条件画连续的直线段,如图 5-21 所示。

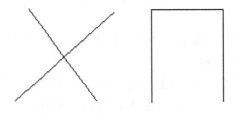

图 5-21 直线的生成

(1) 单击直线按钮 ◣,在立即菜单中选择两点线。

(2) 按状态栏提示,给出第一点和第二点,两点线生成。

矩形是图形构成的基本要素,为了适应各种情况下矩形的绘制,CAXA 制造工程师提供了两点矩形和中心_长_宽等两种方式。

(1) 两点矩形就是给定对角线上两点绘制矩形,如图 5-22 所示。

① 单击 ▯ 按钮,在立即菜单中选择两点矩形方式。

② 给出起点和终点,矩形生成。

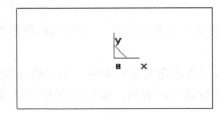

图 5-22 矩形

(2) 中心_长_宽就是给定长度和宽度尺寸值来绘制矩形,如图 5-23 所示。
① 单击 ▭ 按钮,在立即菜单中选择中心_长_宽方式,输入长度和宽度值。
② 给出矩形中心(0,0),矩形生成。

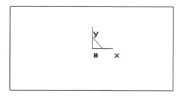

图 5-23　生成矩形

5.2.6　曲线的编辑

曲线编辑包括曲线裁剪、曲线过渡、曲线打断、曲线组合和曲线拉伸 5 种功能。

曲线编辑安排在主菜单的下拉菜单和线面编辑工具栏中,线面编辑工具栏如图 5-24 所示。

图 5-24　线面编辑工具栏

曲线裁剪中的快速裁剪是指系统对曲线修剪具有指哪裁哪快速反应。
(1) 单击 ✄ 按钮,在立即菜单中选择快速裁剪和正常裁剪(或投影裁剪)。
(2) 拾取被裁剪线(选取被裁掉的段),快速裁剪完成,如图 5-25 所示。

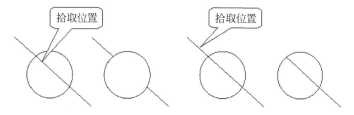

图 5-25　曲线裁剪拾取

曲线过渡就是对指定的两条曲线进行圆弧过渡、尖角过渡或对两条直线倒角。曲线过渡共有三种方式:圆弧过渡、尖角过渡和倒角过渡。
(1) 圆弧过渡:用于在两根曲线之间进行给定半径的圆弧光滑过渡。
① 单击 ⌒ 按钮,在立即菜单中选择【圆弧过渡】,输入半径,选择是否裁剪曲线 1 和曲线 2。
② 拾取第一条曲线,第二条曲线,圆弧过渡完成,如图 5-26 所示。
(2) 尖角过渡:用于在给定的两根曲线之间进行过渡,过渡后在两曲线的交点处呈尖角。尖角过渡后,一根曲线被另一根曲线裁剪。

图 5-26　圆弧过渡

① 单击 按钮，在立即菜单中选择【尖角裁剪】。

② 拾取第一条曲线，第二条曲线，尖角过渡完成，如图 5-27 所示。

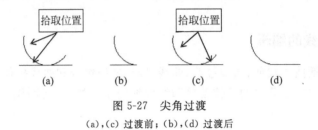

图 5-27　尖角过渡

(a)、(c) 过渡前；(b)、(d) 过渡后

（3）倒角过渡用于在给定的两直线之间进行过渡，过渡后在两直线之间有一条按给定角度和长度的直线。

倒角过渡后，两直线可以被倒角线裁剪，也可以不被裁剪。

① 单击 按钮，在立即菜单中选择【倒角裁剪】，输入角度和距离值，选择是否裁剪曲线 1 和曲线 2。

② 拾取第一条曲线，第二条曲线，尖角过渡完成，如图 5-28 所示。

图 5-28　倒角过渡

(a) 有裁剪的倒角过渡；(b) 无裁剪的倒角过渡

5.2.7　几何变换——平移

几何变换对于编辑图形和曲面有着极为重要的作用，可以极大地方便用户。几何变换是指对线、面进行变换，对造型实体无效，而且几何变换前后线、面的颜色、图层等属性不发生变换。几何变换共有 7 种功能：平移、平面旋转、旋转、平面镜像、镜像、阵列和缩放。几何变换工具栏如图 5-29 所示。

平移就是对拾取到的曲线或曲面进行平移或复制。

平移有两种方式：偏移量或两点。

图 5-29　几何变换工具栏

(1) 偏移量方式就是给出在 XYZ 三轴上的偏移量,来实现曲线或曲面的平移或复制。

① 直接单击 按钮,在立即菜单中选取偏移量方式,复制或平移,输入 XYZ 三轴上的偏移量值,见图 5-30。

② 状态栏中提示【拾取元素】,选择曲线或曲面,按右键确认,平移完成,见图 5-31。

图 5-30　输入偏移量　　　　　图 5-31　完成平移

(2) 两点方式就是给定平移元素的基点和目标点,来实现曲线或曲面的平移或复制。

① 单击 按钮,在立即菜单中选取两点方式,复制或平移,正交或非正交,见图 5-32。

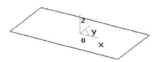

图 5-32　两点方式输入

② 拾取曲线或曲面,按右键确认,输入基点,光标就可以拖动图形了,输入目标点,平移完成,见图 5-33。

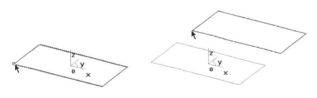

图 5-33　完成平移

5.3　CAXA 制造工程师 CAM 系统

为了使用户更方便更容易地使用和掌握利用 CAXA 制造工程师软件进行加工生产,同时也为了新的技术人员容易入门,不需要掌握多种加工功能的具体应用和参数设置,解决企业技术人员缺少的问题,CAXA 制造工程师专门提供了知识加工功能,针对复杂曲面的加工,为用户提供一种零件整体加工思路,用户只需观察出零件整体模型是平坦或者陡峭,运用老工程师的加工经验,就可以快速完成加工过程。

5.3.1 CAXA 制造工程师 CAM 系统自动编程的基本步骤

CAXA 制造工程师 CAM 系统的自动编程基本步骤如下：理解二维图纸或其他的模型数据、建立加工模型或通过数据接口读入、确定加工工艺（装卡、刀具等）、生成刀具轨迹、加工仿真、产生后置代码、输出加工代码。

1. 加工工艺的确定

加工工艺的确定目前主要依靠人工进行，其主要内容有：核准加工零件的尺寸、公差和精度要求；确定装卡位置；选择刀具；确定加工路线；选定工艺参数。

2. 加工模型建立

利用 CAM 系统提供的图形生成和编辑功能绘制零件的被加工部位，作为计算机自动生成刀具轨迹的依据。

加工模型的建立是通过人机交互方式进行的。被加工零件一般用工程图的形式表达在图纸上，用户可根据图纸建立二维和三维加工模型。

被加工零件数据也可能由其他 CAD/CAM 系统传入，因此 CAM 系统针对此类需求应提供标准的数据接口，如 DXF、IGES、STEP 等。

被加工零件的外形不可能是由测量机测量得到，针对此类的需求，CAM 系统可提供读入测量数据的功能，按一定的格式给出的数据，系统自动生成零件的外形曲面。

3. 刀具轨迹生成

建立了加工模型后，即可利用 CAXA 制造工程师系统提供的多种形式的刀具轨迹生成功能进行数控编程。CAXA 制造工程师中提供了十余种加工轨迹生成的方法。用户可以根据所要加工工件的形状特点、不同的工艺要求和精度要求，灵活的选用系统中提供的各种加工方式和加工参数等，方便快速地生成所需要的刀具轨迹即刀具的切削路径。

为满足特殊的工艺需要，CAXA 制造工程师能够对已生成的刀具轨迹进行编辑。另外 CAXA 制造工程师还可通过模拟仿真检验生成的刀具轨迹的正确性和是否有过切产生，并可通过代码校核，用图形方法检验加工代码的正确性。

4. 后置代码生成

在屏幕上用图形形式显示的刀具轨迹要变成可以控制机床的代码，需进行所谓后置处理。后置处理的目的是形成数控指令文件，也就是我们经常说的 G 代码程序或 NC 程序。CAXA 制造工程师提供的后置处理可以通过用户自己修改某些设置而适用各自的机床要求，按机床规定的格式进行定制，即可方便地生成和特定机床相匹配的加工代码。

5. 加工代码输出

生成数控指令之后，可通过 CAXA 制造工程师可以提供的通信软件，完成通过计算机的串口或并口与机床连接，将数控加工代码传输到数控机床，控制机床各坐标的伺服系统，驱动机床。

5.3.2 CAXA 制造工程师 CAM 系统的相关操作及设定

CAXA 制造工程师 2008 提供其加工轨迹的生成方法分粗加工、精加工、补加工和槽加工 4 大类，其中粗加工有 7 种加工方法、精加工有 9 种加工方法、补加工有 3 种方法、槽加工有 2 种方法。本节主要介绍 CAXA 制造工程师 2008 的加工轨迹的主要生成方法。

5.3.2.1 特征树操作

1. 模型

模型功能提供视图模型显示和模型参数显示功能，特征树中图标为 [模型]，单击该图标在绘图区以红色线条显示零件模型，双击该图标显示零件模型参数，如图 5-34 所示。在该界面上显示模型预览和几何精度，用户可以对几何精度进行重新定义。

图 5-34　零件模型

2. 毛坯

1）定义毛坯

当进入加工时，首先要构建零件毛坯。单击【加工】→【定义毛坯】或双击特征树中图标 [毛坯]，弹出【定义毛坯】对话框，如图 5-35 所示。

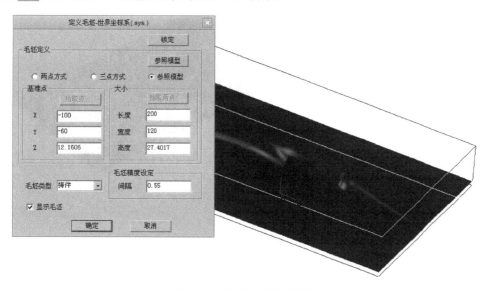

图 5-35　【定义毛坯】对话框

2）毛坯参数

系统提供了 3 种毛坯定义的方式。

(1) 两点方式：通过拾取毛坯的两个角点（与顺序、位置无关）来定义毛坯。

(2) 三点方式：通过拾取基准点，拾取定义毛坯大小的两个角点（与顺序、位置无关）来定义毛坯。

(3) 参照模型：系统自动计算模型的包围盒，以此作为毛坯。

基准点是指毛坯在世界坐标系中的左下角点。

3．起始点

"起始点"功能是设定全局刀具起始点的位置，在特征树中双击图标 起始点 ，弹出【全局轨迹起始点】对话框，如5-36所示。

4．刀具轨迹

"刀具轨迹"功能显示加工的刀具轨迹及其所有信息，并可在特征树中对这些信息进行编辑，展开后可以看到所有信息。图5-37是一个加工实例的轨迹显示。

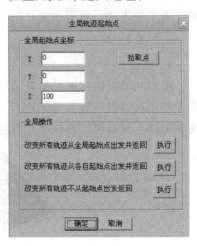

图 5-36 【全局轨迹起始点】对话框

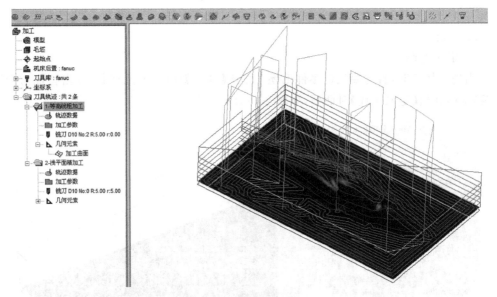

图 5-37 加工实例的轨迹显示

1）轨迹数据

单击 轨迹数据 后以红色显示该加工步骤刀具轨迹，在绘图区上右击，则可对刀具轨迹进行编辑，在快捷菜单中共有8项参数，可以分别对刀具轨迹进行删除、平移、复制、粘贴、隐藏、编辑颜色、层设置和属性操作。

2）加工参数

双击 加工参数 ，系统弹出该加工参数对话框，可重新对加工参数、切入切出、加工边界、加工用量及刀具参数等进行设定。如果对其进行过改变，则单击确认后，系统将提示是否需要重新生成刀具轨迹,如图 5-38 所示。

图 5-38 系统提示对话框

3) 刀具

图标 铣刀 D2 No:0 R:1.00 r:1.00 显示了刀具的简单信息。双击该项,则弹出刀具参数对话框,可对刀具参数进行编辑。该功能和所有的加工选项中的刀具参数是相同的。

5.3.2.2 通用参数设置

1. 切入切出(以区域式粗加工为例)

【切入切出】选项卡菜单在大部分加工方法中都存在,其作用是设定加工过程中刀具切入切出方式,图 5-39 为【区域式粗加工】对话框。

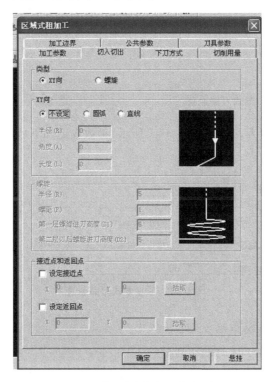

图 5-39 【区域式粗加工】对话框

接近方式有以下两种情况。

- XY 向:Z 方向垂直切入。
- 螺旋:在 Z 方向以螺旋状切入。

接近方式为 XY 向时，有以下三种情况。
- 不设定：不设定水平接近。
- 圆弧：设定圆弧接近。所谓圆弧接近是指在轮廓加工和等高线加工等功能中，从形状的相切方向开始以圆弧的方式接近工件。刀路轨迹如图 5-40 所示。
- 半径：输入接近圆弧半径。输入 0 时，不添加圆弧。输入负值时，以刀具直径的倍数作为圆弧接近。
- 角度：输入接近圆弧的角度。输入 0 时，不添加圆弧。
- 直线：水平接近设定为直线。刀路轨迹如图 5-41 所示。
- 长度：输入直线接近的长度。输入 0 时，不附加直线。

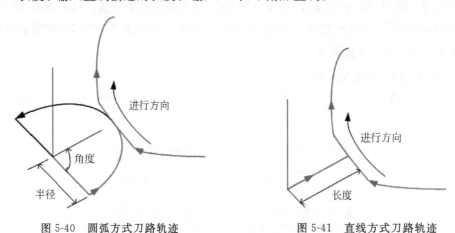

图 5-40　圆弧方式刀路轨迹　　　　图 5-41　直线方式刀路轨迹

接近方式为螺旋时刀路轨迹如图 5-42 所示，参数设定如下所述。

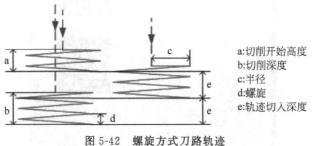

图 5-42　螺旋方式刀路轨迹

- 半径：输入螺旋的半径。
- 螺距：用于螺旋 1 回时的切削量输入。
- 第一层螺旋进刀高度：用于第 1 段领域加工时螺旋切入的开始高度的输入。
- 第二层以后螺旋进刀高度：输入第二层以后领域的螺旋接近切入深度。切入深度由下一加工层开始的相对高度设定，需输入大于路径切削深度的值。螺旋接近不检查对模型的干涉，请输入不发生干涉的螺旋半径。

2. 接近点和返回点

根据模型或者加工条件，从接近点开始移动或者移动到返回点的部分可能与领域发生干涉的情况。避免的方法有变更接近位置点或者返回位置点。

- 设定接近点：设定下刀时接近点的 XY 坐标。拾取为直接从屏幕上拾取，刀路轨迹如图 5-43 所示。

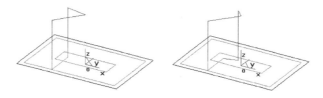

图 5-43　下刀时刀路轨迹

- 设定返回点：设定退刀时返回点的 XY 坐标。拾取为直接从屏幕上拾取，刀路轨迹如图 5-44 所示。

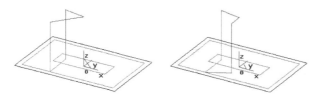

图 5-44　退刀时刀路轨迹

3. 下刀方式

【下刀方式】选项卡菜单在所有加工方法中都存在，其作用是设定加工过程中刀具下刀方式，图 5-45 为区域式粗加工【下刀方式】选项卡。

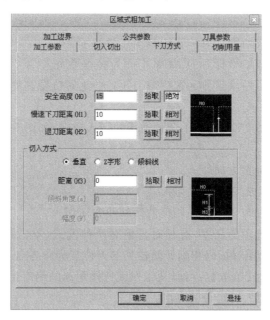

图 5-45　【下刀方式】选项卡

1）安全高度

刀具快速移动而不会与毛坯或模型发生干涉的高度,有相对与绝对两种模式,单击相对或绝对按钮可以实现二者的互换。

- 相对:以切入或切出或切削开始或切削结束位置的刀位点为参考点。
- 绝对:以当前加工坐标系的 XOY 平面为参考平面。
- 拾取:单击后可以从工作区选择安全高度的绝对位置高度点。

2）慢速下刀距离

在切入或切削开始前的一段刀位轨迹的位置长度,这段轨迹以慢速下刀速度垂直向下进给,如图 5-46 所示。有相对与绝对两种模式,单击相对或绝对按钮可以实现二者的互换。

- 相对:以切入或切削开始位置的刀位点为参考点。
- 绝对:以当前加工坐标系的 XOY 平面为参考平面。
- 拾取:单击后可以从工作区选择慢速下刀距离的绝对位置高度点。

3）退刀距离

在切出或切削结束后的一段刀位轨迹的位置长度,这段轨迹以退刀速度垂直向上进给,如图 5-47 所示。有相对与绝对两种模式,单击相对或绝对按钮可以实现二者的互换。

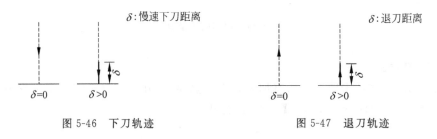

图 5-46　下刀轨迹　　　　　　图 5-47　退刀轨迹

- 相对:以切出或切削结束位置的刀位点为参考点。
- 绝对:以当前加工坐标系的 XOY 平面为参考平面。
- 拾取:单击后可以从工作区选择退刀距离的绝对位置高度点。

4）切入方式

CAXA 制造工程师 2008 提供了 3 种通用的切入方式,如图 5-48 所示,几乎适用于所有的铣削加工策略。

- 垂直:刀具沿垂直方向切入。
- Z 字形:刀具以 Z 字形方式切入。
- 倾斜线:刀具以与切削方向相反的倾斜线方向切入。
- 距离:切入轨迹段的高度,有相对与绝对两种模式,单击相对或绝对按钮可以实现二者的互换,相对指以切削开始位置的刀位点为参考点,绝对指以 XOY 平面为参考平面。单击【拾取】后可以从工作区选择距离的绝对位置高度点。
- 幅度:Z 字形切入时走刀的宽度。
- 倾斜角度:Z 字形或倾斜线走刀方向与 XOY 平面的夹角。

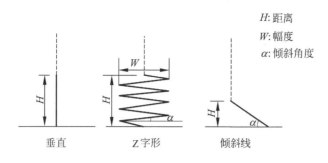

图 5-48 切入方式

4. 切削用量

【切削用量】选项卡菜单在所有加工方法中都存在,其作用是设定加工过程中切削过程中所有速度值进行,图 5-49 为区域式粗加工【切削用量】选项卡,主要参数如下所述。

- 主轴转速:设定主轴转速的大小,单位为 r/min。
- 慢速下刀速度(F0):设定慢速下刀轨迹段的进给速度的大小,单位为 mm/min。
- 切入切出连接速度(F1):设定切入轨迹段,切出轨迹段,连接轨迹段,接近轨迹段,返回轨迹段的进给速度的大小,单位为 mm/min。
- 切削速度(F2):设定切削轨迹段的进给速度的大小,单位为 mm/min。
- 退刀速度(F3):设定退刀轨迹段的进给速度的大小,单位为 mm/min。

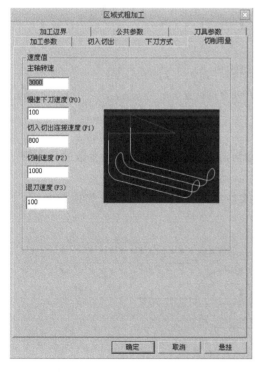

图 5-49 【切削用量】选项卡

图 5-50 【加工边界】选项卡

5. 加工边界

【加工边界】选项卡菜单在大部分加工方法中都存在，且都相同，其作用是加工边界进行设定，图 5-50 为区域式粗加工【加工边界】选项卡。

1) Z 设定

设定毛坯的有效的 Z 范围。
- 使用有效的 Z 范围：设定是否使用有效的 Z 范围，【是】指使用指定的最大最小 Z 值所限定的毛坯的范围进行计算，【否】指使用定义的毛坯的高度范围进行计算。
- 最大：指定 Z 范围最大的 Z 值，可以采用输入数值和拾取点两种方式。
- 最小：指定 Z 范围最小的 Z 值，可以采用输入数值和拾取点两种方式。
- 参照毛坯：通过毛坯的高度范围来定义 Z 范围最大的 Z 值和指定 Z 范围最小的 Z 值。

2) 相对于边界的刀具位置

设定刀具相对于边界的位置，如图 5-51 所示。
- 边界内侧：刀具位于边界的内侧。
- 边界上：刀具位于边界上。
- 边界外侧：刀具位于边界的外侧。

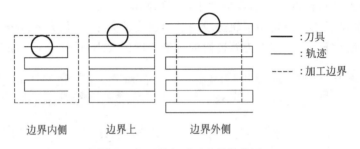

图 5-51　刀具相对于边界的位置

6. 加工参数

在各种加工方法中很多参数是一致的，可称为通用参数，下面对通用参数进行介绍。

1) 加工方向

"加工方向"在所有加工方法中都存在，在某些加工方法中只有顺铣和逆铣两项，如图 5-52 所示，其作用是对加工方向进行选择。

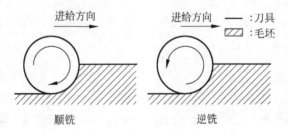

图 5-52　顺铣和逆铣

- 顺铣：生成顺铣的轨迹。
- 逆铣：生成逆铣的轨迹。
- 往复：生成往复的轨迹。

2）精度

"精度"在所有加工方法中都存在，其对话框如图 5-53 所示。

图 5-53 【精度】对话框

加工精度是指输入模型的加工精度。计算模型的轨迹的误差小于此值。加工精度越大，模型形状的误差也增大，模型表面越粗糙。加工精度越小，模型形状的误差也减小，模型表面越光滑，但是，轨迹段的数目增多，轨迹数据量变大。

加工余量是指相对模型表面的残留高度，可以为负值，但不要超过刀角半径，如图 5-54 所示。

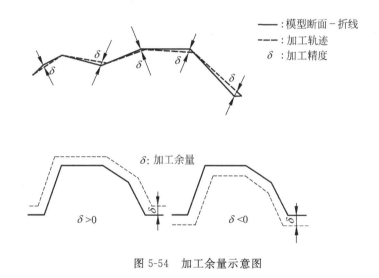

图 5-54 加工余量示意图

3）加工坐标系和起始点

"加工坐标系"和"起始点"在所有加工方法中都存在，其对话框如图 5-55 所示。其作用是对加工坐标系和起始点进行设定。

- 加工坐标系：生成轨迹所在的局部坐标系，单击【加工坐标系】按钮可以从工作区中拾取。
- 起始点：刀具的初始位置和沿某轨迹走刀结束后的停留位置，单击【起始点】按钮可以从工作区中拾取。

4）拐角半径

"拐角半径"在大部分加工方法中都存在，其对话框如图 5-56 所示，其作用是对在拐

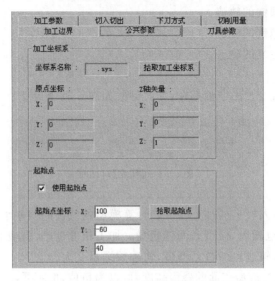

图 5-55 加工坐标系和起始点对话框

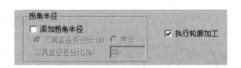

图 5-56 【拐角半径】对话框

角部插补圆角。
- 添加拐角半径：设定在拐角部的插补圆角 R。高速切削时减速转向，防止拐角处的过切。
- 刀具直径百分比：指定插补圆角 R 的圆弧半径相对于刀具直径的比率（％）。如刀具直径百分比为 20（％），则刀具直径为 50 时，插补的圆角半径为 10。
- 半径：指定插补圆角的最大半径。

5）执行轮廓加工

"执行轮廓加工"在大部分加工方法中都存在，其对话框如图 5-56 所示，其作用是轨迹生成后，进行轮廓加工，其轨迹如图 5-57 所示。

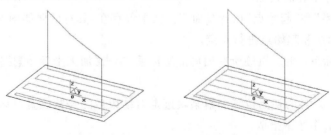

不执行轮廓加工时的轨迹　　　执行轮廓加工时的轨迹

图 5-57 轨迹示意图

6) 刀具参数

"刀具参数"在所有的加工方法中都存在,其对话框如图 5-58 所示。

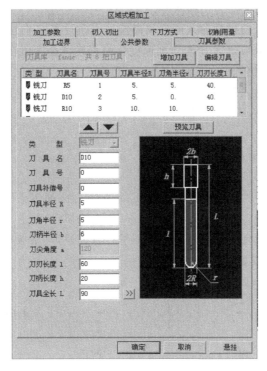

图 5-58 【刀具参数】选项卡

刀具库中能存放用户定义的不同的刀具,包括钻头、铣刀(球刀、牛鼻刀、端刀)等,使用中可以很方便地从刀具库中取出所需的刀具。

- 增加刀具:可以向刀具库中增加新定义的刀具。
- 编辑刀具:选中某把刀具后,可以对这把刀具的参数进行编辑。

刀具库中会显示这些刀具的主要参数的值。

7) 其他常用参数说明

(1) XY 切入

- 行距:XY 方向的相邻扫描行的距离。
- 残留高度如图 5-59 所示:由球刀铣削时,输入铣削通过时的残余量(残留高度)。当指定残留高度时,会提示 XY 切削量。

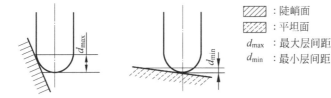

图 5-59 残留高度示意图

(2) Z 切入

Z 向切削设定有以下两种定义方式。

- 层高：Z 向每加工层的切削深度。
- 残留高度：系统会根据输入的残留高度的大小计算 Z 向层高。
- 最大层间距：输入最大 Z 向切削深度。根据残留高度值在求得 Z 向的层高时，为防止在加工较陡斜面时可能层高过大，限制层高在最大层间距的设定值之下。
- 最小层间距：输入最小 Z 向切削深度。根据残留高度值在求得 Z 向的层高时，为防止在加工较平坦面时可能层高过小，限制层高在最小层间距的设定值之上。

(3) 切削模式

XY 切削模式设定有以下 3 种选择。

- 环切：生成环切加工轨迹。
- 平行(单向)：只生成单方向的加工的轨迹。快速进刀后，进行一次切削方向加工。
- 平行(往复)：即使到达加工边界也不进行快速进刀，继续往复的加工。

(4) 进行角度(见图 5-60)

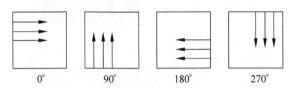

图 5-60　进行角度示意图

输入 0°，生成与 X 轴平行的扫描线轨迹。

输入 90°，生成与 Y 轴平行的扫描线轨迹。

输入值范围是 0°～360°。

(5) 加工顺序(见图 5-61)

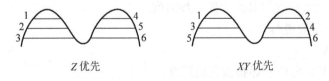

图 5-61　加工顺序示意图

- Z 优先：以被识别的山或谷为单位进行加工。自动区分出山和谷，逐个进行由高到低的加工(若加工开始结束是按 Z 向上的情况则是由低到高)。若断面为不封闭形状时，有时会变成 XY 方向优先。
- XY 优先：按照 Z 进刀的高度顺序加工。即仅仅在 XY 方向上由系统自动区分的岛屿按顺序进行加工。

(6) 行间连接方式

行间连接方式有以下 3 种类型,如图 5-62 所示。

直线:行间连接的路径为直线形状。

圆弧:行间连接的路径为半圆形状。

S 形:行间连接的路径为 S 字形状。

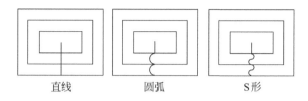

图 5-62 行间连接方式

(7) 平坦部识别

自动识别模型的平坦区域,选择是否根据该区域所在高度生成轨迹。其对话框如图 5-63 所示。

图 5-63 平坦部识别选项对话框

- 再计算从平坦部分开始的等间距:设定是否根据平坦部区域所在高度重新度量 Z 向层高,生成轨迹。选择不再计算时,在 Z 向层高的路径间,插入平坦部分的轨迹,如图 5-64 所示。

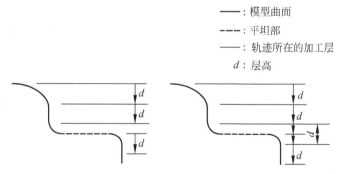

图 5-64 平坦部分计算示意图

- 平坦部面积系数(刀具截面积系数):根据输入的平坦部面积系数(刀具截面积系数),设定是否在平坦部生成轨迹。比较刀具的截面积和平坦部分的面积,满足下列条件时,生成平坦部轨迹。平坦部分面积>刀具截面积×平坦部面积系数。
- 同高度容许误差系数:同一高度的容许误差量(高度量)=Z向层高×同高度容许误差系数(Z向层高系数)。

5.3.3 粗加工方法

1. 区域式粗加工

区域式粗加工属于两轴加工,其优点是不必有三维模型,只要给出零件的外轮廓和岛屿,就可以生成加工轨迹。如图5-65所示。

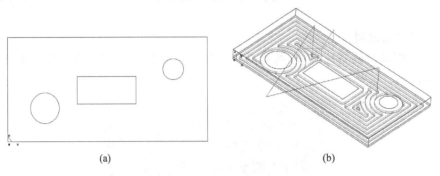

图 5-65 区域式粗加工
(a) 零件俯视图;(b) 刀位轨迹

2. 等高线粗加工

等高线粗加工是较通用的粗加工方式,适用范围广;它可以高效地去除毛坯的大部余量,并可根据精加工要求留出余量,为精加工打下一个良好的基础;可指定加工区域,优化空切轨迹。图5-66是一等高线粗加工的例子。

等高线粗加工的加工参数如图5-67所示。

1)选项

【选项】包括以下两种选择。

- 删除面积系数:基于输入的删除面积系数,设定是否生成微小轨迹。刀具截面积和等高线截面面积若满足下面的条件时,删除该等高线截面的轨迹。等高线截面面积<刀具截面积×删除面积系数(刀具截面积系数)。要删除微小轨迹时,该值比较大。相反,要生成微小轨迹时,请设定小一点的值。通常请使用初始值。

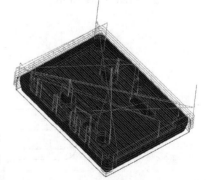

图 5-66 等高线粗加工示意图

- 删除长度系数:基于输入的删除长度系数,设定是否做微小轨迹。刀具截面积和等高截面线长度若满足下面的条件时,删除该等高线截面的轨迹。等高截面线

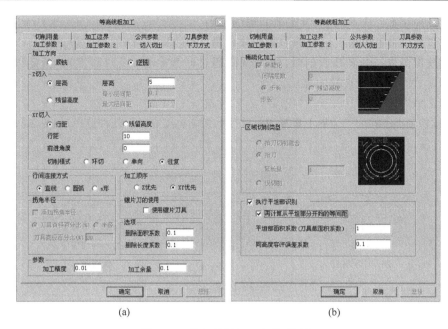

图 5-67 等高线粗加工参数对话框

长度＜刀具直径×删除长度系数(刀具直径系数)。要删除微小轨迹时,该值比较大。相反,要生成微小轨迹时,请设定小一点的值。通常请使用初始值。

2) 稀疏化加工

稀疏化加工为粗加工后的残余部分,用相同的刀具从下往上生成加工路径,如图 5-68 所示。这是一种类似于半精加工的加工方法,特别对于切深在、轮廓斜度在的加工条件而言,这种方法对于提高加工效率、改善粗加工后轮廓精度很有好处。此外,这种方法对于避免或者减小精加工台阶轮廓很有好处。

- 稀疏化:确定是否稀疏化。

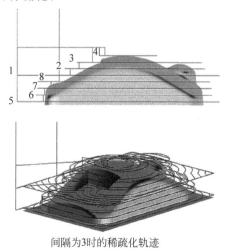

间隔为3时的稀疏化轨迹

图 5-68 稀疏化加工

- 间隔层数：从下向上，设定欲间隔的层数。
- 步长：对于粗加工后阶梯形状的残余量，设定 XY 方向的切削量。
- 残留高度：由球刀铣削时，输入铣削通过时残余量（残留高度）。指定残留高度时，XY 切入量被导向显示。

3）区域切削类型

区域切削类型在加工边界上重复刀具路径的切削类型有以下几种选择，如图 5-69 所示。

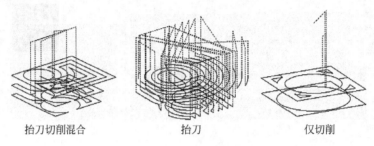

图 5-69 区域切削类型

- 抬刀切削混合：在加工对象范围中没有开放形状时，在加工边界上以切削移动进行加工。有开放形状时，回避全部的段。此时的延长量如下：

    切入量 < 刀具半径 /2 时， 延长量 = 刀具半径 + 行距
    切入量 > 刀具半径 /2 时， 延长量 = 刀具半径 + 刀具半径 /2

- 抬刀：刀具移动到加工边界上时，快速往上移动到安全高度，再快速移动到下一个未切削的部分（刀具往下移动位置为【延长量】远离的位置）。
- 延长量：输入延长量，其定义如图 5-70 所示。
- 仅切削：在加工边界上用切削速度进行加工。

注意：加工边界（没有时为工件形状）和凸模形状的距离在刀具半径之内时，会产生残余量。对此，加工边界和凸模形状的距离要设定比刀具半径大一点，这样可以设定【区域切削类型】为【抬刀切削混合】以外的设定。

3. 扫描线粗加工

扫描线粗加工是适用于较平坦零件的粗加工方式，图 5-71 是一扫描线粗加工的例子，扫描线粗加工的加工参数如图 5-72 所示。

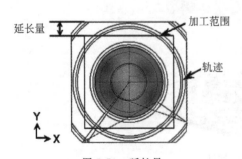

图 5-70 延长量

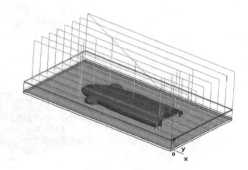

图 5-71 扫描线粗加工轨迹示意图

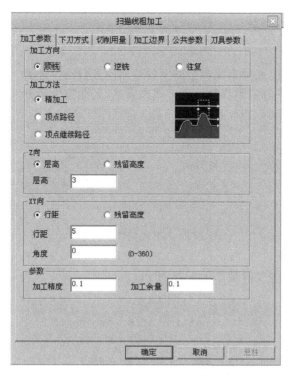

图 5-72 【扫描线粗加工】参数对话框

扫描线粗加工的加工方法有以下 3 种。
(1) 精加工：生成沿着模型表面进给的精加工轨迹。
(2) 顶点路径：生成遇到第一个顶点则快速抬刀至安全高度的加工轨迹。
(3) 顶点继续路径：在已完成的加工轨迹中，生成含有最高顶点的加工轨迹，即达到顶点后继续走刀，直到上一加工层路径位置后快速抬刀至回避高度的加工轨迹。如图 5-73 所示。

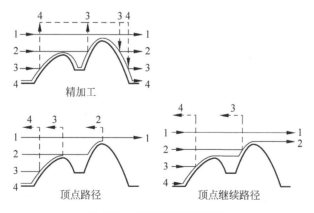

图 5-73 扫描线粗加工方法

5.3.4 精加工方法

1. 参数线精加工

参数线精加工是生成单个或多个曲面的按曲面参数线行进的刀具轨迹,如图 5-74 所示。对于自由曲面,一般采用参数曲面方式来表达,因此按参数分别变化来生成加工刀位轨迹比较合适。

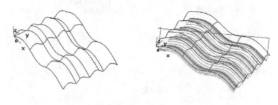

图 5-74 参数线精加工示意图

参数线精加工的加工参数如图 5-75 所示。

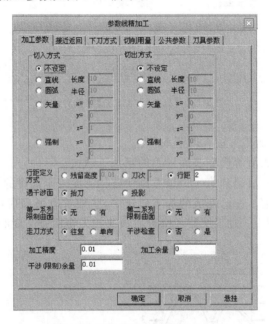

图 5-75 参数线精加工的加工参数

当刀具遇干涉曲面时,可以选择【抬刀】,也可以选择【投影】来避让。
- 抬刀:通过抬刀,快速移动,下刀完成相邻切削行间的连接。
- 投影:在需要连接的相邻切削行间生成切削轨迹,通过切削移动来完成连接。

限制曲面有两种:【第一系列限制曲面】和【第二系列限制曲面】。

第一系列限制曲面指刀具轨迹的每一行,在刀具恰好碰到限制曲面时(已考虑干涉余量)停止,即限制刀具轨迹每一行的尾,顾名思义,第一系列限制曲面可以由多个曲面组成。

第二系列限制曲面限制刀具轨迹每一行的头。

同时用第一系列限制曲面和第二系列限制曲面可以得到刀具轨迹每行的中间段。

CAM 系统对限制曲面与干涉曲面的处理不一样,碰到干涉曲面,刀具轨迹让刀;碰到限制曲面,刀具轨迹的该行就停止。在不同的场合,要灵活应用。

2. 等高线精加工

等高线精加工可以完成对曲面和实体的加工,轨迹类型为 2.5 轴,可以用加工范围和高度限定进行局部等高加工;可以通过输入角度控制对平坦区域的识别,并可以控制平坦区域的加工先后次序。

路径的生成方式有如下 4 种选择。

- 不加工平坦部:仅仅生成等高线路径。
- 交互:将等高线断面和平坦部分交互进行加工。这种加工方式可以减少对刀具的磨损,以及热膨胀引起的段差现象。

注意:

① 计算出作为轮廓的等高线断面和平坦部分,首先加工周围的等高线断面,然后再加工平坦部分。

② 等高线断面的加工顺序是基于路径的顺序,从外观上来看,与减少段差的意图不相称。

- 等高线加工后加工平坦部:生成等高线路径和平坦部路径连接起来的加工路径。
- 仅加工平坦部:仅仅生成平坦部分的路径。

平坦面是个相对概念,因此,应给定一角度值来区分平坦面或陡峭面,即给定平坦面的"最小倾斜角度"。在指定值以下的面被认为是平坦部,不生成等高线路径,而生成扫描线路径。

3. 扫描线精加工

扫描线精加工在加工表面比较平坦的零件能取得较好的加工效果。扫描线精加工的加工参数如图 5-76 所示。

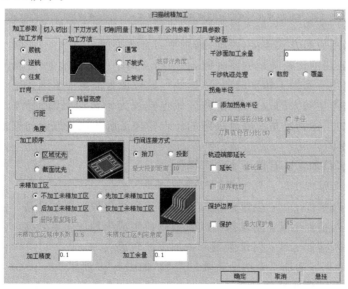

图 5-76 扫描线精加工的加工参数

加工方式规定有 3 种形式：通常、下坡式和上坡式，如图 5-77 所示。

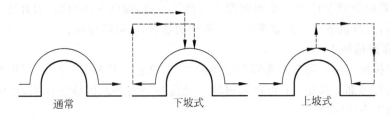

图 5-77　扫描线加工方式

对于界定坡度的大小，系统给定"坡容许角度"，即上坡式和下坡式的容许角度。例如，在上坡式中即使一部分轨迹向下走，但只要小于坡容许角度，仍被视为向上，生成上坡式轨迹。在下坡式中即使一部分轨迹向上走，但只要小于坡容许角度，仍被视为向下，生成下坡式轨迹。坡容许角度的含义如图 5-78 所示。

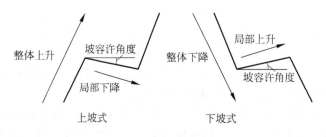

图 5-78　坡容许角度含义

在行间连接方式上有"抬刀"和"投影"两种连接。"抬刀"是先快速抬刀，然后快速移动，最后下刀完成相邻切削行间的连接。而"投影"则是在需要连接的相邻行间生成切削轨迹，通过切削移动来完成连接。

但是，"投影"选项受到"最大投影距离"的影响，当行间连接距离（XY 向）小于最大投影距离时，则采用投影方式连接，否则，采用抬刀方式连接。

当用本功能切削比较陡峭的零件时，在与行方向平行的陡坡上，在行间容易产生较大的残余量，从而达不到加工精度的要求，这些区域被视为未精加工区；当行间的空间距离较大时，也容易产生较大的残余量，这些区域也被视为未精加工区。所以，未精加工区是由行距及未精加工区判定角度联合决定的。未精加工区的轨迹方向与扫描线轨迹方向成 90°夹角，行距相同。

如何加工未精加工区有以下 4 种选择：

① 不加工未精加工区：只生成扫描线轨迹。
② 先加工未精加工区：生成未精加工区轨迹后再生成扫描线轨迹。
③ 后加工未精加工区：生成扫描线轨迹后再生成未精加工区轨迹。
④ 仅加工未精加工区：仅仅生成未精加工区轨迹。

关于未精加工区的加工有两个重要的参数，如图 5-79 所示。

① 未精加工区延伸系数：设定未精加工区轨迹的延长量，即 XY 向行距的倍数。

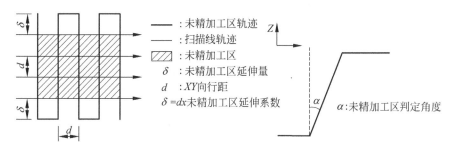

图 5-79 未精加工区判定

② 未精加工区判定角度：即未精加工区轨迹的倾斜程度判定角度，将这个范围视为未精加工区生成轨迹。

4. 浅平面精加工

浅平面精加工能自动识别零件模型中平坦的区域，针对这些区域生成精加工刀路轨迹，大大提高零件平坦部分的精加工效率，浅平面精加工的加工参数如图 5-80 所示。

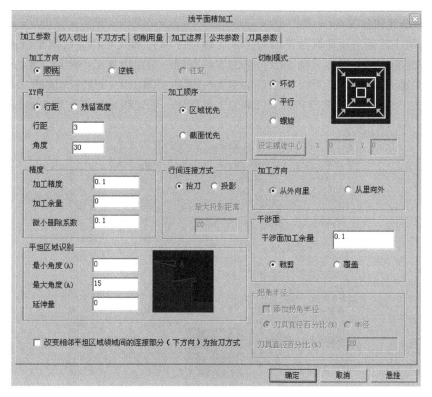

图 5-80 浅平面精加工的加工参数

（1）浅平面加工行间连接有如下几种选项。

- 抬刀：通过抬刀，快速移动，下刀完成相邻切削行间的连接。
- 投影：在需要连接的相邻切削行间生成切削轨迹，通过切削移动来完成连接。

- 最大投影距离：投影连接的最大距离，当行间连接距离（XY 向）≤最大投影距离时，采用投影方连接，否则，采用抬刀方式连接。

(2) 平坦区域识别（见图 5-81）有以下几个选项。
- 最小角度：输入作为平坦部的最小角度。水平方向为 0°，输入数值范围在 0°～90°。
- 最大角度：输入作为平坦部的最大角度。水平方向为 0°，输入数值范围在 0°～90°。
- 延伸量：从设定的平坦区域向外的延伸量，如图 5-82 所示。

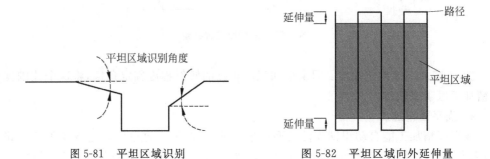

图 5-81 平坦区域识别　　　　图 5-82 平坦区域向外延伸量

5. 导动线精加工

导动加工就是平面轮廓法平面内的截面线沿平面轮廓线导动生成加工轨迹，也可以理解为平面轮廓的等截面导动加工。它的本质是把三维曲面加工中能用二维方法解决的部分，用二维方法来解决，可以说导动加工是三维曲面加工的一种特殊情况，而在用二维方法解决这个问题时，又充分利用了二维加工的优点。导动线精加工的加工参数如图 5-83 所示。

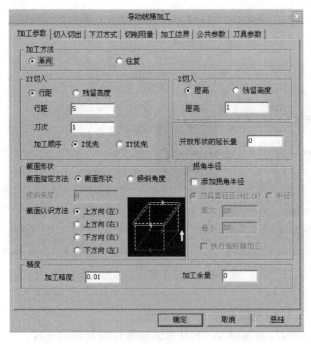

图 5-83 导动线精加工的加工参数

1) 导动加工的特点
- 做造型时,只作平面轮廓线和截面线,不用作曲面,简化了造型。
- 作加工轨迹时,因为它的每层轨迹都是用二维的方法来处理的,所以拐角处如果是圆弧,那么它生成的 G 代码中就是 G02 或 G03,充分利用了机床的圆弧插补功能。因此它生成的代码最短,但加工效果最好。比如加工一个半球,用导动加工生成的代码长度是用其他方式(如参数线)加工半球生成的代码长度的几十分之一到上百分之一。
- 生成轨迹的速度非常快。
- 能够自动消除加工中的刀具干涉现象。无论是自身干涉还是面干涉,都可以自动消除,因为它的每一层轨迹都是按二维平面轮廓加工来处理的。平面轮廓加工中,在内拐角为尖角或内拐角 R 半径小于刀具半径时,都不会产生过切,所以在导动加工中不会出现过切。
- 加工效果最好。由于使用了圆弧插补,而且刀具轨迹沿截面线按等弧长均匀分布,所以可以达到很好的加工效果。
- 适用于常用的 3 种刀具:端刀、R 刀和球刀。
- 截面线由多段曲线组合,可以分段来加工。在有些零件的加工中,轮廓在局部会有所不同,而截面仍然是一样的。这样就可以充分利用这一特点,简化编程。
- 沿截面线由下往上还是由上往下加工,可以根据需要任意选择。当截面的深度不是很深(不超过刀刃长度)时,可以采用由下往上走刀,避免了扎刀的麻烦。

2) 导动加工的步骤
- 拾取轮廓线和链搜索方向,这也是刀具轮廓加工的方向。注意看系统提示栏的提示。轮廓封闭和不封闭的操作略有不同,不封闭时要右击才能拾取截面线,如图 5-84 所示。

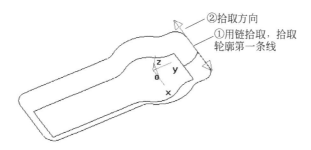

图 5-84　拾取轮廓线和链搜索方向

- 拾取截面线和链搜索方向,这也是刀具沿截面线进给的方向,如图 5-85 所示。
- 确定截面线链搜索方向并按右键结束拾取,这时又出现一个双向箭头。拾取箭头方向以确定加工内侧或外侧,如图 5-86 所示。
- 生成刀具轨迹:系统立即生成如图 5-87 所示的刀具轨迹。由图中可以看到 4 个内拐角处是会产生刀具干涉的地方,而在这个生成的轨迹里我们是看不到干涉的,轨迹从上到下一气呵成。而这个例子如果用其他方法来做,那么第一要先作

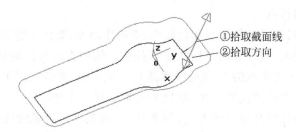

图 5-85　拾取截面线和链搜索方向

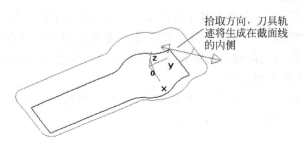

图 5-86　确定加工侧面

曲面,第二作刀具轨迹时如果用参数加工,那么轨迹不能整体作出,而且要检查干涉,代码长度要远远大于导动加工。

注意:

① 轮廓线必须在平行于 XY 平面的平面上,必须为平面曲线。

② 截面线必须在轮廓线上某一点的法平面内且与轮廓线相交,截面线应该画在轮廓加工的起点上。

③ 加工的起点应该在截面线所在的位置开始。

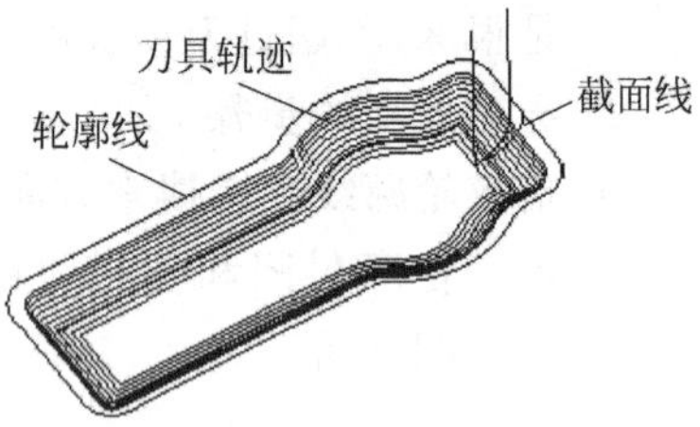

④ 截面应该避免如图 5-88 所示的情况。如果把

图 5-87　刀具轨迹生成

如图 5-88 所示的 3 条曲线在标记点(曲线的最高点和最低点)处打断,那么它们就都是合格的截面线。因为系统在计算刀具轨迹时,这样的曲线它的不同部分刀具偏置的方向是不一样的,所以一定要打断以后分别做加工轨迹。

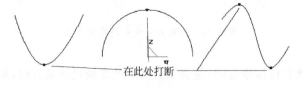

图 5-88　打断截面线

6. 轮廓线精加工

轮廓线精加工方式在毛坯和零件形状几乎一致时最能体现优势。当毛坯和零件形状不一致时,使用这种加工方法会出现很多空行程,反而影响加工效率,轮廓线精加工的加

工参数如图 5-89 所示。

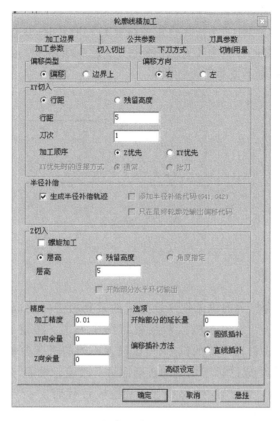

图 5-89　轮廓线精加工的加工参数

偏移类型有以下两种方式选择。根据偏移类型的选择，后面的参数可以在【偏移方向】或者【接近方法】间切换。
- 偏移：对于加工方向，生成加工边界右侧还是左侧的轨迹。偏移侧由【偏移方向】指定。
- 边界上：在加工边界上生成轨迹。在【接近方法】中指定刀具接近侧。

【偏移类型】选择为【偏移】时设定。对于加工方向，相对加工范围偏移在哪一侧，有以下两种选择，如图 5-90 所示。不指定加工范围时，以毛坯形状的顺时针方向作为基准。

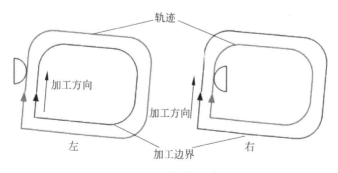

图 5-90　偏移侧选择

- 右：在右侧做成偏移轨迹。
- 左：在左侧生成偏移轨迹。

【开始部分的延长量】选项是指在设定领域是开放形状时，在切削截面的开始和结束位置增加相切方向的接近部轨迹和返回部轨迹，如图 5-91 所示。由于没有考虑到对切削截面的干涉，故要求设定不发生干涉的值。

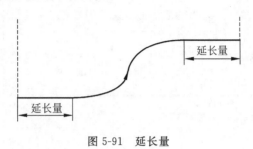

图 5-91　延长量

5.3.5　后置处理

后置处理就是结合特定的机床把系统生成的刀具轨迹转化成机床能够识别的 G 代码指令，生成的 G 指令可以直接输入数控机床用于加工。考虑到生成程序的通用性，CAXA 制造工程师软件针对不同的机床，可以设置不同的机床参数和特定的数控代码程序格式，同时还可以对生成的机床代码的正确性进行校验。最后，生成工艺清单。后置处理分成三部分，分别是后置设置、生成 G 代码和校核 G 代码。

5.3.5.1　机床信息

机床信息提供了不同机床的参数设置和速度设置，针对不同的机床、不同的数控系统，设置特定的数控代码、数控程序格式及参数，并生成配置文件。生成数控程序时，系统根据该配置文件的定义生成用户所需要的特定代码格式的加工指令。机床配置给用户提供了一种灵活、方便的设置系统配置的方法。对不同的机床进行适当的配置，具有重要的实际意义。通过设置系统配置参数，后置处理所生成的数控程序可以直接输入数控机床或加工中心进行加工而无须进行修改。【机床信息】选项卡共分为 4 个部分，分别是机床选定、机床参数设置、程序格式设置和机床速度设置，如图 5-92 所示。

1. 机床选定

选择合适的机床，并且对当前机床进行操作。

(1) 当前机床：系统提供 5 种机床以供选择，分别是 802S、FUNAC、DECKEL、SIMENS 和 test。

(2) 增加机床：针对不同的机床、不同的数控系统，设置特定的数控代码、数控程序格式及参数，并生成配置文件。生成数控程序时，系统根据该配置文件的定义生成用户所需要的特定代码格式的加工指令。单击【增加机床】按钮，可以输入新的机床名称，进行信息配置。

(3) 删除当前机床：删除当前设置机床。

图 5-92 机床信息选项卡

2. 机床参数设置

在【机床名】一栏输入新的机床名或选择一个已存在的机床进行修改，从而对机床的各种指令进行设置。

1）行号地址<N>

一个完整的数控程序由许多的程序段组成，每一个程序段前有一个程序段号，即行号地址。系统可以根据行号识别程序段。如果程序过长，还可以利用调用行号很方便地把光标移到所需的程序段。行号可以从 1 开始，连续递增，如 N000、N0002、N0003 等；也可以间隔递增，如 N0001、N0005、N0010 等。建议采用后一种方式。因为间隔行号比较灵活方便，可以随时插入程序段，对原程序进行修改，而无需改变后续行号。如果采用前一种连续递增的方式，每修改一次程序，插入一个程序段，都必须对后续的所有程序段的行号进行修改，很不方便。

2）行结束符< >

在数控程序中，一行数控代码就是一个程序段，数控程序一般以特定的符号，而不是以回车键作为程序段结束标志，它是一段程序段不可缺少的组成部分。FANUC 系统以分号符";"作为程序段结束符。一般数控系统不同，程序段结束符也不同，如有的系统结束符是"*"，有的是"♯"等。一个完整的程序段应包括行号、数控代码和程序段结束符。如：N10 G90 G54 G00 Z30；。

3）速度指令<F>

F 指令表示速度进给。如 F100 表示进给速度为 100mm/min。在数控程序中，数值一般都直接放在控制代码后，数控系统根据控制代码就能识别其后的数值意义，而不是像数学中以等号"="的方式给控制代码赋值。控制代码之间可以用空格符把代码隔开，也可以不用。

4) 快速移动＜G00＞

在数控中，G00 是快速移动指令，快速移动的速度由系统控制参数控制。用户不能通过给指令赋值改变移动速度，但可以用控制面板上的倍速/衰减控制开关控制快速移动速度，也可以直接修改系统参数。

5) 插补方式控制

一般地，插补就是把空间曲线分解为 X、Y、Z 各个方向的很小的曲线段，然后以微元化的直线段去逼近空间曲线。数控系统都提供直线插补和圆弧插补，其中圆弧插补又可分为顺圆插补和逆圆插补。

插补指令都是模代码。所谓模代码就是只要指定一次功能代码格式，以后就不用指定，系统会以前面最近的功能模式确认本程序段的功能。除非重新指定同类型功能代码，否则，以后的程序段仍然可以默认该功能代码。

(1) 直线插补＜G01＞：系统以直线段的方式逼近该点，只需给出终点坐标即可，如：G01 X100 Y100 表示刀具将以直线的方式从当前点到达点(100,100)。

(2) 顺时针圆弧插补＜G02＞：系统以半径一定的圆弧的方式按顺时针的方向逼近该点。要求给出终点坐标、圆弧半径以及圆心坐标。

(3) 逆时针圆弧插补＜G03＞：系统以半径一定的圆弧的方式按逆时针的方向逼近该点。要求给出终点坐标、圆弧半径以及圆心坐标。

6) 主轴控制指令

主轴控制包括主轴的起停、主轴转向、主轴转速。

(1) 主轴转速＜S＞：采用伺服系统无级控制的方式控制机床主轴转速是数控系统优越于普通机床的优点之一。S 指令表示主轴转速，如 S800 表示主轴的转速为 800r/min。

(2) 主轴正转＜M03＞：主轴以顺时针方向启动。

(3) 主轴反转＜M04＞：主轴以逆时针方向启动。

(4) 主轴停止＜M05＞：系统接收到 M05 指令立即以最快的速度停止主轴转动。

7) 冷却液开关控制指令

(1) 冷却液开＜M07＞：M07 指令打开冷却液阀门开关，开始开放冷却液。

(2) 冷却液关＜M09＞：M09 指令关掉冷却液阀门开关，停止开放冷却液。

8) 坐标设定

用户可以根据需要设置坐标系，系统根据用户设置的参照系确定坐标值是绝对的还是相对的。

(1) 坐标系设置＜G54＞：G54 是程序坐标系设置指令。一般地，以零件原点作为程序的坐标原点。程序零点坐标存储在机床的控制参数区，程序中不设置此坐标系，而是通过 G54 指令调用。

(2) 绝对指令＜G90＞：把系统设置为绝对编程模式。以绝对模式编程的指令，坐标值都以 G54 所确定的工件零点为参考点。绝对指令 G90 也是模代码，除非被同类型代码 G91 所代替，否则系统一直默认。

(3) 相对指令＜G91＞：把系统设置为相对编程模式。以相对模式编程的指令，坐标值都以该点的前一点为参考点,指令值以相对递增的方式编程。同样 G91 也是模代码指令。

9) 刀具补偿

刀具补偿包括刀具半径补偿和刀具长度补偿,其中半径补偿又分为左补偿、右补偿及补偿关闭。有了刀具半径补偿后,编程时可以不考虑刀具的半径,直接根据曲线轮廓编程。如果没有刀具半径补偿,编程时必须沿曲线轮廓让出一个刀具半径的刀位偏移量。

(1) 半径左补偿<G41>:刀具轨迹以刀具进给的方向为正方向,沿轮廓线左边让出一个刀具半径的偏移量。

(2) 半径右补偿<G42>:刀具轨迹以刀具进给的方向为正方向,沿轮廓线右边让出一个刀具半径的偏移量。

(3) 半径补偿关闭<G40>:刀具半径补偿的关闭是通过代码 G40 来实现的。左右补偿指令代码都是模代码,所以也可以通过开启一个补偿指令代码来关闭另一个补偿指令代码。

(4) 长度补偿<G43>:一般地,主轴方向的机床原点在主轴头底端,而加工中的主轴方向的零点在刀尖处,所以必须在主轴方向上给机床一个刀具长度的补偿。

10) 程序停止<M30>

程序结束指令 M30 结束整个程序的运行、所有的功能 G 代码和与程序有关的一些机床运行开关,如冷却液开关、主轴开关、机械手开关等都将关闭,处于原始禁止状态。机床处于当前位置,如果要使机床停在机床零点位置,则必须用机床回零指令 G28 使之回零。

3. 程序格式设置

程序格式设置就是对 G 代码各程序段格式进行设置。"程序段"含义见 G 代码程序示例。可以对以下程序段进行格式设置:程序起始符号、程序结束符号、程序说明、程序头、程序尾换刀段。

CAXA 制造工程师是通过宏指令的方式进行设置的,以下分别予以介绍。

1) 设置方式:字符串或宏指令@字符串或宏指令……

(1) 宏指令为 $+宏指令串,系统提供的宏指令串如下:

当前后置文件名 POST_NAME

当前日期 POST_D_DATE

当前时间 POST_TIME

系统规定的刀具号 TOOL_NO

主轴速度 SPN_SPEED

当前 X 坐标值 COORD_X

当前 Y 坐标值 COORD_Y

当前 Z 坐标值 COORD_Z

当前程序号 POST_CODE

当前刀具信息 TOOL_MSG

当前加工参数信息 PARA_MSG

(2) 宏指令内容设置如下:

行号指令 LINE_NO_DD

行结束符 BLOC_END

速度指令 FEED

快速移动 G00

直线插补 G01

顺圆插补 G02

逆圆插补 G03

XY 平面定义 G17

XZ 平面定义 G18

YZ 平面定义 G19

绝对指令 G90

相对指令 G91

刀具半径补偿取消 PCMP_OFF

刀具半径左补偿 PCMP_LFT

刀具半径右补偿 PCMP_RGH

刀具长度补偿 PCMP_LEN

坐标设置 WCOORD

主轴正转 SPN_CW

主轴反转 SPN_CCW

主轴 SPN_DEF

主轴转速 SPN_F

冷却液开 COOL_ON

冷却液关 COOL_OFF

程序止 PRO_STOP

@号为换行标志。若是字符串则输出它本身。$号输出空格。

2) 程序说明

说明部分是对程序的名称、与此程序对应的零件名称编号、编制日期和时间等有关信息的记录。程序说明部分是为了管理的需要而设置的。有了这个功能项目,用户可以很方便地进行管理。比如,要加工某个零件时,只需要从管理程序中找到对应的程序编号即可,而不需要从复杂的程序中去一个一个地寻找需要的程序。

(N126—6023,$POST_NAME,$POST_DATE,$POST_TIME),在生成的后置程序中的程序说明部分输出如下说明:(N126—60231,O1261,1998,9,2,15:30:30.52)。

3) 程序头

针对特定的数控机床来说,其数控程序开头部分都是相对固定的,包括一些机床信息,如机床回零、工件零点设置、主轴启动以及冷却液开启等。

例如,由于快速移动指令内容为 G00,那么 $G 的输出结果为 G00;同样,$COOL_ON 的输出结果为 M07;$PROSTOP 为 M30;以此类推。

又如,$G90 $ $WCOOD $G0 $COOD_Z@G43H01@ $SP_F $SPN_SPEED $SPN_CW 在后置文件中的输出内容为:

```
G90G54G00Z30
G43H0
S500M03
```

4）换刀

换刀指令提示系统换刀，换刀指令可以由用户根据机床设定，换刀后系统要提取一些有关刀具的信息，以便于必要时进行刀具补偿。

4. G 代码程序示例

下面给出按照 FANUC 系统程序格式设置，后置处理所生成的数控程序。

```
%程序起始符号
(1ll.CUT1998.6.26,9：15：30.15)程序说明
N10G90G54G00Z30.000；程序头
N11 T01；
N12G43H0；
N14M03S100；
N16X-42.6Y-1.100；     程序
N18Z20.00；
N20G0Z-2.00F10；
N22X-20.400Y 14.500F10；
N24Z20.000F10；
N26G00Z30.000；
N28M05；
N30T02；             换刀
N3G43H0
N32M03S100；
N33G00X-6.129Y-3.27；程序
N44G49M05 ；  程序尾
N46G28Z0.0；  机床回零
N4 8X0.0Y0.0；
N46M30
%     程序结束符
```

5.3.5.2 后置设置

后置设置就是针对特定的机床，结合已经设置好的机床配置，对后置输出的数控程序的格式，如程序段行号、程序大小、数据格式、编程方式、圆弧控制方式等。后置设置参数如图 5-93 所示。

1. 机床名

数控程序必须针对特定的数控机床、特定的配置才具有加工的实际意义，所以后置设置必须先调用机床配置。

2. 文件长度控制

输出文件长度可以对数控程序的大小进行控制，文件大小控制以 K 为单位。当输出的代码文件长度大于规定长度时系统自动分割文件。例如，当输出 G 代码文件长度超过规定的长度时，就会自动分割为 post0001.t、pot0002.t、post0003.t、post0004.t 等。这主要是考虑到有些数控机床的内存容量较小而设置的。

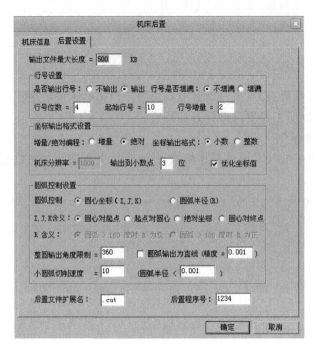

图 5-93 后置设置参数

3. 行号设置

程序段行号设置包括行号的位数、行号是否输出、行号是否填满、起始行号以及行号递增数值等。

(1) 行号位数：输出行号时按几位数输出。

(2) 是否输出行号：选中行号输出则在数控程序中的每一个程序段前面输出行号，反之则不输出。

(3) 行号是否填满：行号不足规定的行号位数时是否用"0"填充。行号填满就是在不足所要求的行号位数的前面补零，如 N0028；反之则是 N28。

(4) 行号递增数值：程序段行号之间的间隔。如 N002 与 N0025 之间的间隔为 5，建议选取比较适中的递增数值，这样有利于程序的管理。

4. 编程方式设置

编程方式有绝对编程 G90 和相对编程 G91 两种方式。

5. 坐标输出格式设置

(1) 坐标输出格式：决定数控程序中数值的格式是小数还是整数。

(2) 机床分辨率：机床的加工精度，如果机床精度为 0.001mm，则分辨率应设置为 1000，以此类推。

(3) 输出小数位数：同样可以控制加工精度。但不能超过机床精度，否则是没有实际意义的。

6. 圆弧控制设置

圆弧控制设置主要设置控制圆弧的编程方式，即是采用圆心编程方式还是采用半径编程方式。

(1) 圆心坐标：按圆心坐标编程时，圆心坐标的各种含义是针对不同的数控机床而言。不同机床之间其圆心坐标编程的含义不同，但对于特定的机床其含义只有其中一种。圆心坐标(I,J,K)有三种含义。

(2) 绝对坐标：采用绝对编程方式，圆心坐标(I,J,K)坐标值为相对于工件零点绝对坐标系的绝对值。

(3) 圆心对起点：圆心坐标以圆弧起点坐标为参考点取值。

(4) 起点对圆心：圆弧起点坐标以圆心坐标为参考点取值。

(5) 圆弧半径：当采用半径编程时，采用半径正负区别的方法来控制圆弧是劣圆弧还是优圆弧。圆弧半径 R 的含义即表现为以下两种：

① 优圆弧：圆弧大于"180"，R 为负值。

② 劣圆弧：圆弧小于"180"，R 为负值。

7. 扩展名控制和后置设置编号

(1) 后置文件扩展名：控制所生成的数控程序磁盘文件名的扩展名。有些机床对数控程序要求有扩展名，有些机床没有这个要求，应视不同的机床而定。

(2) 后置程序号：记录后置设置的程序号，不同的机床其后置设置不同，所以采用程序号来记录这些设置，以便于用户日后使用。

5.3.5.3 G代码的生成

生成 G 代码就是按照当前机床类型的配置要求，把已经生成的刀具轨迹转化成 G 代码数据文件，即 CNC 数控程序，后置生成的数控程序是数控编程的最终结果，有了数控程序就可以直接输入机床进行数控加工。

在对机床进行了配置，并对后置格式进行了设置后，就很容易生成加工轨迹的后置 G 代码。操作步骤如下：

(1) 选择【加工】→【后置处理】→【生成 G 代码】，弹出的对话框如图 5-94 所示。

图 5-94 【生成后置代码】对话框

(2) 选择要生成 G 代码刀具轨迹,可以连续选择多条刀具轨迹,单击【确定】按钮。
(3) 系统给出 *.cut 格式的 G 代码文本文档,文件保存成功。

5.4 CAXA 制造工程师编程实例

5.4.1 五角星的造型与加工

五角星造型及二维图如图 5-95 所示。

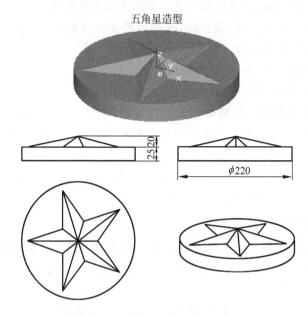

图 5-95 五角星造型及二维图

1. 五角星的造型

由图 5-95 可知五角星的造型特点主要是有多个空间面组成的,因此在构造实体时首先应使用空间曲线构造实体的空间线架,然后利用直纹面生成曲面。可以逐个生成也可以将生成的一个角的曲面进行圆形均步阵列,最终生成所有的曲面。最后使用曲面裁剪实体的方法生成实体,完成造型。

(1) 圆的绘制。单击曲线生成工具栏上的 ⊙ 按钮,进入空间曲线绘制状态,在特征树下方的立即菜单中选择作圆方式【圆心点_半径】,然后按照提示用鼠标点取坐标系原点,也可以按回车键,在弹出的对话框内输入圆心点的坐标(0,0,0),半径 $R=100$ 并确认,然后单击鼠标右键结束该圆的绘制。

(2) 五边形的绘制。单击曲线生成工具栏上的 ⊙ 按钮,在特征树下方的立即菜单中选择【中心】定位,边数 5 条,回车确认,内接。按照系统提示点取中心点,内接半径为 100 (输入方法与圆的绘制相同),然后单击鼠标右键结束该五边形的绘制,这样就得到了五角星的 5 个角点,如图 5-96 所示。

(3) 构造五角星的轮廓线。通过上述操作我们得到了五角星的 5 个角点,使用曲线生成工具栏上的直线按钮 ╱，在特征树下方的立即菜单中选择【两点线】、【连续】、【非正交】（如图 5-97 所示），将五角星的各个角点连接，如图 5-97 所示。

图 5-96　五边形绘制　　　　　　　　　图 5-97　五角星轮廓线绘制

使用【删除】工具将多余的线段删除，单击 ⌀ 按钮，用鼠标直接点取多余的线段，拾取的线段会变成红色，单击右键确认，如图 5-98 所示。

裁剪后图中还会剩余一些线段，单击线面编辑工具栏中"曲线裁剪"按钮 ⌀，在特征树下方的立即菜单中选择【快速裁剪】、【正常裁剪】方式，用鼠标点取剩余的线段就可以实现曲线裁剪。这样我们就得到了五角星的一个轮廓，如图 5-99 所示。

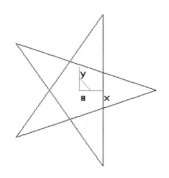 

图 5-98　删除多余线段　　　　　　　　图 5-99　五角星轮廓

（4）构造五角星的空间线架。在构造空间线架时，我们还需要五角星的一个顶点，因此需要在五角星的高度方向上找到一点(0,0,20)，以便通过两点连线实现五角星的空间线架构造。

使用曲线生成工具栏上的直线按钮 ╱，在特征树下方的立即菜单中选择【两点线】、【连续】、【非正交】，用鼠标点取五角星的一个角点，然后按回车键，输入顶点坐标(0,0,20)，同理，作五角星各个角点与顶点的连线，完成五角星的空间线架。如图 5-100 所示。

 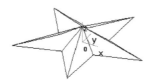

图 5-100　五角星三维线架

2．五角星曲面生成

（1）通过直纹面生成曲面。选择五角星的一个角为例，用鼠标单击曲面工具栏中的

直纹面按钮 ,在特征树下方的立即菜单中选择【曲线＋曲线】的方式生成直纹面,然后用鼠标左键拾取该角相邻的两条直线完成曲面,如图 5-101 所示。

图 5-101 曲面生成

注意：在拾取相邻直线时,鼠标的拾取位置应该尽量保持一致(相对应的位置),这样才能保证得到正确的直纹面。

(2) 生成其他各个角的曲面。在生成其他曲面时,我们可以利用直纹面逐个生成曲面,也可以使用阵列功能对已有一个角的曲面进行圆形阵列来实现五角星的曲面构成。单击几何变换工具栏中的 按钮,在特征树下方的立即菜单中选择【圆形】阵列方式,分布形式【均布】,份数【5】,用鼠标左键拾取一个角上的两个曲面,单击鼠标右键确认,然后根据提示输入中心点坐标(0,0,0),也可以直接用鼠标拾取坐标原点,系统会自动生成各角的曲面。如图 5-102 所示。

图 5-102 其他各角曲面生成

注意：在使用圆形阵列时,一定要注意阵列平面的选择,否则曲面会发生阵列错误。因此,在本例中使用阵列前最好按一下快捷键 F5,用来确定阵列平面为 XOY 平面。

(3) 生成五角星的加工轮廓平面。先以原点为圆心点作圆,半径为 110。

用鼠标单击曲面工具栏中的平面工具按钮 ,并在特征树下方的立即菜单中选择【裁剪平面】。用鼠标拾取平面的外轮廓线,然后确定链搜索方向(用鼠标点取箭头),系统会提示拾取第一个内轮廓线(见图 5-103(a)),用鼠标拾取五角星底边的一条线(见图 5-103(b)),单击鼠标右键确定,完成加工轮廓平面,如图 5-103(c)所示。

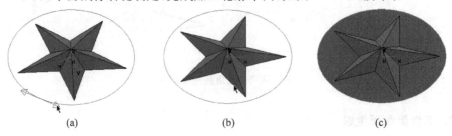

(a)　　　　　　　　(b)　　　　　　　　(c)

图 5-103 生成五角星加工轮廓平面

3. 生成加工实体

(1) 生成基本体。选中特征树中的 XOY 平面,单击鼠标右键选择【创建草图】,如图 5-104 所示。或者直接单击创建草图按钮 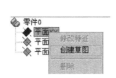（或按快捷键 F2),进入草图绘制状态。

单击曲线生成工具栏上的曲线投影按钮 ,用鼠标拾取已有的外轮廓圆,将圆投影到草图上,如图 5-105 所示。

图 5-104　创建草图对话框　　图 5-105　外轮廓投影

单击特征工具栏上的拉伸增料按钮 ,在拉伸增料对话框中选择相应的选项,如图 5-106 所示。单击【确定】按钮完成。

图 5-106　拉伸增料

(2) 利用曲面裁剪除料生成实体。单击特征工具栏上的曲面裁剪除料按钮 ,用鼠标拾取已有的各个曲面,并且选择除料方向,如图 5-107 所示,单击【确定】按钮完成。

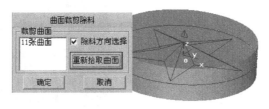

图 5-107　曲面裁剪除料

(3) 利用隐藏功能将曲面隐藏。单击并选择【编辑】→【隐藏】,用鼠标从右向左框选实体(用鼠标单个拾取曲面),单击右键确认,实体上的曲面就被隐藏了。如图 5-108 所示。

注意：由于在实体加工中,有些图线和曲面是需要保留的,因此不要随便删除。

4. 加工前的准备工作

1) 设定加工刀具

(1) 在【加工管理】特征树中,双击 刀具库：fanuc 图标,进入【刀具库管理】界面,弹出

图 5-108 曲面隐藏

【刀具库管理】对话框。单击【增加刀具】按钮,在对话框中输入铣刀名称,如图 5-109 所示。

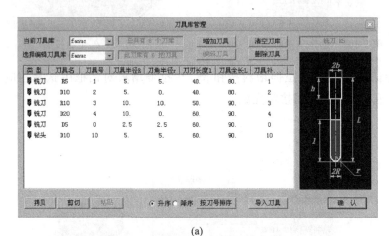

图 5-109 刀具选择

（2）设定增加的铣刀的参数。在【刀具库管理】对话框中输入正确的数值,刀具定义即可完成。其中的刀刃长度和刃杆长度与仿真有关而与实际加工无关,在实际加工中要正确选择吃刀量和吃刀深度,以免刀具损坏。

2) 后置设置

用户可以增加当前使用的机床,给出机床名,定义适合自己机床的后置格式。系统默认的格式为 FANUC 系统的格式。

(1) 选择【加工】→【后置处理】→【后置设置】命令,弹出【机床设置】对话框。

(2) 增加机床设置。选择当前机床类型,如图 5-110 所示。

图 5-110　机床信息选择

(3) 后置处理设置。选择【后置设置】选项卡,根据当前的机床,设置各参数,如图 5-111 所示。

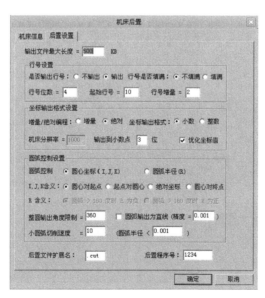

图 5-111　后置设置

3）设定毛坯

在【加工管理】特征树中，双击 毛坯 图标，弹出【定义毛坯】对话框，选择【参照模型】，如图 5-112 蓝色线框即为毛坯。

图 5-112　毛坯设定

4）加工方法选择

五角星的整体形状是较为平坦，因此整体加工时应该选择等高粗加工，精加工时应采用曲面区域精加工。

5．等高粗加工刀具轨迹

（1）设置粗加工参数。单击【加工】→【粗加工】→【等高线粗加工】，在弹出的粗加工参数表中设置粗加工参数，如图 5-113(a) 所示。设置粗加工铣刀参数，如图 5-114(b) 所示。

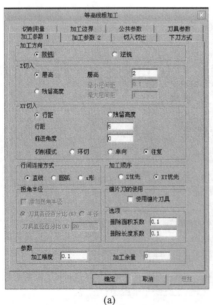
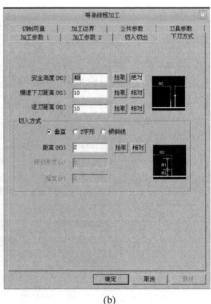

(a)　　　　　　　　　　　　　　　　　(b)

图 5-113　粗加工参数选择

(2) 设置粗加工切削用量参数,如图 5-114 所示。

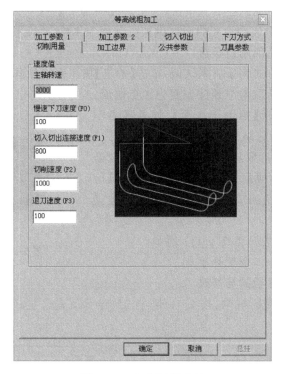

图 5-114　切削用量选择

(3) 确认进退刀方式、下刀方式系统默认值,单击【确定】按钮退出参数设置。

(4) 按系统提示拾取加工轮廓。拾取设定加工范围的矩形后单击链搜索箭头;按系统提示【拾取加工曲面】,选中整个实体表面,系统将拾取到的所有曲面变红,然后按鼠标右键结束。如图 5-115 所示。

(5) 生成粗加工刀路轨迹。系统提示:【正在准备曲面请稍候】、【处理曲面】等,然后系统就会自动生成粗加工轨迹。结果如图 5-116 所示。

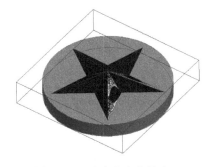
图 5-115　选中整个实体表面

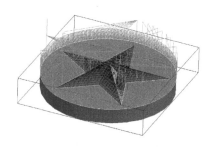
图 5-116　粗加工轨迹生成

(6) 隐藏生成的粗加工轨迹。拾取轨迹,单击鼠标右键,在弹出菜单中选择【隐藏】命令,隐藏生成的粗加工轨迹,以便于下步操作。

6. 曲面区域加工

(1) 设置曲面区域加工参数。单击【加工】→【精加工】→【曲面区域精加工】,在弹出的曲面区域精加工参数表中设置曲面区域加工精加工参数,并设置精加工铣刀参数。

(2) 设置精加工切削用量参数。

(3) 确认进退刀方式为系统默认值,单击【确定】按钮完成并退出精加工参数设置。

(4) 按系统提示拾取整个零件表面为加工曲面,按右键确定。系统提示【拾取干涉面】,如果零件不存在干涉面,按右键确定跳过。系统会继续提示【拾取轮廓】,用鼠标直接拾取零件外轮廓,单击右键确认,然后选择并确定链搜索方向。系统最后提示【拾取岛屿】,由于零件不存在岛屿,可以单击右键确定跳过。

(5) 生成精加工轨迹,如图 5-117 所示。

图 5-117　精加工轨迹

注意:精加工的加工余量等于 0。

7. 加工仿真、刀路检验与修改

(1) 在加工管理特征树中,按 Ctrl 键,选定、显示所有已生成的粗/精加工轨迹,如图 5-118 所示。

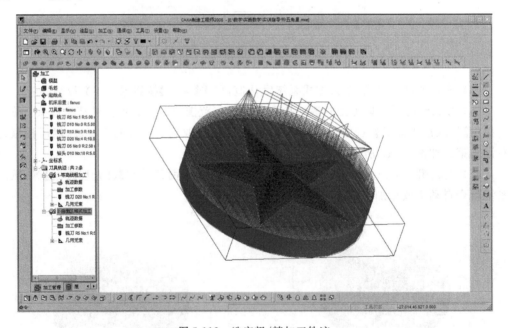

图 5-118　选定粗/精加工轨迹

(2) 在加工管理特征树中按鼠标右键,选择实体仿真,进入实体仿真界面,如图 5-119 所示。

(3) 在仿真过程中,系统显示走刀方式。

(4) 观察仿真加工走刀路线,检验判断刀路是否正确、合理(有无过切等错误)。

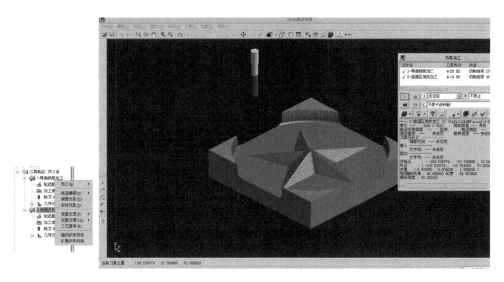

图 5-119　加工实体仿真

(5) 仿真检验无误后,可保存粗/精加工轨迹。

8. 生成 G 代码

(1) 单击【加工】→【后置处理】→【生成 G 代码】,在弹出的【选择后置文件】对话框中给定要生成的 NC 代码文件名(五角星.cut)及其存储路径(可自定),单击【保存】按钮退出,如图 5-120 所示。

图 5-120　NC 代码存储路径

(2) 分别拾取粗加工轨迹与精加工轨迹,按右键确定,生成加工 G 代码,如图 5-121 所示。

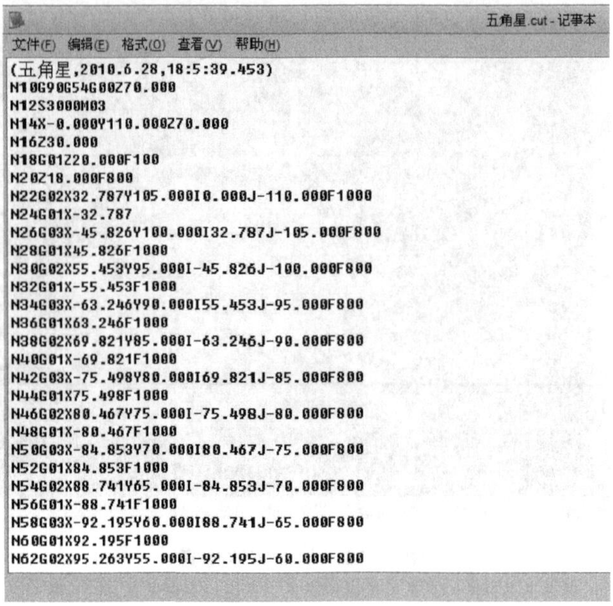


```
(五角星,2010.6.28,18:5:39.453)
N10G90G54G00Z70.000
N12S3000M03
N14X-0.000Y110.000Z70.000
N16Z30.000
N18G01Z20.000F100
N20Z18.000F800
N22G02X32.787Y105.000I0.000J-110.000F1000
N24G01X-32.787
N26G03X-45.826Y100.000I32.787J-105.000F800
N28G01X45.826F1000
N30G02X55.453Y95.000I-45.826J-100.000F800
N32G01X-55.453F1000
N34G03X-63.246Y90.000I55.453J-95.000F800
N36G01X63.246F1000
N38G02X69.821Y85.000I-63.246J-90.000F800
N40G01X-69.821F1000
N42G03X-75.498Y80.000I69.821J-85.000F800
N44G01X75.498F1000
N46G02X80.467Y75.000I-75.498J-80.000F800
N48G01X-80.467F1000
N50G03X-84.853Y70.000I80.467J-75.000F800
N52G01X84.853F1000
N54G02X88.741Y65.000I-84.853J-70.000F800
N56G01X-88.741F1000
N58G03X-92.195Y60.000I88.741J-65.000F800
N60G01X92.195F1000
N62G02X95.263Y55.000I-92.195J-60.000F800
```

图 5-121　G 代码

9. 生成加工工艺单

生成加工工艺单的目的有 3 个：一是车间加工的需要，当加工程序较多时可以使加工有条理，不会产生混乱；二是方便编程者和机床操作者的交流；三是车间生产和技术管理上的需要，加工完的工件的图形档案、G 代码程序可以和加工工艺单一起保存，一年以后如需要再加工此工件，那么可以立即取出来就加工，一切都很清楚，不需要再做重复的劳动。

(1) 选择【加工】→【工艺清单】命令，弹出【工艺清单】对话框，如图 5-122 所示，输入文件名。

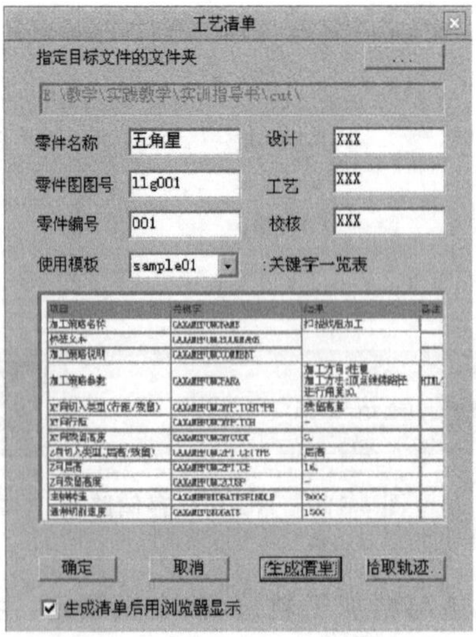

图 5-122　【工艺清单】对话框

(2) 拾取加工轨迹,用鼠标选取或用窗口选取或按 W 键,选中全部刀具轨迹,单击右键确认,生成加工工艺单,如图 5-123 所示。

(a)

项目	关键字	结果	备注
零件名称	CAXAMEDETAILPARTNAME	五角星	
零件图图号	CAXAMEDETAILPARTID	001	
零件编号	CAXAMEDETAILDRAWINGID	llg001	
生成日期	CAXAMEDETAILDATE	2010.6.28	
设计人员	CAXAMEDETAILDESIGNER	XXX	
工艺人员	CAXAMEDETAILPROCESSMAN	XXX	
校核人员	CAXAMEDETAILCHECKMAN	XXX	
机床名称	CAXAMEMACHINENAME	fanuc	
全局刀具起始点X	CAXAMEMACHHOMEPOSX	0.	
全局刀具起始点Y	CAXAMEMACHHOMEPOSY	0.	
全局刀具起始点Z	CAXAMEMACHHOMEPOSZ	70.	
全局刀具起始点	CAXAMEMACHHOMEPOS	(0.,0.,70.)	
模型示意图	CAXAMEMODELING		HTML代码

(b)

图 5-123 加工工艺单结果

(3) 加工工艺单可以用 IE 浏览器来看,也可以用 Word 来看并且可以用 Word 来进行修改和添加。

至此五角星的造型、生成加工轨迹、加工轨迹仿真检查、生成 G 代码程序、生成加工工艺单的工作已经全部做完,可以把加工工艺单和 G 代码程序通过工厂的局域网送到车间去了。车间在加工之前还可以通过"CAXA 制造工程师"中的校核 G 代码功能,再看一下加工代码的轨迹形状,做到加工之前胸中有数。把工件打表找正,按加工工艺单的要求找好工件零点,再按工序单中的要求装好刀具找好刀具的 Z 轴零点,就可以开始加工了。

5.4.2 鼠标的曲面造型与加工

鼠标造型及鼠标二维图如图 5-124 所示。

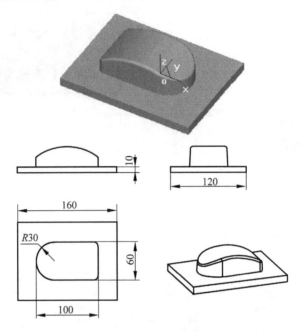

图 5-124 鼠标造型及鼠标二维图

造型思路:鼠标效果图如图 5-124 所示,它的造型特点主要是外围轮廓都存在一定的角度,因此在造型时首先想到的是实体的拔模斜度,如果使用扫描面生成鼠标外轮廓曲面时,就应该加入曲面扫描角度。在生成鼠标上表面时,我们可以使用两种方法:一如果用实体构造鼠标,我们应该利用曲面裁剪实体的方法来完成造型,也就是利用样条线生成的曲面,对实体进行裁剪;二如果使用曲面构造鼠标,我们就利用样条线生成的曲面对鼠标的轮廓进行曲面裁剪完成鼠标上曲面的造型。做完上述操作后我们就可以利用直纹面生成鼠标的底面曲面,最后通过曲面过渡完成鼠标的整体造型。鼠标样条线坐标点:(-60,0,15),(-40,0,25),(0,0,30),(20,0,25),(40,9,15)。

1. 生成扫描面

(1) 按 F5 键,将绘图平面切换到在平面 XOY 上。

(2) 单击矩形功能图标 □,在无模式菜单中选择【两点矩形】方式,输入第一点坐标(-60,30,0),第二点坐标(40,-30,0),矩形绘制完成,如图 5-125 所示。

(3) 单击圆弧功能图标 ⊙,选择三点方式,按空格键,选择切点方式,作一圆弧,与长方形右侧三条边相切。然后单击删除功能图标 ⌀,拾取右侧的竖边,

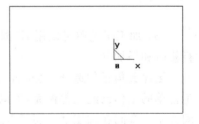

图 5-125 生成矩形

右键确定,删除完成,如图 5-126 所示。

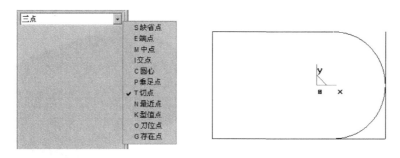

图 5-126　完成圆弧

(4) 单击裁剪功能图标 ,拾取圆弧外的直线段,裁剪完成,结果如图 5-127 所示。

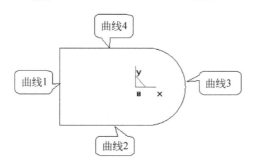

图 5-127　完成裁剪

(5) 单击曲线组合按钮 ,在立即菜中选择【删除原曲线】方式。状态栏提示【拾取曲线】,按空格键,弹出拾取快捷菜单,单击【单个拾取】方式,单击曲线 2、曲线 3、曲线 4,按右键确认,如图 5-128 所示。

(6) 按 F8,将图形旋转为轴侧图,如图 5-129 所示。

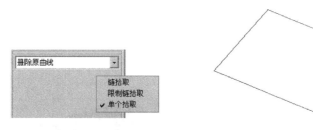

图 5-128　删除原曲线对话框　　　　图 5-129　轴侧图

(7) 单击扫描面按钮 ,在立即菜单中输入起始距离 0,扫描距离 40,扫描角度 2。然后按空格键,弹出矢量选择快捷菜单,单击【Z 轴正方向】,如图 5-130 所示。

(8) 按状态栏提示拾取曲线,依次单击曲线 1 和组合后的曲线,生成两个曲面,如图 5-131 所示。

图 5-130 扫描面对话框

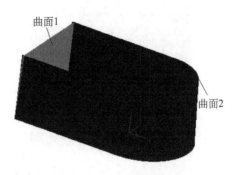
图 5-131 曲面裁剪

2. 曲面裁剪

(1) 单击曲面裁剪按钮 ，在立即菜单中选择【面裁剪】、【裁剪】和【相互裁剪】。按状态栏提示拾取被裁剪的曲面 2 和剪刀面曲面 1，两曲面裁剪完成，如图 5-132 所示。

图 5-132 绘制样条曲线

(2) 单击样条功能图标 ，按回车键，依次输入坐标点(−60,0,15),(−40,0,25),(0,0,30),(20,0,25),(40,9,15),右键确认，样条生成，结果如图 5-133 所示。

(3) 单击扫描面功能图标 ，在立即菜单中，输入起始距离值 −40，扫描距离值 80，扫描角度 0，系统提示【输入扫描方向】，按空格键弹出方向工具菜单，选择其中的【Y 轴正方向】，拾取样条线，扫描面生成，结果如图 5-134 所示。

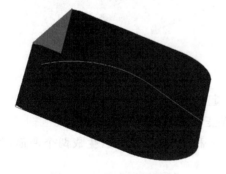
图 5-133 绘制样条曲线

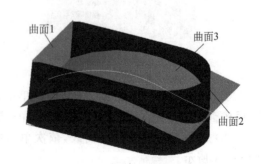
图 5-134 生成扫描面

(4) 单击曲面裁剪按钮，在立即菜单中选择【面裁剪】、【裁剪】和【相互裁剪】。按提示拾取被裁剪面曲面 2（鼠标指向所留曲面部分）、剪刀面曲面 3（鼠标指向所留曲面部分），曲面裁剪完成，如图 5-135 所示。

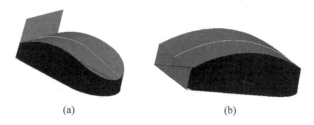

(a)   (b)

图 5-135　曲面在此裁剪

(5) 单击主菜单【编辑】下拉菜单【隐藏】，按状态栏提示拾取所有曲线使其不可见，如图 5-136 所示。

3. 生成直纹面

(1) 单击【线面可见】按钮，拾取底部的两条曲线，按右键确认其可见。

(2) 单击【直纹面】按钮，拾取两条曲线生成直纹面，如图 5-137 所示。

图 5-136　隐藏所有曲线   图 5-137　生成直纹面

4. 曲面过渡

(1) 单击【曲面过渡】，在立即菜单中选择【三面过渡】、【内过渡】和【等半径】，输入半径值 2，选【裁剪曲面】，如图 5-138 所示。

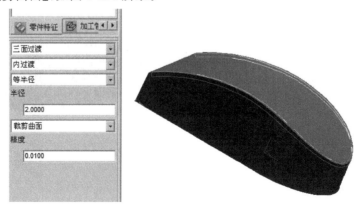

图 5-138　完成曲面过渡

(2) 按状态栏提示拾取曲面 1、曲面 2 和曲面 3,选择向里的方向,曲面过渡完成,结果如图 5-138 所示。

5. 拉伸增料生成鼠标电极的托板

(1) 按 F5 键切换绘图平面为 XOY 面,然后单击特征树中的【平面 XY】,将其作为绘制草图的基准面。

(2) 单击【绘制草图】按钮,进入草图状态。

(3) 单击曲线生成工具栏上的矩形按钮 ▭,绘制矩形,起点(-90,60,0)、终点(70,-60,0),如图 5-139 所示。

(4) 单击绘制草图按钮 ✎,退出草图状态。

(5) 单击拉伸增料按钮 ▣,在对话框中输入深度 10,选中【反向拉伸】复选框,并确定。按 F8,其轴侧图如图 5-140 所示。

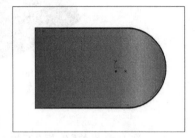

图 5-139 绘制矩形

单击曲线生成工具栏上的矩形按钮 ▭,拾取鼠标托板的两对角点,绘制如图 5-141 所示的矩形。在【加工管理】特征树中,双击 毛坯 图标,弹出定义毛坯对话框,选择【三点方式】,选择矩形对角的两个端点,拟定高度为 40,如图 5-142 所示蓝色线框即为毛坯。

图 5-140 矩形拉伸增料   图 5-141 绘制托板

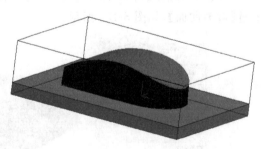

图 5-142 设定毛坯

6. 加工前的准备工作

加工前的准备工作包括设定加工刀具、后置设置和设定加工范围。

鼠标电极的整体形状较为陡峭,整体加工选择等高粗加工,精加工采用等高精加工+

补加工。局部精加工还可以使用平面区域、平面轮廓(拔模斜度)以及参数线加工。

7. 等高粗加工

(1) 设置粗加工参数。单击【应用】→【轨迹生成】→【等高线粗加工】,在弹出的粗加工参数表中设置粗加工参数和粗加工铣刀参数。

(2) 设置粗加工切削用量参数。

(3) 确认进退刀方式、下刀方式等的系统默认值,单击【确定】按钮退出参数设置。

(4) 按系统提示拾取加工对象,按鼠标右键确认,在根据系统提示拾取加工边界。

(5) 生成粗加工刀路轨迹。系统提示:【正在准备曲面请稍候】、【处理曲面】等,然后系统就会自动生成粗加工轨迹,结果如图 5-143 所示。

(6) 隐藏生成的粗加工轨迹。拾取轨迹,单击鼠标右键,在弹出菜单中选择【隐藏】命令,隐藏生成的粗加工轨迹,以便于下步操作。

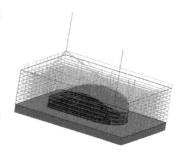

图 5-143 粗加工轨迹

8. 等高线精加工

(1) 设置等高精线加工参数。单击【加工】→【精加工】→【等高线精加工】,在弹出的等高精加工参数表中设置等高线精加工参数,如图 5-144 所示。

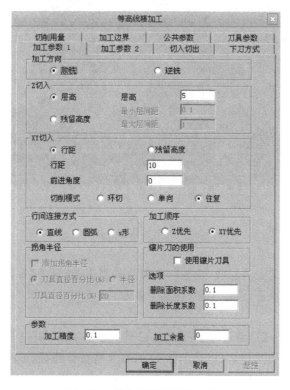

图 5-144 等高线精加工参数选择

(2) 切削用量、进退刀方式和铣刀参数按照粗加工的参数来设定,完成后单击【确定】按钮。

(3) 按系统提示拾取加工轮廓和加工边界,按右键确定。

(4) 生成精加工轨迹,如图 5-145 所示。

注意:精加工的加工余量等于 0。

9. 加工仿真

(1) 在加工管理特征树中,按 Ctrl 键,选定、显示所有已生成的粗/精加工轨迹,如图 5-146 所示。

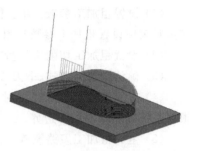

图 5-145 精加工轨迹生成

(2) 在加工管理特征树中按鼠标右键,选择实体仿真,进入实体仿真界面,如图 5-146 所示。在仿真过程中,系统显示走刀方式。

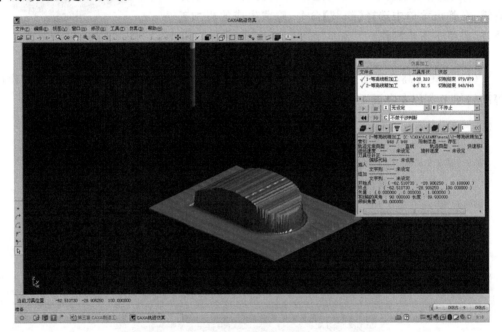

图 5-146 实体加工仿真

(3) 观察仿真加工走刀路线,检验判断刀路是否正确、合理(有无过切等错误)。

(4) 仿真检验无误后,可保存粗/精加工轨迹。

10. 生成 G 代码

(1) 单击【加工】→【后置处理】→【生成 G 代码】,在弹出的【选择后置文件】对话框中给定要生成的 NC 代码文件名(鼠标粗加工.cut)及其存储路径,单击【确定】按钮。

(2) 按提示分别拾取粗加工轨迹,按右键确定,生成粗加工 G 代码,结果如图 5-147 所示。

(3) 用同样方法生成精加工 G 代码。

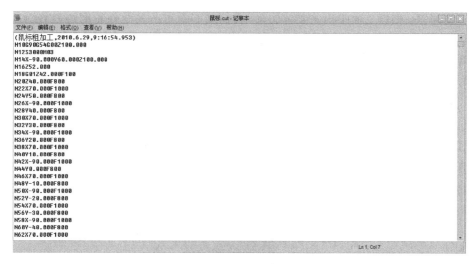

图 5-147 G 代码生成

11. 生成加工工艺单

(1) 选择【加工】→【工艺清单】命令,弹出工艺清单对话框,输入文件名。

(2) 拾取加工轨迹,用鼠标选取或用窗口选取或按 W 键,选中全部刀具轨迹,单击右键确认,生成加工工艺单。

至此,鼠标的造型和加工过程就结束了。

5.4.3 凸轮的造型与加工

凸轮的造型与二维图如图 5-148 所示。

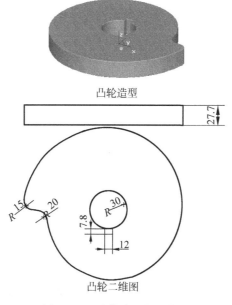

图 5-148 凸轮造型和二维图

造型思路：根据上面给出的实体图形，我们能够看出凸轮的外轮廓边界线是一条凸轮曲线，我们可通过"公式曲线"功能绘制，中间是一个键槽。此造型整体是一个柱状体，所以我们通过拉伸功能可以造型。然后利用圆角过渡功能过渡相关边即可。

1. 绘制草图

（1）选择菜单【文件】→【新建】命令或者单击标准工具栏上的图标 ▯，新建一个文件。

（2）按 F5 键，在 XOY 平面内绘图。选择菜单【造型】→【曲线生成】→【公式曲线】命令或者单击曲线生成栏中的图标 f(x)，弹出如图 5-149 所示的对话框，选中【极坐标系】选项，设置参数如图 5-149 所示。

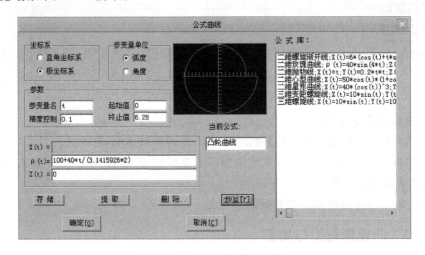

图 5-149 【公式曲线】对话框

（3）单击【确定】按钮，此时公式曲线图形跟随鼠标，定位曲线端点到原点，如图 5-150 所示。

（4）单击曲线生成栏中的直线工具 ╱，在导航栏上选择【两点线】、【连续】、【非正交】，将公式曲线的两个端点链接，如图 5-151 所示。

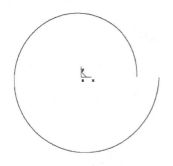
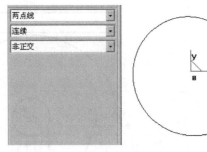

图 5-150 定位曲线到原点　　　　图 5-151 连接曲线的两个端点

（5）选择曲线生成栏中的整圆工具 ⊙，然后在原点处单击鼠标左键，按回车键，弹出输入半径文本框，如图 5-152（a）所示设置半径为"30"，然后按回车键。画圆如图 5-152（b）

所示。

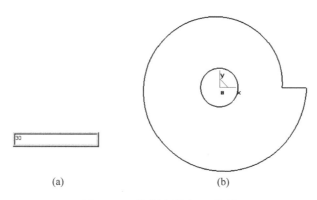

图 5-152 绘制半径为 30 的圆

(6) 单击曲线生成栏中的直线工具 ，在导航栏上选择【两点线】、【连续】、【正交】、【长度方式】，并输入长度为 12，如图 5-153(a)所示，按回车键。

(7) 选择原点，并在其右侧单击鼠标，长度为 12 的直线显示在工作环境中，如图 5-154 所示。

图 5-153 曲线生成栏对话框　　　　图 5-154 直线显示

(8) 选择几何变换栏中的平移工具 ，设置平移参数如图 5-155 所示。选中上述直线，单击鼠标右键，选中的直线移动到指定的位置。

(9) 选择曲线生成栏中的直线工具 ，在导航栏上选择【两点线】、【连续】、【正交】、【点方式】，画出键槽，如图 5-156 所示。

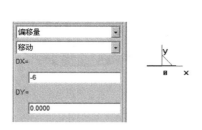 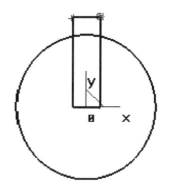

图 5-155 偏移直线　　　　图 5-156 绘制键槽

(10) 选择曲线裁剪工具 ，参数设置如图 5-157(a)所示，修剪草图如图 5-157(b)所示。

图 5-157 曲线裁剪

(11) 选择显示全部工具 ，绘制的图形如图 5-158 所示。

(12) 选择曲线过渡工具 ，参数设置如图 5-159(a)所示，选择两条曲线过渡，如图 5-159(b)所示。然后将圆弧过渡的半径值修改为 15，选择如图鼠标处两条曲线，再进行圆弧过渡。

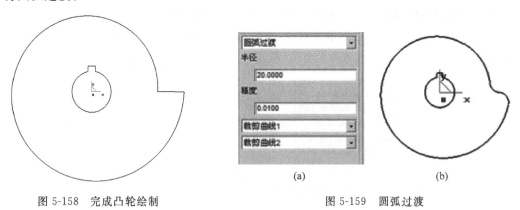

图 5-158 完成凸轮绘制　　　　图 5-159 圆弧过渡

2. 实体造型

(1) 拉伸增料。选择拉伸增料工具 ，在弹出的对话框中设置参数，如图 5-160 所示。

图 5-160 生成凸轮实体

(2) 过渡。单击特征生成栏中的过渡图标 ，设置参数，选择键槽上的 2 条边，如图 5-161 所示，然后单击【确定】按钮。

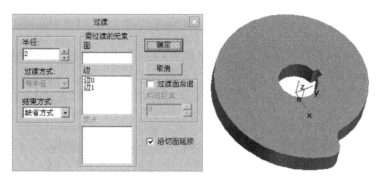

图 5-161　键槽棱边过渡

3. 凸轮曲面加工

因为凸轮的整体形状就是一个轮廓,所以粗加工和精加工都采用平面轮廓方式。注意在加工之前应该将凸轮的公式曲线生成的样条轮廓转为圆弧,这样加工生成的代码可以走圆弧插补,从而生成的代码最短,加工的效果最好。

(1) 修改草图 0,删除圆孔和键槽,然后重新生成实体。

(2) 绘出粗加工轮廓线,由凸轮底部的外轮廓线向外等距 5 所得,如图 5-162 所示。

(3) 单击相贯线按钮 ,在立即菜单中的选择特征树中选择【实体边界】,拾取新造型上面的轮廓线,生成轮廓样条线如图 5-163 所示。

图 5-162　凸轮粗加工轮廓线绘制　　　　图 5-163　轮廓样条曲线生成

(4) 单击样条转圆弧按钮 ,拾取凸轮轮廓线上的样条曲线,转为圆弧,并删除原来的样条曲线,如图 5-164 所示。

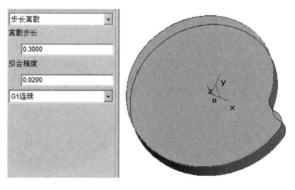

图 5-164　样条曲线转圆弧

4. 加工前的准备工作

加工前的准备工作主要包括设定加工刀具和后置设置。

用户可以增加当前使用的机床,给出机床名,定义适合自己机床的后置格式。系统默认的格式为 FANUC 系统的格式。

(1) 后置处理设置。选择【后置设置】标签,根据当前的机床,设置各参数,如图 5-165 所示。

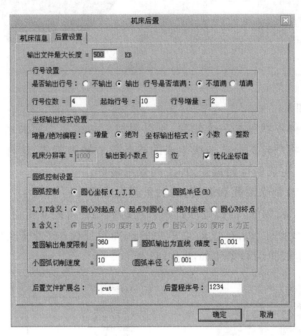

图 5-165 机床后置参数设置

(2) 设定毛坯。此例的加工范围直接拾取两点方式,其他参数如图 5-166 所示。

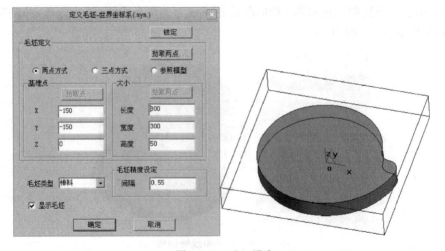

图 5-166 毛坯设定

5. 粗加工——平面区域粗加工

(1) 在菜单上选择【造型】→【粗加工】→【平面轮廓加工】命令,弹出【平面区域粗加工】对话框,设置参数如图 5-167 所示。

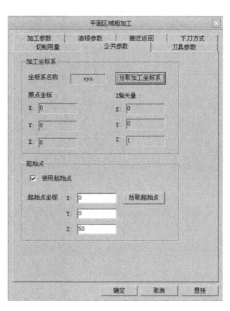

图 5-167 平面区域粗加工参数设定

(2) 选择【切削用量】选项卡,设置参数如图 5-168 所示。

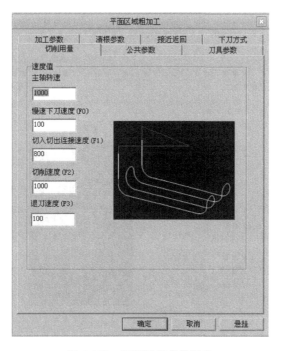

图 5-168 切削用量参数设定

(3) 进退刀方式和下刀方式设置为默认方式,如图 5-169 所示。

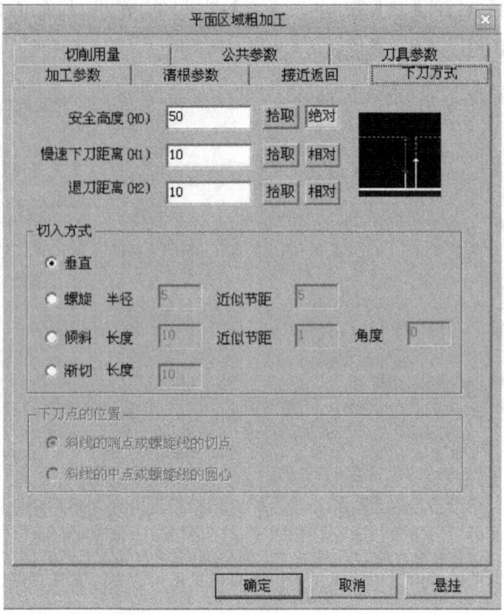

图 5-169　进退刀、下刀方式

(4) 选择【刀具参数】选项卡,选择在刀具库中定义好的 D10 球头铣刀,单击【确定】按钮,如图 5-170 所示。

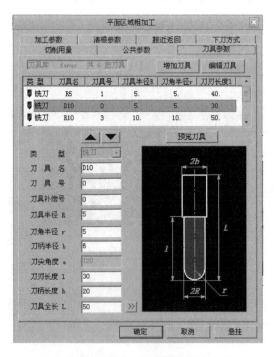

图 5-170　刀具参数设定

(5) 在状态栏提示【拾取轮廓和加工方向】,用鼠标拾取等距所得的轮廓线,如图 5-171 所示。

(6) 单击鼠标右键,状态栏提示【拾取箭头方向】,选择图中向外箭头。

(7) 单击鼠标右键,在工作环境中即生成加工轨迹,如图 5-172 所示。

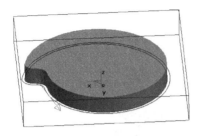

图 5-171 拾取轮廓和加工方向

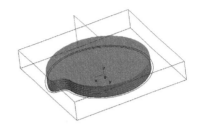

图 5-172 生成粗加工轨迹

6. 精加工——轮廓线精加工

(1) 首先把粗加工的刀具轨迹隐藏掉。

(2) 菜单上选择【加工】→【精加工】→【轮廓线精加工】命令,弹出【轮廓线精加工】对话框,参数设置如图 5-173 所示,然后单击【确定】按钮。

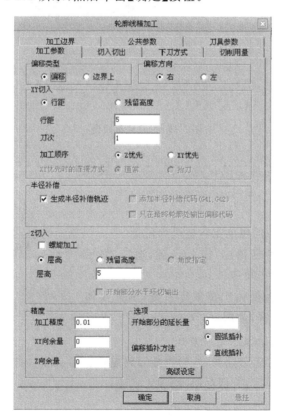

图 5-173 【轮廓线精加工】对话框

(3) 选择【刀具参数】选项卡,选择在刀具库中定义好的 D20 平铣刀,单击【确定】按钮,如图 5-174 所示。

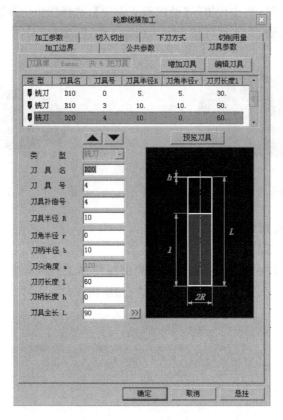

图 5-174　刀具参数设定

(4) 其他参数同粗加工的设置一样,精加工轨迹如图 5-175 所示。

7. 加工仿真

(1) 首先把隐藏掉的粗加工轨迹设为可见。

(2) 在加工管理特征树中,按 Ctrl 键,选定、显示所有已生成的粗/精加工轨迹。

(3) 在加工管理特征树中按鼠标右键,选择实体仿真,进入实体仿真界面,如图 5-176 所示。

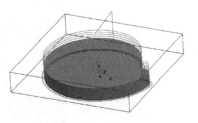

图 5-175　生成精加工轨迹

在仿真过程中,系统显示走刀方式。

(4) 观察仿真加工走刀路线,检验判断刀路是否正确、合理(有无过切等错误)。

(5) 仿真检验无误后,可保存粗/精加工轨迹。

8. 生成 G 代码

(1) 单击【加工】→【后置处理】→【生成 G 代码】,在弹出的【选择后置文件】对话框中给定要生成的 NC 代码文件名(凸轮粗加工.cut)及其存储路径,单击【确定】按钮。

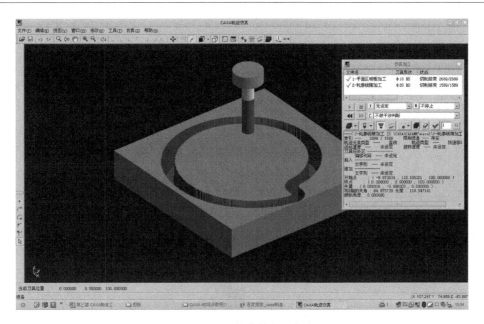

图 5-176 凸轮实体加工仿真

(2) 按提示分别拾取粗加工轨迹,按右键确定,生成粗加工 G 代码。

(3) 同样方法生成精加工 G 代码,结果如图 5-177 所示。

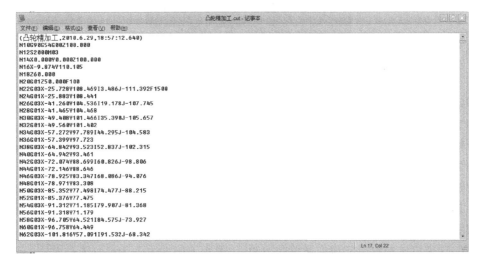

图 5-177 生成 G 代码

9. 生成加工工艺单

(1) 选择【加工】→【工艺清单】命令,弹出"工艺清单"对话框,输入文件名。

(2) 拾取加工轨迹,用鼠标选取或用窗口选取或按 W 键,选中全部刀具轨迹,单击右键确认,生成加工工艺单。

至此,凸轮的造型和加工过程就结束了。

第6章 数控线切割加工工艺及编程

6.1 数控线切割加工概述

电火花线切割加工(wire cut EDM,WEDM)是在电火花加工基础上发展起来的一种新的工艺形式,是用线状电极(铜丝或钼丝)靠火花放电对工件进行切割,故称为电火花线切割。电火花线切割加工机床的运动由数控装置控制时,称为数控线切割加工。数控线切割机床的外观如图6-1所示。

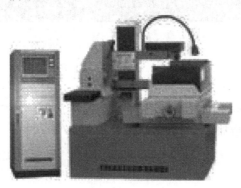

图 6-1 数控线切割机床的外观

1. 数控线切割加工原理

数控线切割加工的基本原理是利用移动的细金属丝(铜丝或钼丝)作为工具电极(接高频脉冲电源的负极),对工件(接高频脉冲电源的正极)进行脉冲火花放电而切割成所需的工件形状与尺寸。

根据电极丝的运行速度,数控线切割机床通常分为两大类:一类是高速走丝数控线切割机床,这类机床的电极丝作高速往复运动,一般走丝速度为8~12m/s,这是我国生产和使用的主要机种,也是我国独创的数控线切割加工模式;另一类是低速走丝数控线切割机床,这类机床的电极丝作低速单向运动,一般走丝速度为0.2m/s,这是国外生产和使用的主要机种。

图6-2所示为高速走丝数控线切割加工原理。被切割的工件作为工件电极,钼丝作为工具电极。脉冲电源发出一连串的脉冲电压,加到工件电极和工具电极上,钼丝与工件之间施加足够的、具有一定绝缘性能的工作液(图中未画出)。当钼丝与工件的距离小到一定程度时,在脉冲电压的作用下,工作液被击穿,钼丝与工件之间形成瞬时放电通道,产生瞬时高温,使金属局部熔化甚至气化而被蚀除下来,若工作台按照规定的步序带动工件不断地进给,就能切割出所需要的形状。由于储丝筒带动钼丝作正、反交替的高速移动,

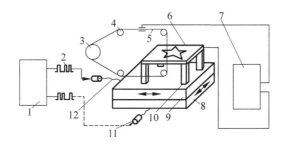

图 6-2　高速走丝数控线切割加工原理

1—数控装置；2—信号；3—储丝筒；4—导轮；5—电极丝；6—工件；7—脉冲电源；
8—下工作台；9—上工作台；10—垫铁；11—步进电机；12—丝杠

所以钼丝基本上不被蚀除，可使用较长时间。

2．数控线切割加工的特点

数控线切割加工具有电火花加工的共性，材料的硬度和韧性并不影响加工速度，常用来加工淬火钢和硬质合金；对于非金属材料的加工，正在研究中。当前绝大多数的线切割机都采用数字程序控制，其工艺特点如下：

(1) 加工用一般切削方法难以加工或无法加工的形状复杂的工件，如冲模、凸轮、样板及外形复杂的精密零件等，尺寸精度可达 0.01～0.02mm，表面粗糙度值可达 $Ra1.6\mu m$。

(2) 不像电火花成形加工那样制造特定形状的工具电极，而是采用直径不等的细金属丝(铜丝或钼丝等)作工具电极，因此切割用的刀具简单，大大降低生产准备工时。

(3) 利用计算机辅助自动编程软件，可方便地加工复杂形状的直纹表面。

(4) 电极丝直径较细($\phi 0.025 \sim \phi 0.3$mm)，切缝很窄，这样不仅有利于材料的利用，而且适合加工细小零件。

(5) 电极丝在加工中是移动的，不断更新(低速走丝)或往复使用(高速走丝)，可以完全或短时间不考虑电极丝损耗对加工精度的影响。

(6) 依靠计算机对电极丝轨迹的控制和偏移轨迹的计算，可方便地调整凹凸模具的配合间隙，依靠锥度切割功能，有可能实现凹凸模一次加工成形。

(7) 对于粗、半精、精加工，只需调整电参数即可，操作方便、自动化程度高。

(8) 加工对象主要是平面形状，台阶盲孔形零件还无法进行加工，但是当机床加上能使电极丝作相应倾斜运动的功能后，可实现锥面加工。

(9) 当零件无法从周边切入时，工件上需钻穿丝孔。

(10) 电极丝在加工中不接触工件，两者之间的作用力很小，因而不要求电极丝、工件及夹具有足够的刚度抵抗切削变形。

(11) 电极丝材料不必比工件材料硬，可以加工用一般切削方法难以加工或无法加工的金属材料和半导体材料，如淬火钢、硬质合金等。

(12) 与一般切削加工相比，线切割加工的效率低，加工成本高，不适合形状简单的大批零件的加工。

3. 数控线切割加工的应用

数控线切割加工为新产品试制、精密零件及模具加工开辟了一条新的途径,主要应用于以下几个方面。

(1) 加工模具。数控线切割加工适用于各种形状的冲模,调整不同的间隙补偿量,只需一次编程就可以切割凸模、凸模固定板、凹模卸料板等,模具配合间隙、加工精度一般都能达到要求。此外,还可加工挤压模、粉末冶金模、弯曲模、塑压模等通常带锥度的模具。

(2) 加工电火花成形加工用的电极。一般穿孔加工的电极以及带锥度型腔加工的电极,对于铜钨、银钨合金之类的材料,用线切割加工特别经济,同时也适用于加工微细复杂形状的电极。

(3) 加工零件。在试制新产品时,用线切割在板料上直接割出零件,例如切割特殊微电机硅钢片定、转子铁心。由于不需另行制造模具,可大大缩短制造周期、降低成本。同时修改设计、变更加工程序比较方便,加工薄件时还可多片叠在一起加工。在零件制造方面,可用于加工品种多、数量少的零件,特殊难加工材料的零件,材料试验样件,各种型孔、凸轮、样板、成形刀具,同时还可以进行微细加工和异形槽加工等。

6.2 数控线切割加工的主要工艺指标及影响因素

6.2.1 数控线切割加工的主要工艺指标

1. 切割速度 v_{wi}

在保持一定的表面粗糙度的切割过程中,单位时间内电极丝中心线在工件上切过的面积总和称为切割速度,单位为 mm^2/min。最高切割速度 v_{wmaxi} 是指在不计切割方向和表面粗糙度等条件下所能达到的切割速度。通常慢速走丝线切割速度为 $40\sim80mm^2/min$,快速走丝线切割速度可达 $350mm^2/min$。最高切割速度与加工电流大小有关,为比较不同输出电流脉冲电源的切割效果,将每安培电流的切割速度称为切割效率,一般切割效率为 $20mm^2/(min \cdot A)$。

2. 表面粗糙度

高速走丝线切割的表面粗糙度一般为 $Ra1.25\sim2.5\mu m$,最佳也只有 $Ra1.6\mu m$ 左右。低速走丝线切割一般可达 $Ra1.25\mu m$,最佳可达 $Ra0.2\mu m$。

3. 电极丝损耗量

对高速走丝机床,电极丝损耗量用电极丝在切割 $10000mm^2$ 面积后电极丝直径的减少量来表示。一般每切割 $10000mm^2$ 后,钼丝直径减小不应大于 $0.01mm$。

4. 加工精度

加工精度是指所加工工件的尺寸精度、形状精度(如直线度、平面度、圆度等)和位置精度(如平行度、垂直度、倾斜度等)的总称。快速走丝线切割的可控加工精度在 $0.01\sim0.02mm$,低速走丝线切割可达 $0.002\sim0.005mm$。

6.2.2 影响数控线切割加工工艺指标的主要因素

1. 电参数对线切割加工指标的影响

（1）脉冲宽度 t_i。通常 t_i 加大时加工速度提高而表面粗糙度变差。一般 $t_i=2\sim60\mu s$，当 $t_i>40\mu s$ 后，加工速度提高不多，且电极丝损耗增大。在分组脉冲及光整加工时，t_i 可小至 $0.5\mu s$ 以下，能改善表面粗糙度至 $Ra<1.25\mu m$。

（2）脉冲间隔 t_o。t_o 减小时平均电流增大，切割速度正比加快，但 t_o 不能过小，以免引起电弧和断丝。一般取 $t_o=(4\sim8)t_i$。在刚切入，或大厚度加工时，应取较大的 t_o 值。

（3）开路电压 μ_i。该值会引起放电峰值电流和电加工间隙的改变。μ_i 提高，加工间隙增大，排屑容易，提高了切割速度和加工稳定性，但易造成电极丝振动，通常 μ_i 的提高还会使丝损耗大，一般 $\mu_i=60\sim150V$。

（4）放电峰值电流 i_e。这是决定单脉冲能量的主要因素之一。i_e 增大时，切割速度提高，表面粗糙度增大，电极丝损耗比加大甚至断丝。一般 i_e 小于 40A，平均电流小于 5A。低速走丝线切割加工时，因脉宽很窄，电极丝又较粗，故 i_e 有时大于 50A。

（5）放电波形。在相同的工艺条件下，高频分组脉冲常常能获得较好的加工效果。电流波形的前沿上升比较缓慢时，电极丝损耗较少。不过当脉宽很窄时，必须有陡的前沿才能进行有效的加工。

（6）极性。线切割加工因脉宽较窄，所以都用正极性加工，工件接电源的正极，否则切割速度变低而电极丝损耗增大。

（7）变频、进给速度。预置进给速度的调节，对切割速度、加工精度和表面质量的影响很大。因此，调节预置进给速度应紧密跟踪工件蚀除速度，以保持加工间隙恒定在最佳值上。

2. 非电参数对线切割加工指标的影响

（1）电极丝直径的影响。电极丝直径对加工精度的影响较大。若电极丝直径过小，则承受电流小，切缝也窄，不利于排屑和稳定加工，不可能获得理想的切割速度。因此在一定范围内，加大电极丝的直径对提高切割速度是有利的。但电极丝直径超过一定程度时，会造成切缝过大，加工量增大，反而又影响切割速度，因此电极丝直径不宜过大。此外，电极丝直径对切割速度的影响还受脉冲参数等综合因素的制约。常用电极丝直径一般为 $0.12\sim0.18mm$（快走丝）和 $0.076\sim0.3mm$（慢走丝）。

（2）电极丝松紧程度的影响。在上丝、紧丝过程中，如果上丝过紧，电极丝超过弹性变形的限度，由于频繁地往复、弯曲、摩擦和放电时的急热、急冷变化的影响，容易造成疲劳断丝。

若上丝过松，在切割较厚工件时，由于电极丝的跨距较大，造成其振动幅度较大，同时在加工过程中受放电压力的作用而弯曲变形，导致电极丝切割轨迹落后并偏离工件轮廓，即出现加工滞后现象（见图 6-3），从而造成形状与尺寸误差。例如切割较厚的圆柱体会出现腰鼓形状，严重时电极丝快速运转容易跳出导轮槽或限位槽，而被卡断或拉断。所以电极丝张力的大小，对运行时电极丝的振幅和加工稳定性有很大影响，在上电极丝时应采取适当的张紧措施。为了不降低电火花线切割的工艺指标，张紧力在电极丝抗拉强度允许范围内应尽可能大一点,张紧力的大小应视电极丝的材料与直径的不同而异,一般高速走丝线切割机床钼丝张力应为 5~10N。

(3) 电极丝垂直度的影响。电极丝运动的位置主要由导轮决定,如果导轮有径向圆跳动或轴向窜动,电极丝会发生振动,振幅大小取决于导轮的跳动或窜动值。假定下导轮是精确的,上导轮在水平方向上有径向圆跳动,如图 6-4 所示,这时切割出的圆柱体工件必然出现圆柱度偏差。

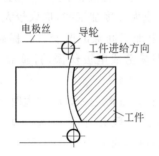
图 6-3 放电切割时电极丝弯曲滞后

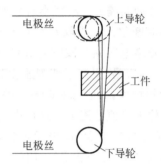
图 6-4 导轮水平方向径向跳动

当导轮 V 形槽槽底圆角半径超过电极丝半径时,将不能保持电极丝的精确位置。两导轮的轴线不平行,或者两导轮轴线虽平行,但 V 形槽不在同一平面内,导轮的圆角半径会较快地磨损,使电极丝正反向运动时不是靠在同一侧面上,从而在加工表面产生正反向条纹,这就直接影响了加工精度和表面粗糙度。同时,由于电极丝抖动,使电极丝与工件间瞬时短路,开路次数增多,脉冲利用率降低,切缝变宽。对于同样长度的切缝,工件的电蚀量增大,使得切割效率降低。因此,应提高电极丝的位置精度,以利于提高各项加工工艺指标。

为了准确地切割出符合精度要求的工件,电极丝必须垂直于工件的装夹基面或工作台定位面。在具有锥度加工功能的机床上,加工起点的电极丝位置也应该是这种垂直状态。机床运行一定时间后,应更换导轮,或更换导轮轴承。在切割锥度工件之后和进行再次加工之前,应再进行电极丝的垂直度校正。

(4) 电极丝走丝速度的影响。在一定范围内,随着走丝速度的提高,线切割速度也可以提高,提高走丝速度有利于电极丝把工作液带入较大厚度的工件放电间隙中,有利于电蚀产物的排除和放电加工的稳定。走丝速度也影响电极在加工区的逗留时间和放电次数,从而影响线电极的损耗。但走丝速度过高,将使电极丝的振动加大、精度降低、表面粗糙度变差,并且易造成断丝。所以,高速走丝线切割加工时的走丝速度一般以 10m/s 为宜。

(5) 工件厚度及材料的影响。工件材料薄,工作液容易进入并充满放电间隙,对排屑和消电离有利,加工稳定性好。但工件太薄,金属丝易产生抖动,对加工精度和表面粗糙度不利。工件厚,工作液难于进入和充满放电间隙,加工稳定性差,但电极丝不易抖动,因此精度高、表面粗糙度值较小。

工件材料不同,其熔点、气化点、热导率等都不一样,因而加工效果也不同。

(6) 工作液的影响。在数控线切割加工中,可使用的工作液种类很多,有煤油、乳化液、去离子水、蒸馏水、洗涤剂、酒精溶液等,它们对工艺指标的影响各不相同,特别是对加工速度的影响较大。工艺条件相同时,改变工作液的种类或浓度,就会对加工效果发生较大影响。

另外,工作液的脏污程度对工艺指标也有较大影响。工作液太脏,会降低加工的工艺指标;但纯净的工作液也并非加工效果最好。

3. 其他因素对线切割加工的影响

机械部分的精度,例如导轨、轴承、导轮等的磨损,传动误差等都会对加工效果产生相当的影响。当导轮、轴承偏摆,工作液上下冲水不均匀时,会使加工表面产生上下凹凸相间的条纹,恶化工艺指标。

4. 诸因素对工艺指标的相互影响关系

前面分析了各主要因素对线切割加工工艺指标的影响。实际上,各因素对工艺指标的影响往往是相互依赖又相互制约的。

切割速度与脉冲电源的电参数有直接的关系,它将随单个脉冲能量的增加和脉冲频率的提高而提高。但有时也受到加工条件或其他因素的制约。因此,为了提高切割速度,除了合理选择脉冲电源的电参数外,还要注意其他因素的影响。如工作液种类、浓度、脏污程度的影响,线电极材料、直径、走丝速度和抖动的影响,工件材料和厚度的影响,切割加工进给速度、稳定性和机械传动精度的影响等。合理地选择搭配各因素指标,可使两极间维持最佳的放电条件,以提高切割速度。

表面粗糙度主要取决于单个脉冲放电能量的大小,但线电极的走丝速度和抖动状况等因素对表面粗糙度的影响也很大,而线电极的工作状况则与所选择的线电极材料、直径和张紧力大小有关。

加工精度主要受机械传动精度的影响,但线电极的直径、放电间隙大小、工作液喷流量大小和喷流角度等也影响加工精度。

因此,在线切割加工时,要综合考虑各因素对工艺指标的影响,善于取其利、去其弊,以充分发挥设备性能,达到最佳的切割加工效果。

6.3 数控线切割加工工艺分析

数控线切割加工时,为了使工件达到图样规定的尺寸、形状位置精度和表面粗糙度要求,必须合理制定数控线切割加工工艺。只有工艺合理,才能高效率地加工出质量好的工件。

6.3.1 零件图工艺分析

零件图分析对保证工件加工质量和工件的综合技术指标是有决定意义的第一步。主要分析零件的凹角和尖角是否符合线切割加工的工艺条件,零件的加工精度、表面粗糙度是否在线切割加工所能达到的经济精度范围内。

1. 凹角和尖角的尺寸分析

线切割加工是用电极丝作为工具电极来加工的,因为电极丝有一定的直径 d,加工时又有放电间隙 δ,使电极丝中心运动轨迹与给定图线相差距离 l,如图 6-5 所示,即 $l = \dfrac{d}{2} + \delta$,这样,加工凸模类零件时,电极丝中心轨迹应放大;加工凹模类零件时,电极丝中心轨迹应缩小,如图 6-6 所示。

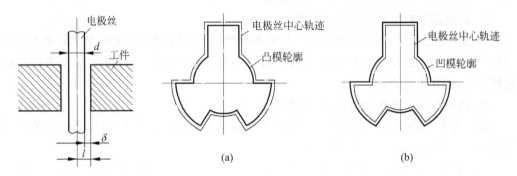

图 6-5　电极丝与工件放电位置的关系

图 6-6　电极丝中心运动轨迹与给定图线的关系
(a) 凸模加工;(b) 凹模加工

一般数控装置都具有刀具补偿功能,不需要计算刀具中心运动轨迹,只需要按零件轮廓编程,使编程简单方便。但需要考虑电极丝直径及放电间隙,即要设置间隙补偿量 J_B。

$$J_B = \pm \left(\dfrac{d}{2} + \delta \right) \tag{6-1}$$

加工凸模时取"+"值,加工凹模时取"-"值。

线切割加工时,在工件的凹角处不能得到"清角",而是半径等于 l 的圆弧。对于形状复杂的精密冲模,在凸、凹模设计图纸上应注明拐角处的过渡圆弧半径 R。

加工凹角时　　　　　　　$R_1 \geqslant l = \dfrac{d}{2} + \delta$ 　　　　(6-2)

加工尖角时　　　　　　　$R_2 = R_1 - \Delta$ 　　　　(6-3)

式中,R_1——凹角圆弧半径;

　　　R_2——尖角圆弧半径;

　　　Δ——凸、凹模配合间隙。

2. 表面粗糙度和加工精度分析

线切割加工表面是由无数的小坑和凸起组成的,粗细较均匀,特别有利于保存润滑油;而机械加工表面则存在切削或磨削刀痕并具有方向性。在相同表面粗糙度的情况下,浅切割加工表面的耐磨性比机械加工的表面好。因此,采用线切割加工时,工件表面粗糙度的要求可以较机械加工法减低半级到一级。此外,如果线切割加工的表面粗糙度等级提高一级,则切割速度将大幅度地下降。所以,图纸中要合理地给定表面粗糙度。线切割加工所能达到的最好粗糙度是有限的。若无特殊需要,对表面粗糙度的要求不能太高。同样,加工精度的给定也要合理,目前,绝大多数数控线切割机床的脉冲当量一般为每步 0.001mm,由于工作台传动精度所限,加上走丝系统和其他方面的影响,切割加工公差等级一般为 6 级左右,如果加工精度要求很高,是难于实现的。

6.3.2 工艺准备

工艺准备主要包括电极丝准备、工件准备、穿丝孔的确定、切割路线的确定以及工作液配制。

1. 电极丝准备

(1) 电极丝材料选择

目前电极丝材料的种类很多,主要有纯铜丝、黄铜丝、专用黄铜丝、钼丝、钨丝、各种合金丝及镀层金属丝等。常用电极丝材料及其特点见表 6-1。

表 6-1 常用电极丝材料及其特点

材料	线径/mm	特 点
纯铜	0.1～0.25	适合于切割速度要求不高或精加工时用,丝不易卷曲,抗拉强度低,容易断丝
黄铜	0.1～0.30	适合于高速加工,加工面的蚀屑附着少,表面粗糙度和加工面的平直度也较好
专用黄铜		适合于高速、高精度和理想的表面粗糙度加工以及自动穿丝,但价格高
钼		因其抗拉强度高,一般用于快走丝。在进行微细、窄缝加工时,也可用于慢走丝
钨		抗拉强度高,可用于各种窄缝的微细加工,但价格昂贵

一般情况下,快速走丝机床常用钼丝作电极丝,钨丝或其他昂贵金属丝因成本高而很少使用,其他丝材因抗拉强度低,在快速走丝机床上不能使用。慢速走丝机床上则可用各种铜丝、铁丝、专用合金丝以及镀层(如镀锌等)的电极丝。

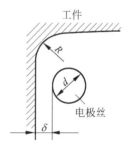

图 6-7 电极丝直径与拐角半径的关系

(2) 电极丝直径的选择

电极丝直径 d 应根据工件加工的切缝宽窄、工件厚度及拐角尺寸大小等来选择。由图 6-7 可知,电极丝直径 d 与拐角半径 R 的关系为 $d \leqslant 2(R-\delta)$。所以,在拐角要求小的微细线切割加工中,需要选用线径细的电极,但线径太细,能够加工的工件厚度也将会受到限制。线径与拐角极限和工件厚度的关系见表 6-2。

表 6-2 线径与拐角极限和工件厚度的关系   mm

线电极直径 d	拐角极限 R_{min}	切割工件厚度	线电极直径 d	拐角极限 R_{min}	切割工件厚度
钨 0.05	0.04～0.07	0～10	黄铜 0.15	0.10～0.16	0～50
钨 0.07	0.05～0.10	0～20	黄铜 0.20	0.12～0.20	0～100 以上
钨 0.10	0.07～0.12	0～30	黄铜 0.25	0.15～0.22	0～100 以上

2. 工件准备

1) 工件材料的选择和处理

工件材料的选择是由图样设计时确定的。作为模具加工,在加工前毛坯需经锻打和热处理。锻打后的材料在锻打方向与其垂直方向上会有不同的残余应力;淬火后也会出现残余应力。加工过程中残余应力的释放会使工件变形,从而达不到加工尺寸精度要求,淬火不当的工件还会在加工过程中出现裂纹,因此,工件需经二次以上回火或高温回火。另外,加工前还要进行消磁处理及去除表面氧化皮和锈斑等。

例如,以线切割加工为主要工艺时,钢件的加工工艺路线一般为:下料→锻造→退火→机械粗加工→淬火与高温回火→磨加工→(退磁)→线切割加工→钳工修整。

这种工艺路线的特点之一是工件在加工的全过程中会出现两次较大的变形。经过机械粗加工的整块坯件先经过热处理,材料在该过程中会产生第一次较大变形,材料内部的残余应力显著地增加了。热处理后的坯件进行切割加工时,由于大面积去除金属和切断加工,会使材料内部残余应力的相对平衡状态受到破坏,材料又会产生第二次较大变形。

为了避免或减少上述情况,应选择锻造性能好、淬透性好、热处理变形小的材料,如以线切割为主要工艺的冷冲模具,尽量选用 CrWMn、Cr12Mo、GCr15 等合金工具钢,并要正确选择热加工方法和严格执行热处理规范。另一方面,也要合理安排线切割加工工艺。

2) 工件加工基准的选择

为了便于线切割加工,根据工件外形和加工要求,应准备相应的校正和加工基准,并且此基准应尽量与图样的设计基准一致,常见的有以下两种形式。

(1) 以外形为校正和加工基准。外形是矩形状的工件,一般需要有两个相互垂直的基准面,并垂直于工件的上、下平面(见图 6-8)。

(2) 以外形为校正基准,内孔为加工基准。无论是矩形、圆形还是其他异形工件,都应准备一个与工件的上、下平面保持垂直的校正基准,此时其中一个内孔可作为加工基准,如图 6-9 所示。在大多数情况下,外形基面在线切割加工前的机械加工中就已准备好了。工件淬硬后,若基面变形很小,稍加打光便可用线切割加工;若变形较大,则应当重新修磨面。

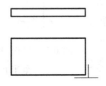

图 6-8 矩形工件的校正和加工基准

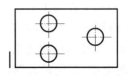

图 6-9 加工基准的选择

外形一侧边为校正基准,内孔为加工基准

3. 穿丝孔的确定

(1) 切割凸模类零件。为避免将坯件外形切断引起变形(工件内应力失去平衡造成)而影响加工精度,通常在坯件内部外形附近预制穿丝孔,见图 6-10(c)。

(2) 切割凹模、孔类零件。此时可将穿丝孔位置选在待切割型腔(孔)内部。当穿丝孔位置选在待切割型腔(孔)的边角处时,切割过程中无用的轨迹最短;而穿丝孔位置选在已知坐标尺寸的交点处则有利于尺寸推算;切割孔类零件时,若将穿丝孔位置选在孔中心可使编程操作容易。因此,要根据具体情况来选择穿丝孔的位置。

(3) 穿丝孔大小要适宜。一般不宜太小,如果穿丝孔径太小,不但钻孔难度增加,而

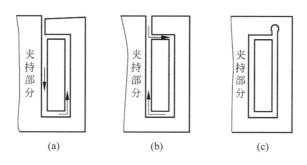

图 6-10 切割起点与切割路线的安排

且也不便于穿丝。但是,若穿丝孔径太大,则会增加钳工工艺上的难度。一般穿丝孔常用直径为 $\phi 3 \sim \phi 10$ mm。如果预制孔可用车削等方法加工,则穿丝孔径也可大些。

4. 切割路线的确定

线切割加工工艺中,切割起始点和切割路线的安排合理与否,将影响工件变形的大小,从而影响加工精度。起割点应取在图形的拐角处,或取在容易将凸尖修去的部位。切割路线主要以防止或减少模具变形为原则,一般应考虑使靠近装夹这一边的图形最后切割为宜。

图 6-10 所示的由外向内顺序的切割路线,通常在加工凸模零件时采用。其中,图 6-10(a) 所示的切割路线是错误的,因为当切割完第一边,继续加工时,由于原来主要连接的部位被割离,余下材料与夹持部分的连接较少,工件的刚度大为降低,容易产生变形而影响加工精度。如按图 6-10(b) 所示的切割路线加工,可减少由于材料割离后残余应力重新分布而引起的变形。所以,一般情况下,最好将工件与其夹持部分分割的线段安排在切割路线的末端。对于精度要求较高的零件,最好采用图 6-10(c) 所示的方案,电极丝不是由坯件外部切入,而是将切割起始点取在坯件预制的穿丝孔中,这种方案可使工件的变形最小。

切割孔类零件时,为了减少变形,还可采用二次切割法,如图 6-11 所示。第一次粗加工型孔,各边留余量 0.1~0.5mm,以补偿材料被切割后由于内应力重新分布而产生的变形。第二次切割为精加工,这样可以达到比较满意的效果。

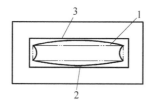

图 6-11 二次切割孔类零件
1—第一次切割的理论图形;2—第一次切割的实际图形;3—第二次切割的图形

5. 工作液的选择

数控线切割加工中,工作液是脉冲放电的介质,对加工工艺指标的影响很大,对切割速度、表面粗糙度和加工精度也有影响。应根据线切割机床的类型和加工对象,选择工作液的种类、浓度及电导率等。对快速走丝线切割加工,一般常用浓度为10%左右的乳化液,此时可达到较高的切割速度。对于慢速走丝线切割加工,普遍使用去离子水或煤油。适当添加某些导电液有利于提高切割速度。一般使用电阻率为 $2 \times 10^4 \Omega \cdot cm$ 左右的工作液,可达到较高的切割速度。工作液的电阻率过高或过低均有降低线切割速度的倾向。

6.3.3 工件的装夹和位置校正

1. 对工件装夹的基本要求

(1) 工件的装夹基准面应清洁无毛刺,经过热处理的工件,在穿丝孔或凹模类工件扩孔的台阶处,要清理热处理液的渣物及氧化膜表面。

(2) 夹具精度要高。工件至少用两个侧面固定在夹具或工作台上,如图6-12所示。

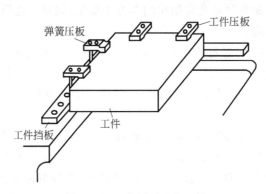

图 6-12 两个侧面固定工件

(3) 装夹工件的位置要有利于工件的找正,并能满足加工行程的需要,工作台移动时,不得与丝架相碰。

(4) 装夹工件的作用力要均匀,不得使工件变形或翘起。

(5) 批量加工时最好采用专用夹具,以提高效率。

(6) 细小、精密、薄壁工件应固定在辅助工作台上或不易变形的辅助夹具上,如图6-13所示。

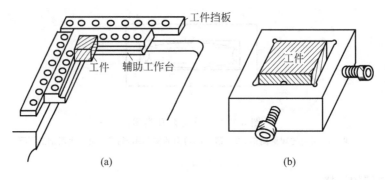

图 6-13 辅助工作台和夹具
(a) 辅助工作台;(b) 夹具

2. 工件的装夹方式

(1) 悬臂支撑方式。如图 6-14 所示,悬臂支撑通用性强,装夹方便。但由于工件单端压紧,另一端悬空,使得工件不易与工作台平行,所以易出现上仰或倾斜的情况,致使切割表面与工件上下平面不垂直或达不到预定的精度。因此,只有在工件的技术要求不高或悬臂部分较小的情况下才能采用。

(2) 两端支撑方式。如图 6-15 所示,两端支撑是把工件两端都固定在夹具上,这种方法装夹支撑稳定,平面定位精度高,工件底面与切割面垂直度好,但对较小的零件不适用。

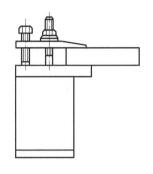
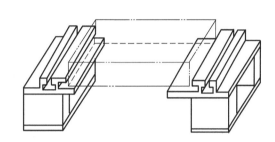

图 6-14　悬臂支撑夹具　　　　图 6-15　两端支撑夹具

(3) 桥式支撑方式。如图 6-16 所示,桥式支撑是在双端夹具体下垫上两个支撑铁架。其特点是通用性强、装夹方便,对大、中、小工件装夹都比较方便。

(4) 板式支撑方式。如图 6-17 所示,板式支撑夹具可以根据经常加工工件的尺寸而定,可呈矩形或圆形孔,并可增加 x 和 y 两方向的定位基准,装夹精度较高,适于常规生产和批量生产。

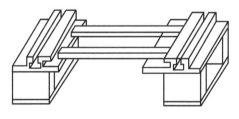
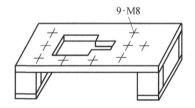

图 6-16　桥式支撑夹具　　　　图 6-17　板式支撑夹具

(5) 复式支撑方式。如图 6-18 所示,复式支撑夹具是在桥式夹具上,再装上专用夹具组合而成的。它装夹方便,特别适用于成批零件加工,既可节省工件找正和调整电极丝相对位置等辅助工时,又保证了工件加工的一致性。

3. 常用夹具的名称、规格和用途

(1) 压板夹具。压板夹具主要用于固定平板状的工件,对于稍大的工件要成对使用。夹具上如有定位基准面,则加工前应预先用划针或百分表将夹具定位基准面与工作台对应的导轨校正平行,这样在加工批量工件时较方便,因为切割型腔的划线一般是以模板的某一面为基准。夹具的基准面与夹具底面的距离是有要求的,夹具成对使用时两件基准

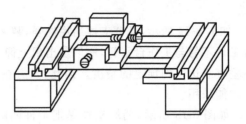

图 6-18 复式支撑夹具

面的高度一定要相等,否则切割出的型腔与工件端面不垂直,造成废品。在夹具上加工出 V 形的基准,则可用以夹持轴类工件。

(2) 磁性夹具。磁性夹具采用磁性工作台或磁性表座夹持工件,不需要压板和螺钉,操作快速方便,定位后不会因压紧而变动。

(3) 分度夹具。分度夹具如图 6-19 所示,是根据加工电机转子、定子等多型孔的旋转形工件设计的,可保证高的分度精度。近年来,因微机控制器及自动编程机对加工图形具有对称、旋转等功能,所以分度夹具用得较少。

4. 工件的找正

(1) 拉表法。如图 6-20 所示,拉表法是利用磁力表架,将百分表固定在线架或其他"接地"位置上,百分表触头接触在工件基面上,然后旋转纵(或横)向丝杠手柄使拖板往复移动,根据百分表指示数值相应调整工件,校正应在三个坐标方向上进行。

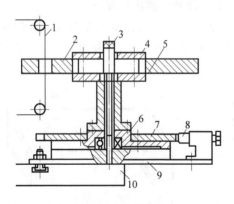

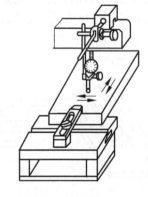

图 6-19 分度夹具　　　　　图 6-20 拉表法找正

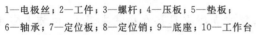

1—电极丝;2—工件;3—螺杆;4—压板;5—垫板;
6—轴承;7—定位板;8—定位销;9—底座;10—工作台

(2) 划线法。划线法如图 6-21 所示,固定在线架上的一个带有顶丝的零件将划针固定,划针尖指向工件图形的基准线或基准面,移动纵(或横)向拖板,根据目测调整工件找正。

① 线切割加工型腔的位置和其他已成形的型腔位置要求不严时,可靠紧基面后,按划线定位、穿丝。

② 同一工件上型孔之间的相互位置要求严,但与外形的关系要求不严,又都是只用

线切割一道工序加工时,也可按基面靠紧,按划线定位、穿丝,切割一个型孔后卸丝,走一段规定的距离,再穿丝切第二个型孔,如此重复,直至加工完毕。

(3) 固定基面靠定法。利用通用或专用夹具纵、横方向的基准面,经过一次校正后,保证基准面与相应坐标方向一致。于是具有相同加工基准面的工件可以直接靠定,这就保证了工件的正确加工位置(见图 6-22)。

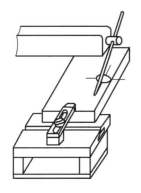 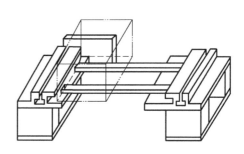

图 6-21 划线法找正　　　　　　　图 6-22 固定基面靠定法找正

5. 确定电极丝坐标位置的方法

在数控线切割中,需要确定电极丝相对于工件的基准面、基准线或基准孔的坐标位置,可按下列方法进行。

(1) 目视法。对加工要求较低的工件,确定电极丝和工件有关基准线和基准面的相互位置时,可直接目视或借助于 2～8 倍的放大镜来进行观测。

① 观测基准面。工件装夹后,观测电极丝与工件基面初始接触位置,记下相应的纵、横坐标,如图 6-23 所示。但此时的坐标并不是电极丝中心和基面重合的位置,两者相差一个电极丝半径。

② 观测基准线。利用钳工或镗床等在工件的穿丝孔处划上纵、横方向的十字基准线,观测电极丝与十字基准线的相对位置,如图 6-24 所示。摇动纵或横向丝杠手柄,使电极丝中心分别与纵、横方向基准线重合,此时的坐标就是电极丝的中心位置。

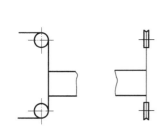 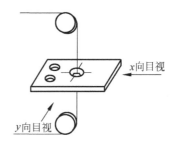

图 6-23 观察基准面确定电极丝位置　　　图 6-24 观测基准线确定电极丝位置

(2) 火花法。火花法是利用电极丝与工件在一定间隙下发生放电的火花来确定电极丝坐标位置的,如图 6-25 所示。摇动拖板的丝杠手柄,使电极丝逼近工件的基准面,待开始出现火花时,记下拖板的相应坐标。该方法简便、易行,但电极丝逐步逼近工件基准面时,开始产生脉冲放电的距离往往并非正常加工条件下电极丝与工件间的放电距离。

(3) 自动找中心法。自动找中心法的目的是为了让电极丝在工件的孔中心定位。具体方法是:移动横向床鞍,使电极丝与孔壁相接触,记下坐标值 x_1,反向移动床鞍至另一导通点,记下相应坐标 x_2,将拖板移至 x_1 与 x_2 的绝对值之和的一半处。同理,移动纵向床鞍,记录下坐标值 y_1、y_2,将拖板移至 y_1 与 y_2 的绝对值之和的一半处,即可找到电极丝与基准孔中心相重合的坐标,如图 6-26 所示。

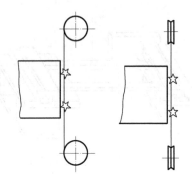

图 6-25 火花法确定电极丝位置

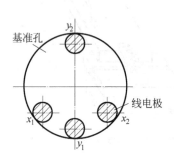

图 6-26 找电极丝中心

6.3.4 加工参数的选择

1. 脉冲电源参数的选择

(1) 空载电压。空载电压可参考表 6-3 进行选择。

表 6-3 空载电压的选择

工 艺 状 况	空载电压	工 艺 状 况	空载电压
切割速度高	低	减少加工面的腰鼓形	低
线径细(0.1mm)	低	改善表面粗糙度	低
硬质合金加工	低	减少拐角塌角	低
切缝窄	低	纯铜线电极	低

(2) 放电电容。使用纯铜丝电极时,为了得到理想的表面粗糙度,减小拐角的塌角,应选择较小的放电电容;使用黄铜丝电极时,进行高速切割,希望减小腰鼓量,要选用大的放电电容。

(3) 脉冲宽度和脉冲间隔。脉冲宽度和脉冲间隔对材料的电腐蚀过程影响极大。它们决定着放电痕(表面粗糙度)、蚀除率、切缝宽度的大小和钼丝的损耗率,进而影响加工的工艺指标。

在一定工艺条件下,增加脉冲宽度,可使切割速度提高,但表面粗糙度增大。这是因为脉冲宽度增加,使单个脉冲放电能量增大,则放电痕也大。同时,随着脉冲宽度的增加,电极丝损耗变大。

数控线切割用于精加工时,单个脉冲放电能量应限制在一定范围内。当短路峰值电流选定后,脉冲宽度要结合具体的加工要求来选定。一般精加工时,脉冲宽度可在 $20\mu s$ 内选择,半精加工时,可在 $20\sim60\mu s$ 内选择。

减小脉冲间隔,切割速度提高,表面粗糙度 Ra 稍有增大。脉冲间隔对切割速度影响较大,对表面粗糙度影响较小。这是因为在单个脉冲放电能量确定的情况下,脉冲间隔减小,致使脉冲频率提高,即单位时间内放电加工的次数增多,平均加工电流增大,故切割速度也将提高。

实际上,脉冲间隔不能太小,它受间隙绝缘状态恢复速度的限制。如果脉冲间隔太小,放电产物来不及排除,放电间隙来不及充分消电离,这将使加工变得不稳定,易造成工件的烧伤或断丝。但是脉冲间隔也不能太大,因为这会使切割速度明显降低,严重时不能连续进给,使加工变得不够稳定。

一般脉冲间隔在 $10\sim250\mu s$ 范围内,基本上能适应各种加工条件,可进行稳定加工。选择脉冲间隔和脉冲宽度与工件厚度有很大关系。一般来说工件厚,脉冲间隔也要大,以保持加工的稳定性。

(4) 峰值电流 i_e。峰值电流主要根据表面粗糙度和电极丝直径选择。要求 Ra 小于 $1.25\mu m$ 时,取 $i_e\leqslant4.8A$;要求 Ra 在 $1.25\sim2.5\mu m$ 之间时,取 $i_e=6\sim12A$;$Ra>2.5\mu m$ 时,i_e 可取更大一些。电极丝直径越粗,i_e 可取值越大。表 6-4 是不同直径的钼丝可承受的峰值电流。

表 6-4 钼丝直径与可承受峰值电流的关系

钼丝直径/mm	峰值电流 i_g/A	钼丝直径/mm	峰值电流 i_g/A
0.06	15	0.12	30
0.08	20	0.15	37
0.1	25	0.18	45

2. 速度参数的选择

(1) 进给速度。工作台进给速度太快,容易产生短路和断丝;工作台进给速度太慢,加工表面的腰鼓量就会加大,但表面粗糙度较小。正式加工时,一般将试切的进给速度下降 10%~20%,以防止短路和断丝。

(2) 走丝速度应尽量快一些。对快速走丝来说,这有利于减少因电极丝损耗对加工精度的影响。尤其是对厚工件的加工,由于电极丝的损耗,会使加工面产生锥度。一般走丝速度是根据工件厚度和切割速度来确定的。

3. 工作液参数的选择

(1) 工作液的电阻率。工作液的电阻率根据工件材料确定。对于表面在加工时容易形成绝缘膜的铝、钼、结合剂烧结的金刚石以及受电腐蚀易使表面氧化的硬质合金和表面容易产生气孔的工件材料,需提高工作液的电阻率(可参考表 6-5 进行选择)。

表 6-5 不同工件材料适用的工作液电阻率

工 作 材 料	钢铁	铝、钼、结合剂烧结的金刚石	硬质合金
工作液电阻率/($10^4\Omega\cdot cm$)	2~5	5~20	20~40

(2) 工作液喷嘴的流量和压力。工作液的流量或压力大,冷却排屑的条件好,有利于提高切割速度和加工表面的垂直度。但是在精加工时,要减小工作液的流量或压力,以减少电极丝的振动。

4. 线径偏移量的确定

正式加工前,按照确定的加工条件,切一个与工件相同材料、相同厚度的正方形,测量尺寸,确定线径偏移量。这项工作对第一次加工者是必须要做的,但是当积累了很多的工艺数据或者生产厂家提供了有关工艺参数时,只要查数据即可。

进行多次切割时,要考虑工件的尺寸公差,估计尺寸变化,分配每次切割时的偏移量。偏移量的方向,按切割凸模或凹模以及切割路线的不同而定。

5. 多次切割加工参数的选择

多次切割加工也叫二次切割加工,它是在对工件进行第一次切割之后,利用适当的偏移量和更精的加工规准,使电极丝沿原切割轨迹逆向或顺向再次对工件进行精修的切割加工。对快速走丝线切割机床来说,一定要求其数控装置具有以适当的偏移量沿原轨迹逆向加工的功能。对慢速走丝来说,由于穿丝方便,因而一般在完成第一次加工之后,可自动返回到加工的起始点,在重新设定适当的偏移量和精加工规准之后,就可沿原轨迹进行精修加工。

多次切割加工可提高线切割精度和表面质量,修整工件的变形和拐角塌角。一般情况下,采用多次切割能使加工精度达到±0.005mm,圆角和不垂直度小于0.005mm,表面粗糙度 $Ra<0.63\mu m$。但如果粗加工后工件变形过大,应通过合理选择材料和热处理方法,正确选择切割路线来尽可能减小工件的变形,否则,多次切割的效果会不好,甚至反而差。

对凹模切割,第一次切除中间废芯后,一般工件留 0.2mm 左右的多次切割加工余量即可,大型工件应留 1mm 左右。

凸模加工时,若一次必须切下就不能进行多次切割。除此之外,第一次加工时,小工件要留 1~2 处 0.5mm 左右的固定留量,大工件要多留些。对固定留量部分切割下来后的精加工,一般用抛光等方法。

6.4 数控电火花线切割编程方法

数控电火花线切割机床编程格式通常有 B 代码格式和国际标准 G 代码格式。

6.4.1 3B 格式编程(无间隙补偿程序)

格式:$Bx\ By\ BJ\ G\ Z$

1. 符号意义

(1) B 为分隔符,表示一条程序段开始,并将 x、y、J 等分隔开。

(2) x、y 为坐标值,以 μm 为单位。

对于直线,x、y 为直线终点坐标(注:坐标原点在直线起点,原点不固定。),如图 6-27(a)所示。

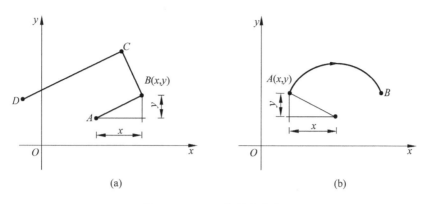

图 6-27 x、y 坐标值的确定
(a) 对于直线；(b) 对于圆弧

对于圆弧，x、y 是圆弧起点坐标，坐标原点在圆心，如图 6-27(b)所示。

(3) J 为计数长度，即加工线段在选定坐标轴的投影长度。

对于直线，取最长的投影长度，如图 6-28(a)所示，取 J_x=B10000。

对于圆弧，取各段投影长度的总和，如图 6-28(b)所示，$J=J_1+J_2+J_3$。

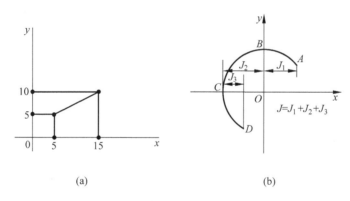

图 6-28 计数长度的确定
(a) 对于直线；(b) 对于圆弧

(4) G 为选定计数方向，有 G_x、G_y 两种，表示 J 是取 X 轴还是 Y 轴上的投影。

对于直线，取投影长度最大的坐标轴为计数方向。

对于圆弧，由圆弧终点落在的范围而定，终点落在阴影区取 G_x，否则取 G_y，如图 6-29 所示。

(5) Z 为加工指令，分为 12 种，如图 6-30 所示。

直线 4 种：L1、L2、L3、L4。其中 L1 为向第一象限运动，其余以此类推。

顺圆 4 种：SR1、SR2、SR3、SR4。其中 SR1 为第一象限顺圆，其余以此类推。

逆圆 4 种：NR1、NR2、NR3、NR4。其中 NR1 为第一象限逆圆，其余以此类推。

注意：对于过象限圆弧，以圆弧起点象限来定。

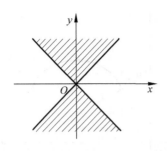

图 6-29 计数方向的选定

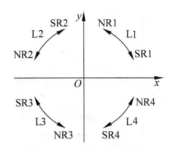

图 6-30 加工指令

2. 应用举例

如图 6-31 所示为一凸模零件，由三段直线与一段圆弧组成，S 点为穿丝孔。

加工程序如下：

B0 B10000 B10000 Gy L2	直线插补引入 S→A
B40000 B0 B40000 Gx L1	直线插补 A→B
B10000 B90000 B90000 Gy L1	直线插补 B→C
B30000 B40000 B60000 Gx NR1	逆圆插补 C→D
B10000 B90000 B90000 Gy L4	直线插补 D→A
B0 B10000 B10000 Gy L4	直线插补 A→S

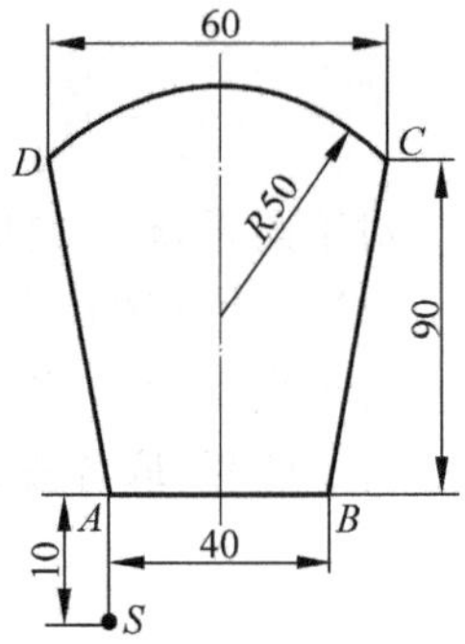

图 6-31 凸模

6.4.2 4B 格式编程（有间隙补偿程序）

4B 格式编程用于具有间隙补偿功能的数控线切割机床的程序编制。

格式：Bx By BJ BR G D(DD) Z

说明：与 3B 格式程序相比，4B 格式程序只多了两项。

（1）R 为圆弧半径，R 通常是图形已知尺寸，如果图形中出现尖角，则应由圆弧过渡，R 值取大于间隙补偿量。

（2）D 或 DD 为曲线线形状，凸圆弧用 D 表示，凹圆弧用 DD 表示，它决定补偿方向。

6.4.3 ISO 格式编程

ISO 格式编程是采用国际通用的程序格式，与数控铣床指令格式基本相同，比 3B 编程更为简单，目前已得到广泛的应用。

1. 常用指令（见表 6-6）

表 6-6 电火花线切割机床常用 ISO 代码

代码	功 能	代码	功 能
G00	快速定位	G05	X 轴镜像
G01	直线插补	G06	Y 轴镜像
G02	顺圆插补	G07	X、Y 轴交换
G03	逆圆插补	G08	X 轴镜像、Y 轴镜像

续表

代码	功 能	代码	功 能
G09	X轴镜像,X、Y轴交换	G59	加工坐标系6
G10	Y轴镜像,X、Y轴交换	G80	接触感知
G11	X轴镜像,Y轴镜像,X、Y轴交换	G82	半轴移动
G12	消除镜像	G90	绝对坐标指令
G40	取消电极丝补偿	G91	增量坐标指令
G41	电极丝左补偿	G92	设定加工起点
G42	电极丝右补偿	M00	程序暂停
G50	取消锥度	M02	程序结束
G51	锥度左偏	M05	接触感知解除
G52	锥度右偏	M98	调用子程序
G54	加工坐标系1	M99	调用子程序结束
G55	加工坐标系2	T84	切削液开
G56	加工坐标系3	T85	切削液关
G57	加工坐标系4	T86	走丝机构开
G58	加工坐标系5	T87	走丝机构关

数控线切割 ISO 格式编程其准备功能中的 G00、G01、G02、G03 及一些辅助功能与数控铣床基本相同,在本章不再重复介绍。

2. 基本编程方法

(1) 设置加工起点指令——G92

格式:G92 X_Y_

说明:用于确定程序的加工起点。X、Y 表示起点在编程坐标系中的坐标。

例如:G92 X8000 Y8000;表示起点在编程坐标系中为 X 方向 8mm,Y 方向 8mm。

注意:

① 线切割加工编程中的坐标值采用整数,单位为 μm。

② 加工整圆时,须分成两段以上圆弧进行编程才能加工,且要用 I、J 方式编程,不能用 R 方式编程。

(2) 电极丝半径补偿——G40、G41、G42

格式:G40　取消电极丝补偿

　　　G41　D_电极丝左补偿

　　　G42　D_电极丝右补偿

说明:G40 为取消电极丝补偿,G41 为电极丝左补偿,G42 为电极丝右补偿。D 为电极丝半径和放电间隙之和。

3. 应用举例

如图 6-32 所示零件,加工轨迹方向按图中箭头所示,电极丝直径 φ0.15mm,放电间隙 0.01mm,以绝对坐标编程方式进行编程。

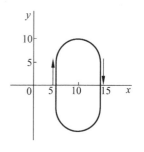

图 6-32　ISO 格式编程图例

程序如下：

```
N10   G92   X0        Y0                        设定加工起点
N20   G41   D85                                 电极丝左补偿，补偿量 0.085mm
N30   G01   X5000     Y0                        进刀
N40   G01   X5000     Y5000                     开始加工轮廓
N50   G02   X15000    Y5000    I5000   J0
N60   G01   X15000    Y-5000
N70   G02   X5000     Y-5000   I-5000  J0
N80   G01   X5000     Y0
N90   G40                                       取消补偿
N100  G01   X0        Y0                        退刀
N110  M02                                       程序结束
```

6.5 线切割加工基本操作

线切割加工的操作和控制大多是在电源控制柜上进行的，下面以 HCKX 系列的数控电火花线切割机为例进行基本操作的说明。

1. 电源的接通与关闭

（1）打开电源柜上的电气控制开关，接通总电源。

（2）拔出红色急停按钮。

（3）按下绿色启动按钮，进入控制系统。

2. 上丝操作

上丝操作可以自动或手动进行，上丝路径如图 6-33 所示。

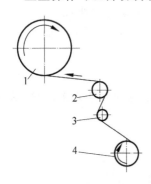

图 6-33 上丝路径
1—储丝筒；2—导轨；3—上丝介轮；4—上丝电动机

（1）按下储丝筒停止按钮，断开断丝检测开关。

（2）将丝盘套在上丝电动机上，并用螺母锁紧。

（3）用摇把将储丝筒摇至极限位置或与极限位置保留一段距离。

（4）将丝盘上电极丝一端拉出绕过上丝介轮、导轮，并将丝头固定在储丝筒端部紧固螺钉上。

（5）剪掉多余丝头，顺时针转动储丝筒几圈后打开上丝电动机开关，拉紧电极丝。

（6）转动储丝筒，将丝缠绕至 10～15mm 宽度，取下摇把，松开储丝筒停止按钮，将调速旋钮调至"1"挡。

（7）调整储丝筒左右行程挡块，按下储丝开启按钮开始绕丝。

（8）接近极限位置时，按下储丝筒停止按钮。

（9）拉紧电极丝，关掉上丝电动机，剪掉多余电极丝并固定好丝头，自动上丝完成。在手动上丝时，不需开启丝筒，用摇把匀速转动丝筒即可将丝上满。

3. 穿丝操作

穿丝路径如图 6-34 所示。

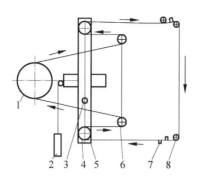

图 6-34 穿丝路径
1—储丝筒；2—重锤；3—固定插销；4—张丝滑块；5—张紧轮；6,8—导轨；7—导电块

(1) 按下储丝筒停止按钮。
(2) 将张丝支架拉至最右端并用插销定位。
(3) 取下储丝筒一端丝头并拉紧，按穿丝路径依次绕过各导向轮，最后固定在丝筒紧固螺钉处。
(4) 剪掉多余丝头，用摇把转动储丝筒反绕几圈。
(5) 拔下张丝滑块上的插销，手扶张丝滑块缓慢放松到滑块停止移动，穿丝结束。

4. 储丝筒行程调整

穿丝完毕后，根据储丝筒上电极丝的多少和位置来确定储丝筒的行程。为防止机械性断丝，在行程挡块确定的长度之外，储丝筒两端还应有一定的储丝量。具体调整方法如下：
(1) 用摇把将储丝筒摇至在轴向剩下 8mm 左右的位置停止。
(2) 松开相应的限位块上的紧固螺钉，移动限位块至接近感应开关的中心位置后固定。
(3) 用同样方法调整另一端，两行程挡块之间的距离即储丝筒的行程。

5. 建立机床坐标

系统启动后，首先应建立机床坐标。方法如下：
(1) 在主菜单下移动光条选择"手动"中的"撞极限"功能。
(2) 按 F2 功能键，移动机床到 X 轴负极限，机床自动建立 X 坐标。
(3) 再用建立 X 坐标的方法建立另外几轴的坐标。
(4) 选择"手动"中"设零点"功能将各个坐标系设零，机床坐标就建立起来了。

6. 工作台移动

移动工作台的方法一般有手动盒移动和键盘输入两种。
1) 手动盒移动
(1) 在主菜单下移动光条，选择"手动"中的"手动盒"功能。
(2) 通过手控盒上的移动速度选择开关，选择移动速度。
(3) 按要移动的轴所对应的键，就可以实现工作台移动。
2) 键盘输入移动
(1) 在主菜单下移动光条，选择"手动"中的"移动"功能。

(2) 从"移动"子菜单中选择"快速定位"子功能。
(3) 通过按键盘上的键输入数据。
(4) 按 Enter 键,工作台开始移动。

7. 程序的编制与校验
(1) 在主菜单下移动光条,选择"文件"中"编辑"功能。
(2) 按 F3 功能键,编辑新文件,并输入文件名。
(3) 用键盘输入源程序,选择"保存"功能将程序保存。
(4) 在主菜单下移动光条,选择"文件"中"装入"功能,调入新文件。
(5) 选择"校验画图"子功能,系统自动进行校验,并显示出图形。
(6) 显示图形若正确,选择"运行"菜单的"模拟运行"子功能,机床将模拟加工,不放电空运行一次(工作台上不装夹工件)。

8. 电极丝找正
在切割加工之前,必须对电极丝进行找正操作。步骤如下:
(1) 保证工作台面和找正器各面干净无损坏。
(2) 移动 Z 轴至适当位置后锁紧,将找正器底面靠实工作台面,长度方向平行于 X 轴或 Y 轴。
(3) 用手控盒移动 X 轴或 Y 轴坐标,至电极丝贴近找正器垂直面。
(4) 选择"手动"菜单中的"接触感知"子功能。
(5) 按 F7 键,进入控制电源微弱放电功能,丝筒启动、高频打开。
(6) 在手动方式下,调整手控盒移动速度,移动电极丝接近找正器。当它们之间的间隙足够小时,会产生放电火花,从放电火花的均匀程度判断电极丝的偏斜方向。通过手控盒点动 U 轴或 V 轴坐标,直到放电火花上下一致。电极丝即找正。

9. 加工脉冲参数的选择
系统在放电切割加工状态下,可按 F1、F2 及 F3 键来调整加工脉冲宽度、脉冲间隙及高频功率管数。具体参数的选择要根据具体加工情况而定,操作者应在实际加工中多积累经验,以达到比较满意的效果。

第7章 数控车床操作实训

数控车床是数字程序控制车床的简称,与普通车床相类似,数控车床是数控机床中应用最广泛的一种。数控车床与普通车床相比,其结构仍然由床身、主轴箱、刀架、进给传动系统、液压、冷却、润滑系统等部分组成。但数控车床由于实现了计算机数字控制,其进给系统与普通车床的进给系统在结构上存在着本质的差别。在普通车床中,主运动和进给运动的动力都来源于同一台电机,它的运动是由电机经过主轴箱变速,传动至主轴,实现主轴的转动,同时经过交换齿轮架、进给箱、光杠或丝杠、溜板箱传到刀架,实现刀架的纵向进给移动和横向进给移动。主轴转动与刀架移动的同步关系依靠齿轮传动链来保证。

而数控车床则与其完全不同,它的主运动和进给运动是由不同的电机来驱动的,即主运动(主轴回转)由主轴电机驱动,主轴采用变频无级调速的方式进行变速。驱动系统采用伺服电机(对于小功率的车床采用步进电机)驱动,经过滚珠丝杠传送到机床滑板和刀架,以连续控制的方式,实现刀具的纵向(Z向)进给运动和横向(X向)进给运动。这样,数控车床的机械传动结构大为简化,精度和自动化程度大大提高。数控车床主运动和进给运动的同步信号来自于安装在主轴上的脉冲编码器。当主轴旋转时,脉冲编码器便向数控系统发出检测脉冲信号。数控系统对脉冲编码器的检测信号进行处理后传给伺服系统中的伺服控制器,伺服控制器再去驱动伺服电机移动,从而使主运动与刀架的切削进给保持同步。

数控车床与普通车床一样,也是用来加工轴类或盘类的回转体零件。由于数控车床能自动完成内外圆柱面、圆锥面、圆弧面、端面、螺纹等工序的切削加工,并能进行切槽、钻孔、镗孔、扩孔、铰孔等加工。所以,除此之外,数控车床还特别适合加工形状复杂、精度要求高的轴类或盘类零件。

数控车床具有加工灵活,通用性强,能适应产品的品种和规格频繁变化的特点,能够满足新产品的开发和多品种、小批量、生产自动化的要求,因此被广泛应用于机械制造业,例如汽车制造厂、发动机制造厂、机床制造业等。

7.1 数控车床简介

数控车床和普通车床一样,也是用来加工零件旋转表面的,一般能够自动完成外圆柱面、圆锥面、球面以及螺纹的加工,还能加工一些复杂的回转面,如双曲面等。

典型数控车床的机械结构系统组成,包括主轴传动机构、进给传动机构、刀架、床身、辅助装置(刀具自动交换机构、润滑与切削液装置、排屑、过载限位)等部分。数控车床的进给系统与普通车床有本质的区别,传统普通车床有进给箱和交换齿轮架,而数控车床是直接用伺服电机通过滚珠丝杠驱动溜板箱和刀架实现进给运动,因而进给系统的结构大为简化。数控车床结构由图7-1所示。

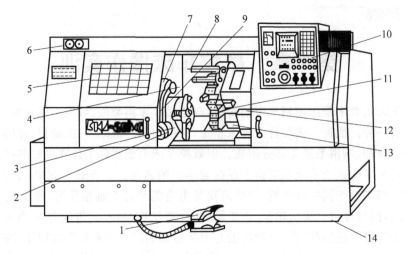

图 7-1 数控车床结构

1—脚踏开关；2—对刀仪；3—主轴卡盘；4—主轴箱；5—防护门；6—压力表；7—对刀仪防护罩；8—导轨防护罩；9—对刀仪转臂；10—操作面板；11—回转刀架；12—尾架；13—滑板；14—床身

1. 数控车床的分类

数控车床品种繁多，规格不一，可按如下方法进行分类。

1) 按车床主轴位置分类

(1) 立式数控车床：简称为数控立车，其车床主轴垂直于水平面，有一个直径很大的圆形工作台，用来装夹工件。这类机床主要用于加工径向尺寸大、轴向尺寸相对较小的大型复杂零件。

(2) 卧式数控车床：又分为数控水平导轨卧式车床和数控倾斜导轨卧式车床。其倾斜导轨结构可以使车床具有更大的刚性，并易于排除切屑。

2) 按加工零件的基本类型分类

(1) 卡盘式数控车床：这类车床没有尾座，适合切削盘类（含短轴类）零件。夹紧方式多为电动或液动控制，卡盘结构多具有可调卡爪或不淬火卡爪（即软卡爪）。

(2) 顶尖式数控车床：这类车床配有普通尾座或数控尾座，适合切削较长的零件及直径不太大的盘类零件。

3) 按刀架数量分类

(1) 单刀架数控车床：数控车床一般都配置有各种形式的单刀架，如四工位卧动转位刀架或多工位转塔式自动转位刀架。

(2) 双刀架数控车床：这类车床的双刀架配置平行分布，也可以是相互垂直分布。

4) 按功能分类

(1) 经济型数控车床：采用步进电动机和单片机对普通车床的进给系统改造后形成的简易型数控车床，其成本较低，但自动化程度和功能都比较差，车削加工精度也不高，适用于要求不高的回转类零件的车削加工。

(2) 普通数控车床：根据车削加工要求在结构上进行专门设计并配备通用数控系统

而形成的数控车床,其数控系统功能强,自动化程度和加工精度也比较高,适用于一般回转类零件的车削加工。这种数控车床可同时控制两个坐标轴,即 X 轴和 Z 轴。

(3) 车削加工中心:在普通车床的基础上,增加了 C 轴和动力头。更高级的数控车床还带有刀库,可控制 X、Z 和 C 三个坐标轴,联动控制轴可以是(X,Z)、(X,C)或(Z,C)。由于增加了 C 轴和铣削动力头,这种数控车床的加工功能大大增强,除可以进行一般车削外,还可以进行颈向和轴向铣削、曲面铣削、中心线不在零件回转中心的孔和颈向孔的钻削等加工。

5) 其他分类方法

按数控系统的不同控制方式等,数控车床可以分很多种类,如直线控制数控车床,两主轴控制数控车床等;按特殊或专门工艺性能可分为螺纹数控车床、活塞数控车床、曲轴数控车床等很多种。

2. 数控车床的布局

数控车床的主轴、尾座等部件相对床身的布局形式与普通车床基本一致,而床身结构和导轨的布局形式则发生了根本变化,这是因为其直接影响数控车床的使用性能及机床的结构和外观所致。

数控车床的床身结构和导轨有多种形式,主要有水平床身、倾斜床身、水平床身斜滑鞍及立床身等,它有 4 种布局形式,如图 7-2 所示。

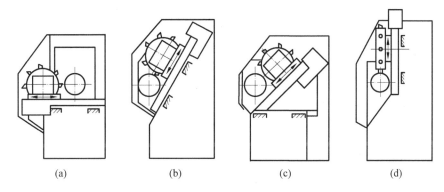

图 7-2 数控车床的床身结构
(a) 水平床身;(b) 倾斜床身;(c) 水平床身斜滑鞍;(d) 立床身

水平床身的工艺性好,便于导轨面的加工。水平床身配上水平放置的刀架可提高刀架的运动精度,一般可用于大型数控车床或小型精密数控车床的布局。但是由于水平床身下部空间小,故排屑困难。从结构尺寸上看,刀架水平放置使得滑板横向尺寸较长,从而加大了机床宽度方向的结构尺寸。

水平床身配上倾斜放置的滑板,并配置倾斜式导轨防护罩,这种布局形式一方面有水平床身工艺性好的特点,另一方面机床宽度方向的尺寸较水平配置滑板的要小,且排屑方便。

水平床身配上倾斜放置的滑板和斜床身配置斜滑板布局形式被中、小型数控车床所普遍采用。这是由于此两种布局形式排屑容易,热铁屑不会堆积在导轨上,也便于安装自动排屑器；操作方便，易于安装机械手，以实现单机自动化；机床占地面积小，外形简洁、美观，容易实现封闭式防护。

斜床身其导轨倾斜的角度分别为 30°、45°、60°、75°和 90°(称为立式床身)，若倾斜角度小，排屑不便；若倾斜角度大，导轨的导向性差，受力情况也差。导轨倾斜角度的大小还会直接影响机床外形尺寸高度与宽度的比例。综合考虑上面的因素，中小规格的数控车床其床身的倾斜度以 60°为宜。

7.2 数控车床的主要加工对象

数控车削是数控加工中用得最多的加工方法之一。由于数控车床具有加工精度高、能作直线和圆弧插补(高档车床数控系统还有非圆曲线插补功能)以及在加工过程中能自动变速等特点，因此其工艺范围较普通车床宽得多。

1. 精度要求高的回转体零件

因数控车床刚性好，制造精度、对刀精度、重复定位精度高，具有刀具补偿功能，使其可加工尺寸精度要求高的零件。

数控车床的刀具运动通过高精度插补运算和伺服驱动来实现，可加工对母线直线度、圆度、圆柱度等形状精度要求高的零件。

车削零件位置精度的高低主要取决于零件的装夹次数和机床的制造精度。数控车床的制造精度高，工件装夹次数少，对提高零件的位置精度有利。数控车削对提高位置精度特别有效。在数控车床上加工，如果发现要求位置精度较高，可以用修改程序内数据的方法来校正，这样可以提高其位置精度。而在传统车床上加工是无法作这种校正的。

2. 表面粗糙度要求高的回转体

数控车床具有恒线速度切削功能，能加工出表面粗糙度值小而均匀的零件。因为在材质、精车余量和刀具已定的情况下，表面粗糙度取决于进给量和切削速度。切削速度变化，致使车削后的表面粗糙度不一致。使用数控车床的恒线速度切削功能，就可选用最佳线速度来切削锥面、球面和端面等，使车削后的表面粗糙度值小而均匀。

3. 轮廓形状复杂或难于控制尺寸的回转体零件

数控车床具有直线和圆弧插补功能，部分车床数控装置还有某些非圆曲线插补功能，可车削任意直线和曲线组成的形状复杂的回转体零件和难于控制尺寸的零件，如具有封闭内成形面的壳体零件。图 7-3 所示的壳体零件封闭内腔的成形面，"口小肚大"，在普通车床是无法加工的，而在数控车床上则容易加工出来。

组成零件轮廓的曲线可以是数学方程式描述的曲线，也可以是列表曲线。对于由直线或圆弧组成的轮廓，直接利用机床的直线或圆弧插补功能。对于由非圆曲线组成的轮廓，可以用非圆曲线插补功能；若所选机床没有非圆曲线插补功能，则应先用直线或圆弧去逼近，然后再用直线或圆弧插补功能进行插补切削。

4. 带特殊类型螺纹的回转体零件

普通车床所能车削的螺纹相当有限，它只能车等导程的直、锥面公制或英制螺纹，而且一台车床只能限定加工若干种导程的螺纹。数控车床不但能车削任何等导程的直、锥

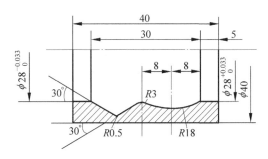

图 7-3　内腔零件图

和端面螺纹,而且能车增导程、减导程及要求等导程与变导程之间平滑过渡的螺纹(如非标丝杠)。数控车床还具有高精密螺纹切削功能,再加上一般采用硬质合金成形刀具以及可以使用较高的转速,所以车削出来的螺纹精度高,表面粗糙度小。

7.3　数控车床的安全使用常识

1. 数控车床安全操作规程

(1) 操作机床前,必须紧束工作服,女生必须戴好工作帽,严禁戴手套操作数控车床。

(2) 通电后,检查机床有无异常现象。

(3) 刀具要垫好、放正、夹牢;安装的工件要校正、夹紧,安装完毕应取出卡盘扳手。

(4) 换刀时,刀架应远离卡盘、工件和尾架;在手动移动拖板或对刀过程中,在刀尖接近工件时,进给速度要小,移位键不能按错,且一定注意按移位键时不要误按换刀键。

(5) 自动加工之前,程序必须通过模拟或经过指导教师检查,程序正确后才能自动运行加工工件。

(6) 自动加工之前,应确认起刀点的坐标无误;加工时要关闭机床的防护门,加工过程中不能随意打开。

(7) 数控车床的加工虽属自动进行,但仍需要操作者监控,操作者不允许随意离开岗位。

(8) 若发生异常,应立即按下急停按钮,并及时报告以便分析原因。

(9) 不得随意删除机内的程序,也不能随意调出机内程序进行自动加工。

(10) 不能更改机床参数设置。

(11) 不要用手清除切屑,可用钩子清理,发现铁屑缠绕工件时,应停车清理;机床面上不准堆放东西。

(12) 机床只能单人操作;加工时,绝不能把头伸向刀架附近观察,以防发生事故。

(13) 工件转动时,严禁测量工件、清洗机床、用手去摸工件,更不能用手制动主轴头。

(14) 关机之前,应将溜板停在 X 轴、Z 轴中央区域。

2. 数控机床日常维护保养常识

1) 安全规定

(1) 操作者必须仔细阅读和掌握机床上的危险、警告、注意等标识说明。

(2) 机床防护罩、内锁或其他安全装置失效时,必须停止使用机床。

(3) 操作者严禁修改机床参数。

(4) 机床维护或其他操作过程中,严禁将身体探入工作台下。

(5) 检查、保养、修理之前,必须先切断电源。

(6) 严禁超负荷、超行程、违规操作机床。

(7) 操作数控机床时思想必须高度集中,严禁戴手套、扎领带和人走机不停的现象发生。

(8) 工作台上有工件、附件或障碍物时,机床各轴的快速移动倍率应小于50%。

2) 日常维护保养

设备整体外观检查,检查机床是否有异常情况,保证设备清洁、无锈蚀。检查液压系统、气压系统、冷却装置、电网电压是否正常。开机后需检查各系统是否正常,低速运行主轴5min,观察车床是否有异常。及时清洁主轴锥孔,做到工完场清。

3) 周末维护保养

全面清洁机床,对电缆、管路进行外观检查,清洁主轴锥孔,清洁主轴外表面、工作台、刀库表面等。检查液压、冷却装置是否正常,及时清洗主轴恒温装置过滤网。检查冷却液,不合格及时更换,清洁排屑装置。

7.4 CAK63系列数控车床简介

各种类型数控车床的操作方法基本相同。对于不同型号的数控车床,由于机床结构以及操作面板、数控系统的差别,操作方法也会有差别。下面以CAK63系列数控车床为例介绍其基本操作。对于其他数控车床,应查看该车床的详细说明。

1. 车床参数

沈阳第一机床厂生产的CAK63系列数控车床是由FANUC Oi Mate-TC系统控制的经济型卧式数控车床。该机床能对两坐标(横向X、纵向Z)进行连续伺服自动控制,实现直线和圆弧插补,对轴类、盘类等回转零件的内外圆柱面、端面、圆锥面、圆弧面、螺纹(公制螺纹和英制螺纹、锥螺纹和端面螺纹)等表面可自动进行加工。还可以进行钻孔、扩孔、铰孔、镗孔等加工。

CAK63系列数控车床的主要规格及技术参数如下:

(1) 床身上名义回转直径　　　　$\phi 320$mm

(2) 床身上最大工件回转直径　　$\phi 630$mm

(3) 最大工件长度　　　　　　　1500mm

(4) 刀架上最大工件回转直径　　$\phi 350$mm

(5) 主轴通孔直径　　　　　　　$\phi 104$mm

(6) 主轴内孔锥度　　　　　　　1:20

(7) 装刀基面距主轴中心距离　　20mm

(8) 车刀刀杆最大尺寸　　　　　20mm×20mm

(9) 尾座套筒锥度　　　　　　　　莫氏 5 号
(10) 主轴转速范围　　　　　　　　50～2500r/min
(11) 主电机功率　　　　　　　　　变频 4kW

2. 数控车床的组成

数控车床由车床主体、伺服系统、数控系统三大部分组成。数控车床基本保持了普通车床的布局形式。主轴由伺服电机实现自动调整输出速度，进给运动由电机拖动滚珠丝杠来实现。配置了自动刀架，提高换刀的位置精度。

数控系统由控制电源、轴伺服控制器、主机、轴编码器、显示器组成。

机床本体由床身、主轴箱、回转刀架、进给传动系统、冷却系统、润滑系统、机床安全保护系统组成，如图 7-4 所示。

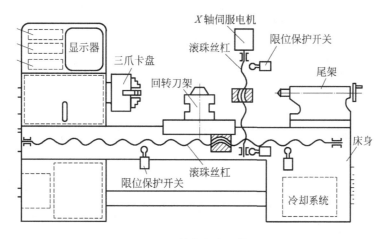

图 7-4　数控车床本体

3. 数控车床坐标系

该类型数控车床的刀架在工件与操作者之间，即刀架在内侧。按机床坐标系的定义方法，刀架在内侧的坐标如图 7-5(a)所示。操作机床时应按图 7-5(a)所示来确定移动的方向，但在编程时通常按图 7-5(b)所示的坐标进行，因为这样编程更加方便，且编写的程序是相同的。

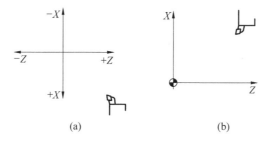

图 7-5　数控车床坐标系

7.5 数控车床控制面板(FANUC Oi 系统)简介

FANUC Oi-mate 系统控制面板由两部分组成:数控系统操作面板和机床操作面板,如图 7-6 所示。

图 7-6　FANUC Oi-mate 系统的数控系统控制面板

7.5.1　CAK63 数控系统操作面板

FANUC Oi-mate 系统的数控系统操作面板由 CRT 显示器和 MDI 键盘两部分组成。

1. CRT 显示器

CRT 显示器,如图 7-7 所示,用于显示机床的各种参数和状态,如显示机床参考点坐标、刀具位置坐标、输入数控系统的指令数据、刀具补偿值的数值、报警信号、自诊断内容、滑板移动速度以及间隙补偿值等。

显示器的下方有 7 个软键,也称章节选择键,按主功能键后出现的第一级菜单为章,各下级子菜单为节。软键的功能含义显示在当前屏幕中最下一行对应软键的位置,软键随功能键状态而不同,而且具有若干个不同的子功能。

图 7-7　CRT 显示器

左端的软键,称菜单返回键。

右端的软键,称菜单继续键,用于显示当前(同级)章节操作功能画面未显示完的内容。

软键中【操作】软键可进入下一级子菜单操作,显示该章节功能被处理的数据。

2. 数据输入(MDI)键

数据输入(MDI)键,用于数控系统的数据输入,如图 7-8 所示,其说明见表 7-1。

图 7-8　数据输入(MDI)键

表 7-1 MDI 键说明

编号	名 称	功 能 说 明
1	复位键 RESET	按此键使 CNC 复位，解除报警。当车床自动运行时，按此键则车床的所有运动都停止
2	帮助键 HELP	显示如何操作机床，可在 CNC 发生报警时提供报警的详细信息
3	地址和数字键 Op EOB 键 EOB/E	按这些键可以输入字母，数字或者其他字符；EOB 用于程序段结束符";"的输入
4	换挡键 SHIFT	在有些键上有两个字符。先按此键后，可输入键面右下角的小字符
5	输入键 INPUT	将输入缓冲区的数据输入参数页面或者输入一个外部的数控程序。这个键与软键中的"输入"键是等效的
6	取消键 CAN	取消键，用于删除最后一个进入输入缓存区的字符或符号
7	程序编辑键 ALTER、INSERT、DELETE （当编辑程序时按这些键）	ALTER：替换键，用输入的数据代光标所在的数据； INSERT：插入键，把缓冲区的数据插入到光标之后； DELETE：删除键，用于程序字或程序内容的删除
8	功能键 POS PROG OFFSET/SETTING SYSTEM MESSAGE CUSTOM/GRAPH	按这些键用于选择各种功能显示画面 POS(位置)键：显示当前刀具的位置； PROG(程序)键：用于显示程序。在不同工件方式下显示不同内容； OFS SET/SETTING(刀偏/设置)键：用于设置、显示刀具补偿值和其他数据； SYSTEM(系统)键：用于系统参数的设置及显示； MESSAGE(信息)键：用于显示各种信息； CUTM/GR(用户宏/图形)键：用于用户宏画面或图形的显示
9	光标移动键	→将光标向右移动； ←将光标向左移动； ↓将光标向下移动； ↑将光标向上移动
10	翻页键	PAGE↓将屏幕显示的页面往后翻页； PAGE↑将屏幕显示的页面往前翻页

7.5.2 数控车床操作面板

1. 系统电源

(1)"系统上电"键：按此键接通数控系统的电源。

(2)"系统断电"键：按此键断开数控系统的电源。

2. "方式选择"旋钮

在对机床进行操作时必须先选择操作方式。

(1) 程序编辑(EDIT)：可利用 MDI 面板将工件加工程序手动输入到存储器中，也可以对存储器内的加工程序内容进行修改、插入、删除等编辑。

(2) 自动运行(MEM)：在此方式下，机床可按存储的程序进行加工。

(3) 手动数据输入(MDI)：可以通过 MDI 键盘直接将程序段输入到存储器内，按"程序启动"按钮可执行所送入的程序段。

(4) 程序远程输入(DNC)：对外部电脑或网络中的程序进行在线加工。

(5) 手动进给(JOG)：可使滑板沿坐标轴方向连续移动。

(6) 回参考点(REF)：按着"+X"和"+Z"键可分别使车床溜板返回参考点。当机床刀架回到零点时，对应的 X 轴或 Z 轴回零指示灯亮。

(7) 手脉倍率(手轮 HND)×100，×10，×1：转动手轮一个刻度使刀架沿坐标轴方向移动"最小移动单位"的相应倍数。

3. "手动倍率/进给倍率/快速倍率"旋钮

在手动或自动运行期间用于进给速度的调整。可改变程序中 F 设定的进给速度，调整范围 0～150%。

4. 自动运行操作键

(1)"程序启动"键：在自动或手动数据输入运行方式下，按此键，按键灯亮，程序自动执行。

此键在下列情况下起作用：按了"程序暂停"键暂停后，再按此键可以使机床继续工作；按"单程序段"运行时，按此键，执行下一段程序；程序中的 M01 指令，执行"任选停止"后，按此键，机床继续按规定的程序执行。

(2)"程序暂停"键：也称为循环保持或进给保持键。在自动或手动数据输入运行期间，按此键，该键灯亮，刀架停止移动，但 M、S、T 功能仍然有效。要使机床继续工作，按"程序启动"键，刀架继续移动。在循环保持状态，可以对机床进行任何的手动操作。

5. 主轴手动操作按钮

(1)"主轴正转"键：在手动操作方式(包括手动进给和手轮)下按"主轴正转"键，该键灯亮，主轴正向旋转。

(2)"主轴停止"键：按下此键，主轴停止旋转。

(3)"主轴反转"键：按下此键，主轴向反方向旋转。

(4)"主轴点动"键：按下此键，主轴正转，松开此键，主轴停止转动。

(5)"主轴升速"键：按 1 次，主轴的实际转速比设置转速提高 10%。

(6)"主轴降速"键：按 1 次，主轴的实际转速比设置转速降低 10%。

6. 手动进给操作按钮

(1)"+X"键

按着此键,刀架以"倍率旋钮"的进给速度 X 正向移动,松开按钮,机床停止移动;若在按住此键期间,按了快速移动开关,则以机床快速移动速度运动。

(2)"-X"键:同上。

(3)"+Z"键:同上。

(4)"-Z"键:同上。

(5)X 轴回零指示灯:X 轴方向回参考点结束,此灯亮。

(6)Z 轴回零指示灯:Z 轴方向返回参考点结束,此灯亮。

7. 手轮

选择手轮每摇一格时刀架相应移动;同时选择移动轴;手轮顺时针转动,刀架正向移动,反之刀架则负向移动。

8. 手动刀架

在手动方式下,进行四工位刀架的旋转换刀。

9. 操作选择

(1)"冷却启动"键:灯亮时,开起冷却液。

(2)"跳跃程序段"键:此键按下灯亮时,程序中带有"/"标记的程序段不执行。

(3)"任选停止"键:当任选停止功能有效时,程序中的 M01 指令有效,即执行完成有 M01 的程序段后,自动程序暂停、车床主轴停转、冷却停止。要使机床继续按程序运行,须再按"程序启动"键。

(4)"单程序段"键:"单程式段"指示灯亮时,按"程序启动"键,程序只运行一段即停止。

在按下"单程式段"键执行一个程序段后的停止期间,通过"方式选择"键可以转换到任何其他的操作方式下操作车床。

(5)"机床锁住"键:车床锁住时,刀架不能移动,但其他(如 M,S,T)功能执行和显示都正常。在检验程序时使用。注:本机床此功能不使用。

(6)"空运行"按钮:启动此功能时,程序中设定的 F 功能无效,刀架以快速移动,不能用于加工,只能用于检验程序。空运行只是检验程序的一种方式,不能用于实际的零件切削。

10. "快速进给"键

在手动方式下,按下此键灯亮时刀架以快速方式移动。

11. "超程释放"键

当机床移动超过工作区间的极限时称为超程。

解除超程步骤:选择"手动进给"方式→按"超程释放"→同时按与超程方向相反的轴向键,使机床返回到工件区间→按"RESET"键,使机床解除报警状态。

12. "急停"键

在紧急状态下按此键,机床各部将全部停止运动,NC 控制系统清零。按急停按钮后,必须重新进行回零操作。

13. 程序保护锁

"程序保护锁"是一钥匙开关。当该开关在"1"(ON)位置时,内存程序受到保护,即不能对程序进行编辑。

14. 指示灯

指示灯分别有"电源指示"、"加工结束"、"报警指示"和"润滑指示"。

数控车床操作面板各键图示及说明请参照表7-2。

表7-2 数控车床操作面板各键说明

编号	符号	名称	编号	符号	名称
1		编辑操作 EDIT	20		Z轴负方向移动
2		手动数据输入方式 MDI	21		Z轴正方向移动
3		自动状态 AUTO	22		手动快速
4		手动状态 JOG	23		超程释放
5		手摇脉冲方式 HNDL	24		选刀
6		回零状态 ZRN	25		手动冷却液开关
7		手摇脉冲最小单位 0.001mm 快速倍率 1%	26		手动润滑开关
8		手摇脉冲最小单位 0.01mm 快速倍率 25%	27		液压夹盘夹紧松开
9		手摇脉冲最小单位 0.1mm 快速倍率 50%	28		液压台尾进退
10		手摇脉冲最小单位 1mm 快速倍率 100%	29		液压启动停止
11		X轴手摇脉冲进给选择	30		手动主轴正转
12		Z轴手摇脉冲进给选择	31		手动主轴反转
13		机床锁住	32		手动主轴点动
14		空运行	33		手动主轴停止
15		程序段跳步	34		手动主轴升速
16		单段程序	35		手动主轴降速
17		进给保持	36		X轴参考点指示
18		X轴负方向移动	37		Z轴参考点指示
19		X轴正方向移动	38		（左）主轴挡位转速显示 （右）当前刀位号显示

7.6　FANUC Oi 系统常用功能界面

1. "POS"（位置）功能界面

1) 坐标显示

坐标显示方式显示刀具当前在工件坐标系中的位置。

2) 相对坐标显示

相对坐标显示方式显示刀具当前在操作者设定的相对坐标系内的位置。

在此画面下可预设相对坐标值，按功能键"POS(位置)"→按软键【相对】→按软键【操作】→按键盘上一个轴地址键（如 U 或 W），此时画面中指定轴的地址闪烁→按软键【起源】，闪烁轴的相对坐标值复位至 0；若将坐标值设置成指定值（非零值），则输入指定值并按软键【预定】，闪烁轴的相对坐标被设定为指定值→按软键【起源】，再按软键【全轴】则所有轴的相对坐标值复位为 0，按软键【EXEC】确认此项并返回上一级菜单。

注意：执行程序换刀时，相对坐标将发生变化。

3) 综合位置显示

综合位置显示如图 7-9 所示。

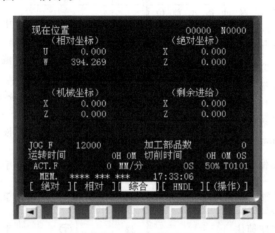

图 7-9　综合位置显示

机械坐标是指刀具当前在机床坐标系内的位置，可用此坐标值确定采用 G54～G59 指令建立工件坐标系时工件坐标系原点在机床坐标系内的值，将此值输入到工件坐标系偏置页面的对应位置即建立了工件坐标系。

剩余进给，表示当前程序段中的刀具尚需移动的距离。

2. "PROG"（程序）功能界面

CNC 机床按程序运行称为自动运行，自动运行有以下几种类型：

- 自动运行(MEM)：执行存储在 CNC 存储器中的程序运行方式。
- 手动数据输入(MDI)：从 MDI 面板输入程序的运行方式。
- 程序远程输入(DNC)：从外部设备上输入程序的运行方式。

1) 自动运行(见图7-10)

图7-10 "自动运行"画面

(1) 在界面中按软键【BG-EDT】进入后台编辑方式,左上角有"程序(BG-EDIT)"的标记,按软键【BG-END】则返回前台;
(2) 输入程序号按软键【O检索】可打开选定的程序,其作用与面板上的光标键相同;
(3) 输入行号(N序号)按软键【N检索】光标移到选定的行号处;
(4) 按软键【REWIND】将光标返回到程序头位置;
(5) 按软键【F检索】,从外部设备向CNC系统输入程序。
2) 手动数据输入
如图7-11所示,利用MDI面板输入的程序,显示模态数据。
手动数据输入方式程序的编辑:选择"手动数据输入"→按"PROG"功能键→再按软键【MDI】,出现有预置O0000号的画面。
MDI方式编辑程序最多10行。

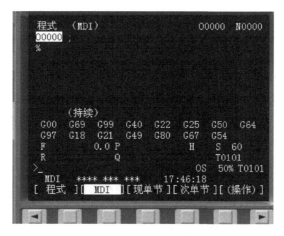

图7-11 MDI方式下显示画面

3. "OFS/SET"(刀偏/设置)功能界面

"OFS/SET"(刀偏/设置)功能界面显示和设定刀具补偿值、工件坐标系偏置量和宏程序的公共变量值等。

1) 补正的界面(见图 7-12)

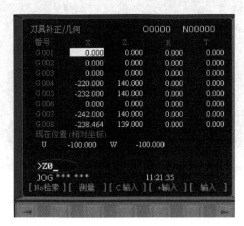

图 7-12 补正界面

(1) 用软键【输入】或【＋输入】修改刀具偏置量

刀具偏置量的清除,在补偿值画面下,按菜单继续键,按软键【CLEAR】,可按【全部】,【磨耗】,【形状】,清除刀具偏置数据。

步骤如下：

① 按功能键"OFS/SET"键；

② 按软键【补正】。按软键【磨损】后,出现刀具磨损补偿画面。番号 W××；按软键【形状】出现刀具几何补偿画面,番号 G××。

③ 用翻页键和光标键移动光标至所需设定或修改的补偿值处,或输入所需设定或修改补偿值的补偿号并按下软键【No 检索】。

④ 输入一个设定的补偿值按软键【输入】。要改变补偿值,可输入一个值并按软键【＋输入】,于是输入值与原有值相加(也可设负值)。若按下软键【输入】则输入值替换原有值。

(2) 对刀,用软键【测量】设定刀具长度补偿值

此时要区分两种情况。一种是在刀具几何偏置界面中设定刀具几何长度补偿值,此时程序中不用 G50 或 G54~G59 指令建立工件坐标系,而是直接采用刀具补偿指令(如 T0101)建立工件坐标系,相当于用刀具长度补偿值代替工件坐标系偏置值；另一种是在刀具磨损补偿界面设定刀具磨损长度补偿值,通过随时修改该补偿值以方便加工。

用【测量】设定刀具长度补偿值的步骤如下所述。

① 对刀,用刀具几何长度补偿值进行工件坐标设定。

i. Z 轴方向刀具几何长度补偿值的设定：

(a) 在手动方式下用刀具(如 1 号刀)切削表面 A,如图 7-13 所示；

(b) 保持 Z 轴方向位置不变,仅在 X 轴方向退刀,停止主轴;

(c) 确定工件坐标系的零点至表面 A 的距离 L (通常工件右端面为坐标零点,即 L=0);

(d) 按功能键"OFS/SET"和【补正】软键,再按软键【形状】,出现刀具几何偏置界面;

(e) 将光标移至与刀具号对应的偏置号(如番号 G01)处;

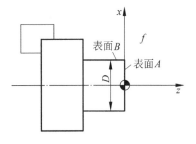

图 7-13 切削表面示意图

(f) 输入 Z,L 值;

(g) 按【测量】软键。则当前机床坐标系下的 Z 坐标值减去 L 值得到的差值作为 Z 轴刀具长度补偿值被自动设置到指定的偏置号。

ii. X 轴方向刀具几何长度补偿值的设定:

(a) 在手动方式下用同一把刀具切削表面 B,如图 7-13 所示;

(b) 保持 X 轴方向位置不变,仅在 Z 轴方向退刀,停止主轴;

(c) 测量表面 B 的直径 D;

(d) 后面的步骤与设定 Z 轴一样,只是输入 X、D 值。

② 刀具磨损长度补偿值的设定。

Z 轴方向刀具磨损长度补偿值的设定,与 Z 轴方向刀具几何长度补偿值的设定一样,只是在刀具磨损补偿界面中进行设定。

(3) 对刀,用软键【C. 输入】设定刀具相对长度

刀具与工件上选定的对刀基准面接触,来设定相应刀具的长度补偿值,刀具长度补偿值为刀具相对基准刀具的"相对长度"。

用软键【C. 输入】设定刀具补偿值步骤如下:

① 手动(或手轮)将基准刀具(用来建立工件坐标系的刀具)移动至参考位置,使刀尖与对刀基准面接触;

② 将轴的相对坐标值归零(利用 MDI 换刀,相对坐标将发生变化,可采用"手动刀架")。也可以根据建立的绝对坐标,用软键【测量】设定各刀具相对基准刀具的长度补偿值;

③ 将其他刀具移到参考位置,使刀尖与工件上对刀基准面接触;

④ 选择刀具几何补偿画面,将光标移到刀具号对应的位置;

⑤ 按地址键"X"(或"Z")和软键【C. 输入】,长度补偿值即被输入。

2) 工件坐标系设定画面(见图 7-14)

工件坐标系设定画面用于设置 G54 的工件原点偏置量和附加工件原点偏置量(番号 00(EXT))。

对刀,进行工件坐标系原点的设置步骤:

① 在手动(或手轮)方式下用基准刀具(如 1 号刀)切削表面 A(对刀方法与前面相同);

② 保持 Z 轴方向位置不变,仅在 X 轴方向退刀,停止主轴;

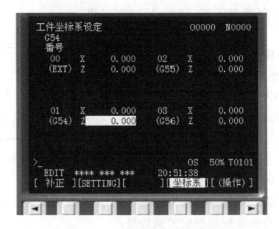

图 7-14 工件坐标系设定画面

③ 确定工件坐标系的零点至表面 A 的距离 L；
④ 按功能键 "OFS/SET" 和【坐标系】软键；
⑤ 将光标移至番号 01G54 中 Z 坐标位置上；
⑥ 输入 Z、L 值；
⑦ 按【测量】软键；
⑧ 手动切削表面 B，保持 X 轴方向位置不变，仅在 Z 轴方向退刀，停止主轴；
⑨ 测量表面 B 的直径 D，将光标移至番号 01G54 中 X 坐标位置上，地址键 "X"，输入直径 D 值，按【测量】软键，即完成工件坐标系原点的设置。

3) 设定工件坐标系偏置量

当用 G50 指令或利用刀具长度补偿功能自动建立的工件坐标系，设定的坐标系与编程时使用的坐标系不同时，所设定的坐标系可被偏置。

按 "OFS/SET" 键→按菜单继续键→按软键【工件移】，出现工件平移画面，输入工件移动量，如 Z 方向 -70.0。

7.7 FANUC Oi 系统加工程序的编辑

1. 创建新程序

手工输入一个新程序的方法：
(1) 选择"程序编辑"方式；
(2) 按面板上的 "PROG" 键，显示程序画面；
(3) 用字母和数字键，输入程序号。例如，输入程序号 "O0006"；
(4) 按系统面板上的插入键；
(5) 输入分号 "；"；
(6) 按系统面板上的插入键；
(7) 这时程序屏幕上显示新建立的程序名，接下来可以输入程序内容。

在输入到一行程序的结尾时,按 EOB 键生成";",然后再按插入键。这样程序会自动换行,光标出现在下一行的开头。

2. 后台编辑

在执行一个程序期间编辑另一个程序称为后台编辑。编辑方法与普通编辑相同。后台编辑的程序完成操作后,将被存到前台程序存储器中。

操作方法如下:

(1) 选择"自动运行"方式或"程序编辑"方式;

(2) 按功能键"PROG";

(3) 按软键【操作】,再按软键【BG-EDT】,显示后台编辑画面;

(4) 在后台编辑画面,用通常的程序编辑方法编辑程序;

(5) 编辑完成之后,按软键【操作】,再按软键【BG-END】。编辑程序被存到前台程序存储器中。

3. 打开程序文件

打开存储器中程序的方法:

(1) 选"程序编辑"或"自动运行"方式→按"PROG"键,显示程序画面→输入程序号→按光标键;

(2) 按系统显示屏下方与 DIR 对应的软键,显示程序名列表;

(3) 使用字母和数字键,输入程序名。在输入程序名的同时,系统显示屏下方出现【O 检索】软键;

(4) 输完程序名后,按【O 检索】软键;

(5) 显示屏上显示这个程序的程序内容。

4. 编辑程序

下列各项操作均是在编辑状态下,程序被打开的情况下进行的。

(1) 字的检索

① 按【操作】软键;

② 按向右箭头(菜单扩展键),直到软键中出现【检索(SRH)↑】和【检索(SRH)↓】软键;

③ 输入需要检索的字,如要检索 M03;

④ 按【检索】软键。带向下箭头的检索键为从光标所在位置开始向程序后面检索,带向上箭头的检索键为从光标所在位置开始向程序前面进行检索。可以根据需要选择一个检索键;

⑤ 光标找到目标字后,定位在该字上。

(2) 光标跳到程序头

当光标处于程序中间,而需要将其快速返回到程序头,可用下列 3 种方法。

① 在"程序编辑"方式,当处于程序画面时,按【RESET】键,光标即可返回到程序头。

② 在"自动运行"或"程序编辑"方式,当处于程序画面时,按地址 O→输入程序号→按软键【O 检索】。

③ 在"自动运行"或"程序编辑"方式下→按【PROG】键→按【操作】键→按

【REWIND】键。

(3) 字的插入

① 使用光标移动键或检索,将光标移到插入位置前的字;

② 输入要插入的字;

③ 按"INSERT"键。

(4) 字的替换

① 使用光标移动键或检索,将光标移到替换的字;

② 输入要替换的字;

③ 按"ALTER"键。

(5) 字的删除

① 使用光标移动键或检索,将光标移到替换的字;

② 按删除键。

(6) 删除一个程序段

① 使用光标移动键或检索,将光标移到要删除的程序段地址 N;

② 输入";";

③ 按"DELETE"键。

(7) 删除多个程序段

① 使用光标移动键或检索,将光标移到要删除的第一个程序段的第一个字;

② 输入地址 N;

③ 输入将要删除的最后一个段的顺序号;

④ 按"DELETE"键。

5. 删除程序

(1) 在"程序编辑"方式下,按【PROG】键;

(2) 按【DIR】软键;

(3) 显示程序名列表;

(4) 使用字母和数字键,输入欲删除的程序名;

(5) 按面板上的"DELETE"键,该程序将从程序名列表中删除。

7.8 FANUC Oi 系统车床常用代码

FANUC Oi 系统车床常用代码如表 7-3 和表 7-4 所示。

表 7-3 FANUC Oi 系统车床常用 G 代码

G 代码	功　能	G 代码	功　能
*G00	定位(快速移动)	G18	ZX 平面选择
G01	直线切削	G20	英制输入
G02	圆弧插补(CW,顺时针)	G21	公制输入
G03	圆弧插补(CCW,逆时针)	G27	参考点返回检查
G04	暂停	G28	参考点返回

续表

G 代码	功 能	G 代码	功 能
G30	回到第二参考点	G71	内外圆粗车循环
G32	螺纹切削	G72	台阶粗车循环
*G40	刀尖半径补偿取消	G73	成形重复循环
G41	刀尖半径左补偿	G74	Z 向端面钻孔循环
G42	刀尖半径右补偿	G75	X 向外圆/内孔切槽循环
G50	坐标系设定/恒线速最高转速设定	G76	螺纹切削复合循环
*G54	选择工件坐标系 1	G90	内外圆固定切削循环
G55	选择工件坐标系 2	G92	螺纹固定切削循环
G56	选择工件坐标系 3	G94	端面固定切削循环
G57	选择工件坐标系 4	G96	恒线速度控制
G58	选择工件坐标系 5	*G97	恒线速度控制取消
G59	选择工件坐标系 6	G98	每分钟进给
G70	精加工循环	*G99	每转进给

注：带 * 者表示是开机时会初始化的代码。

表 7-4　FANUC Oi 系统车床常用 M 代码

M 代码	功 能	M 代码	功 能
M00	程序停止	M11	液压卡盘卡紧
M01	选择性程序停止	M30	程序结束复位
M02	程序结束	M40	主轴空挡
M03	主轴正转	M41	主轴 1 挡
M04	主轴反转	M42	主轴 2 挡
M05	主轴停	M43	主轴 3 挡
M08	切削液启动	M44	主轴 4 挡
M09	切削液停	M98	子程序调用
M10	液压卡盘放松	M99	子程序结束

7.9　FANUC Oi 系统设置工件零点的几种方法

1. 直接用刀具试切对刀（推荐）

（1）用外圆车刀先试切一外圆，测量外圆直径后，按【OFFSET】→【补正】→【形状】，输入"外圆直径值"，按【测量】键，刀具"X"补偿值即自动输入到几何形状里。

如：当前刀尖停在外圆位置，X 机械位置显示 356.735，外径是 50，按【测量】键后自动生成 X306.735，即刀具形状值＝356.735（机械值）－50（输入值）＝306.735。

（2）用外圆车刀再试切外圆端面，按【OFFSET】→【补正】→【形状】，输入"Z 0"，按【测量】键，刀具"Z"补偿值即自动输入到几何形状里。因输入的实测值为端面坐标值，即等效于将机械坐标系平移至零件端面。

（3）用同样方法可完成其他刀具的对刀。

① 通过对刀,将刀偏值写入参数,从而获得工件坐标系。

② 方法操作简单方便,可靠性好,每把刀独立坐标系,互不干扰。

③ 只要不断电、不改变刀偏值,工件坐标系就会存在且不会变,即使断电,机床重启后回零,工件坐标系还在原来的位置。

如使用绝对值编码器,刀架可在任何安全位置都可以启动加工程序。

2. 用 G50 设置工件零点

(1) 外圆车刀先试切一段外圆,选择按【SHIFT】→【U】,这时"U"坐标在闪烁,按【CAN】键置"MDI"模式,输入 G01 U××(×× 为测量直径)F0.3,切端面到中心。

(2) 选择【MDI】模式,输按循环启动【S】键,把当前点设为零点。

(3) 选择【MDI】模式,输入 G0 X150 50,使刀具离开工件。

(4) 这时程序开头为:G50 X15。

(5) 用 G50 X150 Z150 程序起点和终点必须一致,这样才能保证重复加工不乱刀。

注意:用 G50 设定坐标系,对刀后将刀移动到 G50 设定的位置才能加工。对刀时先对基准刀,其他刀的刀偏都是相对于基准刀的。

3. G54～G59 设置工件零点

(1) 用外圆车刀先试切一外圆,按【OFFSET】→【坐标系】,如选择 G55,输入 X0、Z0 按【测量】键,工件零点坐标即存入 G55 里,程序直接调用如:G55 X60 Z50 ⋯。

(2) 可用 G53 指令清除 G54～G59 工件坐标系。

注意:这种方法适用于批量生产且工件在卡盘上有固定装夹位置的加工。

7.10　数控车床的操作

1. 车床的开机和关机

车床的开机按下列顺序操作,而关机则按相反顺序操作。

(1) 打开机床侧面的总电源开关;

(2) 按操作面板上的【系统上电】,至显示器出现 X、Z 坐标值;

(3) 按顺时针方向转动急停按钮,将急停按钮复位。

2. 车床的手动操作

1) 手动返回参考点操作

(1) 在下列几种情况必须返回参考点:

① 每次开机后;

② 超程解除以后;

③ 按急停按钮后;

④ 机械锁定解除后。

注意:各轴要有足够的回零距离,为了安全,一般先回 X 轴,再回 Z 轴。

(2) 手动返回参考点的步骤:

① 选择"回参考点"方式;

② 选择较小的快速进给倍率(25%);

③ 按下【+X】键,直至 X 轴指示灯闪烁,X 轴即返回了参考点;
④ 按下【+Z】键,直至 Z 轴指示灯闪烁,Z 轴即返回了参考点。

2) 手动进给操作

(1) 手动连续进给操作：操作前检查各种旋钮所选择的位置是否正确,确定正确的坐标方向,然后再进行操作。

① 选择"手动进给"方式;
② 调整进给速度的倍率旋钮;
③ 按住要移动轴方向所对应的键,刀架沿所选择的轴向以进给倍率旋钮设定的速度连续移动。当放开对应键,车床刀架停止移动;
④ 在按下轴向键之前,按下【快速进给】键,则刀具以快移速度移动。

(2) 手轮进给操作：

① 选择"手脉倍率"方式,用手轮轴向选择开关选定手轮 X 轴进给或 Z 轴进给;
② 确定手轮移动倍率;
③ 转动手轮,刀架按所选轴方向移动。

3. 车床的急停操作

如遇到不正常情况需要车床紧急停止时,可通过下列操作方法之一来实现。

(1) 按【急停】按钮：按下【急停】按钮后,车床的动作及各种功能立即停止执行。同时闪烁报警信号。

(2) 按【SESET(复位)】键：在自动和手动数据输入运行方式下按【SESET(复位)】键,则车床全部运动均停止。

(3) 按【程序暂停】键：在自动和手动数据输入运行方式下,按【程序暂停】键,可暂停正在执行的程序或程序段,车床刀架停止运动,但车床的其他功能有效。当需要恢复车床运行时,按【程序启动】按钮,该键灯亮。此时程序暂停被解除,车床从当前位置开始继续执行下面的程序。

4. 程序的检查

对已输入到机床的程序进行检查,确定加工程序完全正确才能进行实际加工。

1) 用机床锁定功能来检查

(1) 车床"回参考点"操作;
(2) 选择"自动运行"方式;
(3) 按【PROG】功能键,屏幕上显示被检查的程序;
(4) 按下【车床锁定】键,按键灯亮;
(5) 按【位置】键,显示机床坐标画面;
(6) 按【程序启动】键,按键灯亮。

执行自动运行时刀架不移动,但位置坐标的显示和刀架运动时一样,并且 M、S、T 都执行。

注意：本机床不能使用此功能。

2) 用单程序段运行来检查

(1) 选择自动方式;

(2) 按【PROG】功能键,屏幕上显示被检查的程序;

(3) 设置【进给倍率】旋钮的位置,一般选择100%的进给速度;

(4) 按【单程序段】键,按键灯亮;

(5) 按【POS】键,显示机床坐标画面;

(6) 按【程序启动】键,按键灯亮。车床执行完第1段程序后停止运行;

(7) 此后,每按一次【程序启动】键,程序就往下执行一段直到整个程序执行完毕。

5. 作刀具路径图形

图形显示功能能够在屏幕上画出正在执行程序的刀具轨迹。通过观察屏幕上的轨迹,可以检查加工过程。

1) 设定图形参数

(1) 图形中心:"X=_,Z=_"将工件坐标系上的坐标值设在绘图中心。

(2) 比例:设定绘图的放大率,值的范围是0~10000(单位:0.01倍)。

(3) 图形设定范围:此时值的单位是0.001mm,系统会对图形比例、图形中心值进行自动设定。通常使用此项,如材料长:55000;材料径:35000。

2) 图形模拟步骤

(1) 输入程序,检查光标是否在程序起始位置;

(2) 按【CUTM/GR】(用户宏/图形)键→按【参数】软键→对图形显示进行设置;

(3) 当用G50指令或利用刀具长度补偿功能建立的工件坐标系时,按【OFF/SET】键→按菜单继续键→按软键【工件移】,设置工件平移。如Z轴−100.0;若使用G54指令定义工件坐标系,按【OFF/SET】键→按软键【坐标系】,在00(EXT)处设置坐标偏移;

(4) 选择"自动运行";

(5) 按【程序启动】键,可以按下【空运行】键,减少程序运行时间;

(6) 在"CUTM/GR"模式中,按【图形】软键,进入图形显示,检查刀具路径是否正确,否则对程序进行修改。当有语法和格式问题时,会出现报警(P/S ALARM)和一个报警号,查看光标停留位置,光标后面的两个程序段就是可能出错的程序段,根据不同的报警号查出产生的原因作相应的修改。

6. 车床自动运行操作

1) 车床存储器的自动加工操作

(1) 选择"自动运行"方式;

(2) 按【PROG】键以显示程序屏幕→按地址键【O】→使用数字键输入程序号→按【O搜索】软键或光标键;检查光标是否在程序头;

(3) 调整到显示"检视"的画面,将进给倍率调到较低位置;

(4) 按【程序启动】键(指示灯亮),系统执行程序,进行自动加工;

(5) 在刀具运行到接近工件表面时,必须在进给停止下,验证Z轴绝对坐标,Z轴剩余坐标值及X坐标值与加工设置是否一致,没有错误的情况下将进给倍率调到100%。

2) 车床的手动数据输入(MDI)运行操作

(1) 选择"手动数据输入"方式;

(2) 按【PROG】键;

(3) 分别用键盘上的"地址/数字"键输入运行程序段的内容；

(4) 将光标移到要执行程序前；

(5) 按【程序启动】键，按键灯亮，车床开始自动运行这些程序段。

7. 建立工件坐标系

本机床有三种定义坐标的方法，选择与程序相适应的方法，每种方法都必须知道对刀后进行设置时刀位点在工作坐标系中的坐标值。

车床对刀点通常选择工件右端面边缘，利用右端面和外圆柱面分别对刀以定义 Z 和 X 坐标。

定义坐标的内容：对刀＋相应的设置或运行程序段。

1) 采用 G50 Xm Zn 指令建立工件坐标系

G50 指令规定了刀具起点（执行此指令时的刀位点）在工件坐标系中的坐标值(m，n)；如程序中的指令 G50 X200.0 Z150.0；刀具起点在工件坐标系中的坐标值必须是 (200,150)。

(1) 主要内容：

① 程序中用 G50 定义工件坐标，查看起刀点的坐标值；

② 对刀；

③ 运行程序段定义工件坐标原点；

④ 把刀架移动到程序起点。

(2) 操作步骤：

① 选手动（或手轮）方式→主轴正转→试切 A 表面（对刀方法与前面内容相同）；

② 保持 Z 轴不动，沿 X 轴增大方向移出刀具，主轴停转；

③ 确定工件坐标系的零点至表面 A 的距离 L，通常 $L=0$；

④ 选"手动数据输入"方式→按【PROG】键→【MDI】软键→输入 G50 ZL；→循环启动。把当前位置的 Z 轴绝对坐标设为"L"；

⑤ 按手动（或手轮）方式→主轴正转→沿工件外圆 B 表面试削；

⑥ 保持 X 轴不动，沿 Z 增大方向移出刀具，主轴停转；

⑦ 测量圆柱直径为 D；

⑧ 选"手动数据输入"方式→按【PROG】键→【MDI】软键→输入 G50 XD→循环启动。把当前位置的 X 轴绝对坐标设为 D；

⑨ 选"手动数据输入"方式→按【PROG】键→【MDI】软键→输入 G00 Xm Zn，把刀具移到起刀点。

2) 采用 G54～G59 零点偏置指令建立工件坐标系

G54～G59 指令（通常用 G54）要求出当基准刀具的刀尖（刀位点）与工件坐标系原点重合时机床坐标系中的坐标值，把此值输入到 CNC 系统零点偏置寄存器中 G54 的位置（即把工件坐标原点与机械坐标原点之间的距离输入到 G54 中去）。在程序中执行 G54 时，即可读出此值。

(1) 主要内容：

① 程序中用 G54 定义工件坐标；

② 对刀；

③ 在 G54 处进行设置。如"Z0"→【测量】，对程序的起刀点没有要求。

(2) 操作步骤：

①～③ 与前面操作相同；

④ 按【OFF/SET】键→按【工件系】软键→将光标移至 G54 处→输入 ZL→按【测量】；

⑤～⑦ 与前面操作相同；

⑧ 按【OFF/SET】键→按【工件系】软键→将光标移至 G54 处→输入 XD→按【测量】。

3) 利用刀具长度补偿功能自动建立工件坐标系

采用该方式建立工件坐标系，程序中不写 G50 或 G54～G59 指令，而是写刀具偏置指令，并在刀具几何偏置中确定刀具长度补偿值。如用 1 号刀加工零件，程序中写 T0101。

(1) 主要内容：

① 程序中用 T4 定义工件坐标；

② 对刀；

③ 在 G01 处进行设置。如"Z0"→【测量】，对程序的起刀点没有要求。

(2) 操作步骤：

①～③ 与前面操作相同；

④ 按功能键【OFF/SET】→【补正】软键→按【形状】软键，出现刀具几何偏置数据输入界面→将光标移至与刀具号对应的偏置号（如番号 G01）处→输入 ZL 值→按【测量】软键；

⑤～⑦ 与前面操作相同；

⑧ 按功能键【OFF/SET】→【补正】软键→按【形状】软键，出现刀具几何偏置数据输入界面→将光标移至与刀具号对应的偏置号（如番号 G01）处→输入 XD 值→按【测量】软键。

8. 刀具补偿值

刀具补偿值包括对刀后对刀具长度补偿的设置和刀具半径补偿值的输入。

1) 刀具长度补偿值的设置

采用 G50 Xm Zn 指令，G54～G59 零点偏置指令建立工件坐标系时，通过对刀，用软键【测量】或【C.输入】设定非基准刀具的相对长度（操作步骤与方法参见前面的讲述）。

利用刀具长度补偿功能自动建立工件坐标系时，调用每把刀具，用上述定义工件坐标的方法确定各自的刀具相对长度补偿值，即可采用同一工件坐标系编程加工。

2) 刀具半径补偿值的输入

按功能键【OFF/SET】→【补正】软键→按【形状】软键，出现刀具几何偏置界面→将光标移至与刀具号对应的偏置号（如番号 G01）处→在 R 处输入刀尖半径值，在 T 处输入刀尖位置代号。

3) 刀具补偿值的修改

在实际生产中，如果测得加工后的零件尺寸比图样要求的尺寸大或小，说明对刀有误差，应对原刀具补偿值进行修改，以便加工出合格的工件。例如：加工要求 ϕ25mm 外圆或内圆后,测量工件直径为 25.1mm,即实际尺寸比图纸要求尺寸大 0.1mm,此时,在原刀具 X 轴方向补偿值的基础上,应再补偿 -0.1 mm。

假设原刀具 X 轴方向补偿值为 0.3mm,则刀具补偿值修改后应为 0.2mm。通常按功能键【OFF/SET】→【补正】软键→按【磨损】软键,出现刀具磨损偏置界面→将光标移至与刀具号对应的偏置号(如番号 W01)处修改。

第8章 数控铣床操作实训

数控铣床是一种功能很强的数控机床,它加工范围广、加工工艺复杂、涉及的技术问题多。目前迅速发展的加工中心、柔性制造系统等都是在数控铣床的基础上产生、发展起来的。

8.1 数控铣床简介

数控铣床多为三坐标、两轴联动的机床,也称两轴半控制,即在 X、Y、Z 三个坐标轴中,任意两轴都可以联动。一般的数控铣床是指规格较小的升降台式数控铣床,其工作台宽度多在400mm以下。规格较大的数控铣床(如工作台宽度在500mm以上的),其功能已向加工中心靠近,进而演变成柔性制造单元或柔性制造系统。

一般情况下,数控铣床只能用来加工平面曲线的轮廓。对于有特殊要求的数控铣床,还可以加一个回转的 A 坐标或 C 坐标,即增加一个数控分度头或数控回转工作台,它可安装在机床工作台的不同位置,这时机床的数控系统为四坐标的数控系统,可用来加工螺旋槽、叶片等立体曲面零件。与普通铣床相比,数控铣床的加工精度高,精度稳定性好,适应性强,操作劳动强度低,特别适应于加工平面和曲面轮廓的零件,还可以加工复杂型面的零件,如凸轮、样板、模具、螺旋槽等。同时也可对零件进行钻、扩、铰、锪和镗孔加工,但因数控铣床不具备自动换刀功能,所以不能完成复杂的孔加工要求。

8.1.1 数控铣床的分类

数控铣床种类很多,从不同的角度看,分类就有所不同。按体积大小可以分为小型、中型和大型数控铣床。按其控制坐标的联动数可以分为两坐标联动、三坐标联动和多坐标联动数控铣床等。

1. 按其主轴位置的不同分类

(1) 数控立式铣床:其主轴垂直于水平面。数控立式铣床是数控铣床数量最多的一种,应用范围也最为广泛。小型数控铣床一般都采用工作台移动、升降及主轴不动方式,与普通立式升降台铣床结构相似;中型数控铣床一般采用纵向和横向工作台移动方式,且主轴沿垂直溜板上下运动;大型数控铣床因要考虑到扩大行程、缩小占地面积及刚性等技术问题,往往采用龙门架移动方式,其主轴可以在龙门架的纵向与垂直溜板上运动,而龙门架则沿床身作纵向移动,这类结构又称为龙门数控铣床。数控立式铣床可以附加数控转盘、采用自动交换台、增加靠模装置等来扩大数控立式铣床的功能、加工范围和加工对象,进一步提高生产效率。

(2) 卧式数控铣床:其主轴平行于水平面。为了扩大加工范围和扩充功能,卧式数控铣床通常采用增加数控转盘或万能数控转盘来实现4~5坐标加工。这样一来,不但工件侧面上的连续回转轮廓可以加工出来，而且可以实现在一次安装中，通过转盘改变工位，进行"四面加工"。尤其是万能数控转盘可以把工件上各种不同角度或空间角度的加工面摆成水平来加工，可以省去许多专用夹具或专用角度成形铣刀。对箱体类零件或需要在一次安装中改变工位的工件来说，选择带数控转盘的卧式数控铣床进行加工是非常合适的。

（3）立、卧两用数控铣床：这类铣床目前正在逐渐增多，它的主轴方向可以更换，能达到在一台机床上既可以进行立式加工，又可以进行卧式加工，其使用范围更广，功能更全，选择的加工对象和余地更大，给用户带来很多方便，特别是当生产批量小、品种较多，又需要立、卧两种方式加工时，用户只需要一台这样的机床就行了。

立、卧两用数控铣床主轴方向的更换有手动与自动两种。采用数控万能主轴头的立、卧两用数控铣床，其主轴头可以任意转换方向，可以加工出与水平面呈各种不同角度的工件表面。当立、卧两用数控铣床增加数控转盘后，就可以实现对工件的"五面加工"，即除了工件与转盘贴面的定位面外，其他表面都可以在一次安装中进行加工，因此，其加工性能非常优越。

2. 按机床数控系统控制的坐标轴数量分类

（1）两轴半坐标联动数控铣床：机床只能进行 X、Y、Z 三个坐标轴中的任意两个联动加工。

（2）三坐标轴联动数控铣床：机床能进行 X、Y、Z 三个坐标轴联动加工，目前三坐标数控立式铣床仍占大多数。

（3）四坐标轴联动数控铣床：机床主轴可以绕 X、Y、Z 三个坐标轴和其中一个轴作数控摆角运动。

（4）五坐标轴联动数控铣床：机床主轴可以绕 X、Y、Z 三个坐标轴和其中两个轴作数控摆角运动。

一般来说，机床控制的坐标轴越多，特别是要求联动的坐标轴越多，机床的功能、加工范围及可选择的加工对象也越多。但随之而来的是机床的结构更复杂，对数控系统的要求更高，编程的难度更大，设备的价格也更高。

图 8-1 所示为各类数控铣床的示意图，其上的坐标系符合 ISO 标准的规定。

8.1.2 数控铣床的主要结构

数控铣床与普通铣床相比，具有自动化程度高、加工精度高和生产效率高等优点。为与之相适应，就要求数控铣床的结构具有高刚度、高灵敏度、高抗震性、热变形小、高精度保持性好和高可靠性等优点。

数控铣床的主要结构包括主传动系统、进给传动系统、主轴部件、床身和工作台等，如图 8-2 所示为机床传动系统图。

1. 数控铣床的主传动系统

1) 数控铣床主传动系统的特点

数控铣床的主传动是指产生主切削力的传动运动，其主传动系统包括主传动装置和主轴部件。它与普通机床相比具有以下特点。

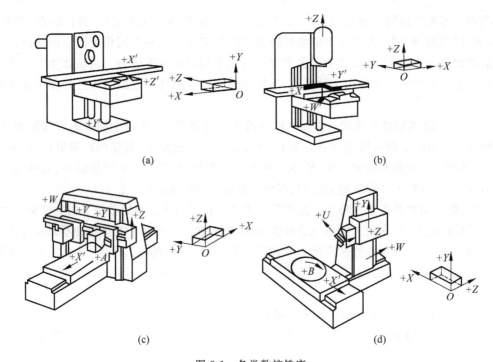

图 8-1 各类数控铣床

(a) 卧式升降台铣床；(b) 立式升降台铣床；(c) 龙门升轮廓铣床；(d) 卧式镗铣床

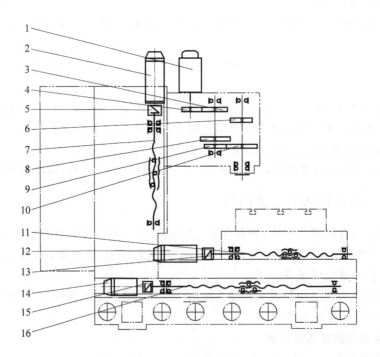

图 8-2 机床传动系统图

1—主电机；2—Z 向进给电机；3,4,6,8,9,10—齿轮；5,13,15—联轴器；7—Z 向滚珠丝杠；11—X 向滚珠丝杠；12—X 向进给电机；14—Y 向进给电机；16—Y 向滚珠丝杠

(1) 采用直流或交流调速电动机驱动,以满足主轴根据数控指令进行自动变速的需要。

(2) 转速高、调速范围广,使数控铣床获得最佳切削效率、加工精度和表面质量。

(3) 功率大,满足数控铣床强力的切削要求。

(4) 中间变速机构更加简单,简化了主传动系统机械结构,减小了主轴箱的体积。

(5) 主轴转速变换迅速平稳。

2) 数控铣床主传动系统的变速方式

为了保证加工时选用合理的切削速度,获得最佳的生产效率、加工精度和表面质量,主传动必须具有很宽的变速范围。

目前,数控铣床的主传动变速方式主要有无级变速和分段无级变速两种。

(1) 无级变速是指主轴转速直接由主轴电动机的变速来实现,其配置方式通常有以下两种:

① 主轴电机通过带传动驱动主轴转动。这种传动方式在加工过程中,传动平稳,噪声小,但主轴输出转矩较小,因而主要用于小型数控铣床上。

② 主轴电机直接驱动主轴转动。这种传动方式大大简化了主轴箱与主轴的结构,有效地提高了主轴部件的刚度。这种传动方式同样存在主轴输出转矩小的缺点,且电动机的发热对主轴精度影响较大,所以主要用于小型数控铣床。

无级变速的主轴电动机一般采用直流主轴电机和交流主轴电机两种。直流主轴伺服电机的研制较早,驱动技术成熟,使用比较普及;但电刷结构容易烧毁,必须定期维修。近年来,随着新一代高功率交流电机的研制成功和交流变频技术的发展,加上交流主轴电机没有电刷结构,不产生火花,维护方便和使用寿命长等优点,其应用更加广泛,逐渐成为数控铣床主传动系统的主要驱动元件。

(2) 分段无级变速:在大中型数控铣床和部分要求强切削力的小型数控铣床中,单纯的无级变速方式已不能满足转矩的要求,于是就在无级变速的基础上,再增加齿轮变速机构,使之成为分段无级变速。在分段无级变速主传动系统中,主轴的变速是由主轴电机的无级变速和齿轮机构的有级变速相配合实现的。

2. 数控铣床的进给传动系统

1) 数控铣床进给传动系统的性能要求

数控铣床进给传动系统是把进给伺服电动机的旋转运动转变为工作台或刀架的直线运动的机械结构。大部分数控铣床的进给传动系统都包括齿轮传动副、滚珠丝杆螺母副以及导轨等。这些机构的刚度、传动精度、灵敏度和稳定性等都直接影响工件的加工精度,因此对进给传动系统有着以下要求。

(1) 高传动精度。缩短传动链,合理选择丝杠尺寸,对丝杆螺母副及支承部件进行适当预紧,可以提高系统传动精度。

(2) 低摩擦。要使传动系统运动更加平稳、响应更快,必须尽可能降低传动部件及支承部件的摩擦力。

(3) 小惯量。进给机构的转动惯量大,会导致系统的动态性能变差,故要求减小惯量。

(4) 小间隙。间隙大会造成进给系统的反向死区,影响加工位移精度。

2）齿轮传动副

进给系统采用齿轮传动装置，主要是使高转速、低转矩的伺服电动机的输出变为低转速、大转矩，以适应驱动执行元件的需要；有时也只是为了考虑机械结构位置的布局。少数小型数控铣床进给机构采取电动机主轴与滚珠丝杆通过联轴器直接连接的方式，就没有了齿轮传动这一中间环节。

3）滚珠丝杠螺母副

滚珠丝杠螺母副是在丝杆螺母副的基础上发展起来的，是一种将回转运动转变为直线运动的新型理想传动装置。由于滚珠丝杆螺母副具有传动效率高、摩擦力小、使用寿命长等优点，因此数控铣床进给机构中普遍采用这种结构。

4）导轨

导轨主要是对运动部件起支承和导向作用。对于数控铣床来讲，加工精度越高，对导轨的要求越严格。目前数控铣床采用的导轨主要有贴塑滑动导轨、滚动导轨和静压导轨三种类型，其中又以贴塑滑动导轨居多。

3. 工作台

工作台是数控铣床的重要部件，其形式尺寸往往体现了数控铣床的规格和性能。数控铣床一般采用上表面带有 T 形槽的矩形工作台。T 形槽主要用来协助装夹工件，不同工作台的 T 形槽的深度和宽度不一定相同。数控铣床工作台的四周往往带有凹槽，以便于冷却液的回流和金属屑的清除。

某些卧式数控铣床还附带有分度工作台或数控回转工作台，如图 8-1(d) 所示。分度工作台一般都用 T 形螺钉紧固在铣床的工作台上，可使工件回转一定角度。数控回转工作台主要出现在多坐标控制卧式数控铣床中，其分度工作由数控指令完成，增加了铣床的自动化程度。

8.1.3 数控铣床的主要加工对象

数控铣削是机械加工中最常用和最主要的数控加工方法之一，它除了能铣削普通铣床所能铣削的各种零件外，还能铣削普通铣床不能铣削的需 2~5 坐标联动的各种平面轮廓和立体轮廓。根据数控铣床的特点，从铣削加工的角度来考虑，适合数控铣削的主要加工对象有以下几类。

1. 平面类零件

加工面平行或垂直于定位面，或加工面与水平面的夹角为定角的零件称为平面类零件，如图 8-3 所示。目前在数控铣床上加工的大多数零件属于平面类零件，其特点是各个加工面是平面，或可以展开成平面。

图 8-3　平面类零件

平面类零件是数控铣削加工中最简单的一类零件，一般只需用三坐标轴数控铣床的两坐标轴联动（即两轴半坐标联动）就可以把它们加工出来。

2. 变斜角类零件

加工面与水平面的夹角呈连续变化的零件称为变斜角零件，如图 8-4 所示的飞机变斜角梁缘条。该零件的上表面在第②～⑤肋的斜角 α 从 $3°10'$，均匀变化为 $2°32'$，从第⑤～⑨肋再均匀变化为 $1°20'$，从第⑨～⑫肋又均匀变化为 $0°$。

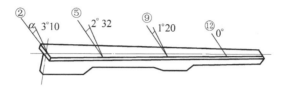

图 8-4 变斜角类零件

变斜角类零件的变斜角加工面不能展开为平面，但在加工中，加工面与铣刀圆周的瞬时接触为一条线。最好采用 4 坐标、5 坐标数控铣床进行摆角加工，若没有上述机床，也可采用 3 坐标数控铣床进行两轴半近似加工。此类零件一般需要用自动编程实现，在此不予探讨。

3. 曲面类零件

加工面为空间曲面的零件称为曲面类零件，如模具、叶片、螺旋桨等。图 8-5 所示曲面类零件不能展开为平面。加工时，铣刀与加工面始终为点接触，一般采用球头刀在三轴数控铣床上加工。当曲面较复杂、通道较狭窄会伤及相邻表面及需要刀具摆动时，要采用 4 坐标或 5 坐标铣床加工。

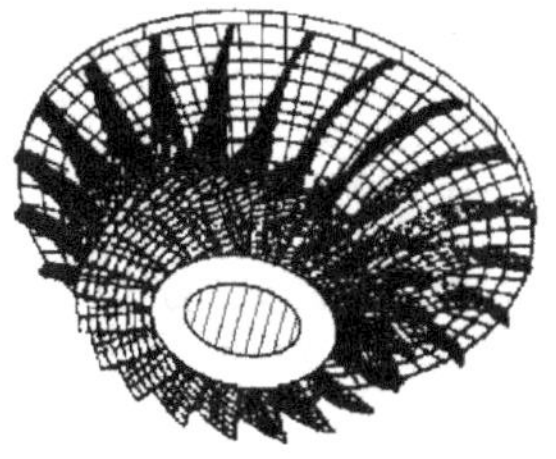

4. 孔和螺纹加工

孔及孔系的加工可以在数控铣床上进行，如钻、扩、铰和镗等加工。由于孔加工多采用定尺寸刀具，需要频繁换刀，当

图 8-5 叶轮

加工孔的数量较多时，就不如用加工中心加工方便、快捷。内外螺纹、圆柱螺纹、圆锥螺纹等都可以在数控铣床上加工。

8.1.4 数控铣床的控制功能

各类数控铣床配置的数控系统不同，其功能也不尽相同，除各有其特点之外，常具有下列主要功能。

1. 点位控制功能

利用这一功能，数控铣床可以进行只需要作点位控制的钻孔、扩孔、锪孔、铰孔和镗孔等加工。

2. 连续轮廓控制功能

数控铣床通过直线与圆弧插补，可以实现对刀具运动轨迹的连续轮廓控制，加工出由直线和圆弧两种几何要素构成的平面轮廓工件。对非圆曲线（椭圆、抛物线、双曲线等二次曲线及对数螺旋线、阿基米德螺旋线和列表曲线等等)构成的平面轮廓,在经过直线或圆弧逼近后也可以加工。除此之外,还可以加工一些空间曲面。

3. 刀具半径自动补偿功能

使用这一功能,在编程时可以很方便地按工件实际轮廓形状和尺寸进行编程计算,而加工中可以使刀具中心自动偏离工件轮廓一个刀具半径,加工出符合要求的轮廓表面。也可以利用该功能,通过改变刀具半径补偿量的方法来弥补铣刀制造的尺寸精度误差,扩大刀具直径选用范围及刀具返修刃磨的允许误差。还可以利用改变刀具半径补偿值的方法,以同一加工程序实现分层铣削和粗、精加工或用于提高加工精度。此外,通过改变刀具半径补偿值的正负号,还可以用同一加工程序加工某些需要相互配合的工件(如相互配合的凹凸模等)。

4. 刀具长度补偿功能

利用该功能可以自动改变切削平面高度,同时可以降低在制造与返修时对刀具长度尺寸的精度要求,还可以弥补轴向对刀误差。

5. 镜像加工功能

镜像加工也称为轴对称加工。对于一个轴对称形状的工件来说,利用这一功能,只要编出一半形状的加工程序就可完成全部加工了。

6. 固定循环功能

利用数控铣床对孔进行钻、扩、铰、锪和镗加工时,加工的基本动作是:刀具无切削快速到达孔位→慢速切削进给→快速退回。对于这种典型化动作,可以专门设计一段程序(子程序),在需要的时候进行调用来实现上述加工循环。特别是在加工许多相同的孔时,应用固定循环功能可以大大简化程序。利用数控铣床的连续轮廓控制功能时,也常常遇到一些典型化的动作,如铣整圆、方槽等,也可以实现循环加工。对于大小不等的同类几何形状(圆、矩形、三角形、平行四边形等),也可以用参数方式编制出加工各种几何形状的子程序,在加工中按需要调用,并对子程序中设定的参数随时赋值,就可以加工出大小不同或形状不同的工件轮廓及孔径、孔深不同的孔。目前,已有不少数控铣床的数控系统附带有各种已编好的子程序库,并可以进行多重嵌套,用户可以直接加以调用,编程就更加方便。

7. 特殊功能

有些数控铣床在增加了计算机仿形加工装置后,可以在数控和靠模两种控制方式中任选一种来进行加工,从而扩大了机床使用范围。

具备自适应功能的数控铣床可以在加工过程中把感受到的切削状况(如切削力、温度等)的变化,通过适应性控制系统及时控制机床改变切削用量,使铣床及刀具始终保持最佳状态,从而可获得较高的切削效率和加工质量,延长刀具使用寿命。

数控铣床在配置了数据采集系统后,就具备了数据采集功能。数据采集系统可以通过传感器(通常为电磁感应式、红外线或激光扫描式)对工件或实物依据(样板、模型等)进行测量和采集所需要的数据。而且,目前已出现既能对实物扫描采集数据,又能对采集到的数据进行自动处理并生成数控加工程序的系统(简称录返系统)。这种功能为那些必须按实物依据生产的工件实现数控加工带来了很大的方便,大大减少了对实样的依赖,为仿制与逆向进行设计、制造一体化工作提供了有效手段。

8.2 数控铣床的基本操作

本节以青海一机数控机床有限责任公司的 XK714 数控床身铣床为例,介绍数控铣床的基本操作。

8.2.1 XK714 数控铣床介绍

XK714 数控床身铣床主要由底座、立柱、工作台、滑鞍、主轴箱、冷却箱、全防护、电气箱和集中操作按钮站等部分组成。机床的外观图如图 8-6 所示,电气箱安放在机床背面;全防护接水盘直接安放到底座边缘上,通过安装在底座侧面的 4 个支架支撑及调整,便于整体运输;冷却箱安放在机床全防护的下面;集中操作按钮站固定在机床全防护的右侧板上,这样的总体布局结构紧凑、操作运输方便、占地面积小。

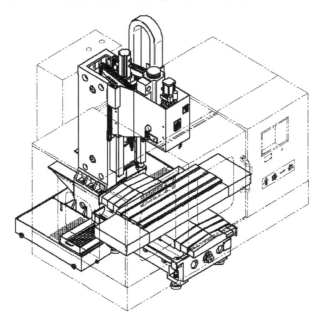

图 8-6　XK714 数控床身铣床外观图

XK714 数控床身铣床具有直线插补、圆弧插补、多组工件坐标系转换、快速定位、刀具偏置、进给保持、循环启动、固定循环、自诊断、误差补偿和程序存储等数控机床应具有的全部功能。机床刚性很高、加工精度好,可以自动连续完成对零件的铣、钻、镗、扩、铰等多种工序加工,适用于中等批量生产的各种平面、阶梯面、沟槽、圆弧面、螺旋槽、齿轮、齿条、花键、孔等各种形状零件的加工,可广泛应用于机械行业及其他行业的机械加工、机修部门,尤其对于成批零件加工、模具加工和较精密零件加工具有很强的应用性。

机床的主传动,采用主轴变频专用电机配用变频器经过两挡齿轮机械变速以实现机床主轴的无级调速。变速操纵机构采用间歇齿轮齿条机构控制,通过高低挡转换手柄以实现手动挂挡变速。机床三个坐标的进给传动均采用伺服电动机通过联轴器与精密级滚珠丝杠副直连,丝杠轴承采用高精度、高刚性成组角接触球轴承,稳定性好、精度高,保证了机床的传动刚性、位置精度和高传动精度。

机床三个进给方向的基础导轨全部中频淬火,磨削加工,硬度可达到 48HRC 以上,与其相配合的导轨面粘贴塑料导轨板,并采用润滑装置对导轨进行间歇润滑,因此导轨副摩擦小、精度保持性好。机床各向坐标运动的丝杠副全部消除间隙,提高了机床运动部件的运动刚性。主轴箱全部齿轮均经淬火磨削,噪音小、刚性好、寿命长。

机床采用集中操作按钮站。操作面板按人机工程要求设计,在其上装有机床的全部操作按钮和 LCD 液晶显示器以及 MDI 手动输入装置。通过 LCD 液晶显示器可以显示刀具在机床中的坐标位置,所执行程序段内的剩余移动量、程序号,正在执行中或正在编辑中的程序、顺序号,输入的字与数值,报警号与简单报警内容;还可以对进行状态和模态指令值,设定的数据和参数,伺服状态予以显示。使用 MDI 手动输入装置可以方便地进行一个程序段的输入,编辑程序数据的输入,设定机床参数和数据的输入,操作简单、使用方便。

XK714 数控床身铣床的规格及技术参数如表 8-1 所示。

表 8-1 XK714 数控床身铣床的规格及技术参数

工作台面积(长×宽)	1200mm×400mm
T 形槽尺寸(槽数-槽间×间距)	3-18mm×125mm
工作台行程(X、Y、Z)	800mm×500mm×500mm
主轴端面至工作台面的距离	150~650mm
主轴中心线至立柱导轨面的距离	560mm
主轴锥孔序号(ISO)	ISO 7:24,No.40
主轴转速范围	50~6000r/min
切削进给速度(X、Y、Z 无级)	1~4000mm/min
快速移动速度(X、Y、Z)	8000mm/min
主电动机输出功率/转速	7.5kW/6000r/min
ACM 交流伺服电动机输出扭矩(X、Y、Z)	X、Z:7.5N·m;Y:11N·m
主轴箱齿轮润滑油泵电动机功率	0.04kW
冷却系统泵电动机功率	0.09kW
工作台承载工件最大重量	500kg
定位精度(X、Y、Z 坐标)	0.025mm
重复定位精度(X、Y、Z 坐标)	0.015mm
机床最大轮廓尺寸(长×宽×高)	1940mm×2770mm×2320mm
机床净重	5000kg

8.2.2 XK714 数控铣床基本操作

XK714 数控铣床的控制系统是华中世纪星 HNC-21M 数控系统,世纪星 HNC-21M 为例介绍数控铣床的基本操作步骤。

1. 操作面板

数控系统操作面板由显示屏和 MDI 键盘两部分组成(见图 8-7),其中显示屏用来显示有关坐标位置、程序、图形、参数、诊断、报警等信息,而 MDI 键盘包括字母键、数值键以及功能按键等,可以进行程序、参数、机床指令的输入及系统功能的选择。MDI 键盘的说明如表 8-2 所示。

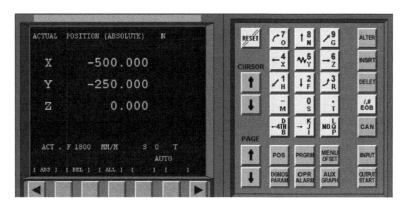

图 8-7 数控系统操作面板

表 8-2 MDI 键盘说明

按 键	功 能
RESET	复位
CURSOR ↑、↓	向上、下移动光标
(字母数字键盘)	字母、数字输入; 输入时自动识别所输入的是字母还是数字; 三个键需要连续单击,实现在相应字母间切换
PAGE ↑、↓	向上、下翻页
ALTER	编辑程序时修改光标块内容
INSRT	编辑程序时在光标处插入内容; 插入新程序
DELET	编辑程序时删除光标块的程序内容; 删除程序

续表

按　键	功　能
EOB	编辑程序时输入";"换行
CAN	删除输入区最后一个的字符
POS	切换 CRT 到机床位置界面
PRGRM	切换 CRT 到程序管理界面
MENU OFSET	切换 CRT 到参数设置界面
DGNOS PARAM	暂不支持
OPR ALARM	暂不支持
AUX GRAPH	自动方式下显示运行轨迹
INPUT	DNC 程序输入； 参数输入
OUTPUT START	DNC 程序输出键

单击 POS 进入机床位置界面。单击【ABS】、【REL】、【ALL】对应的软键分别显示绝对位置(见图 8-8)、相对位置(见图 8-9)和所有位置(见图 8-10)。

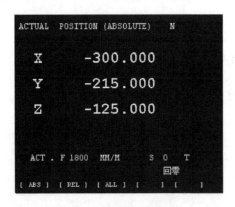

图 8-8　显示绝对位置图

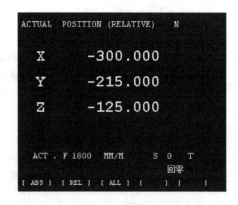

图 8-9　显示相对位置

坐标下方显示进给速度 F、转速 S、当前刀具 T、机床状态(如"回零")。

单击 PRGRM 进入程序管理界面,单击【PROGAM】显示当前程序(见图 8-11),单击【LIB】显示程序列表(见图 8-12)。PROGRAM 一行显示当前程序号 O0001、行号 N0001。

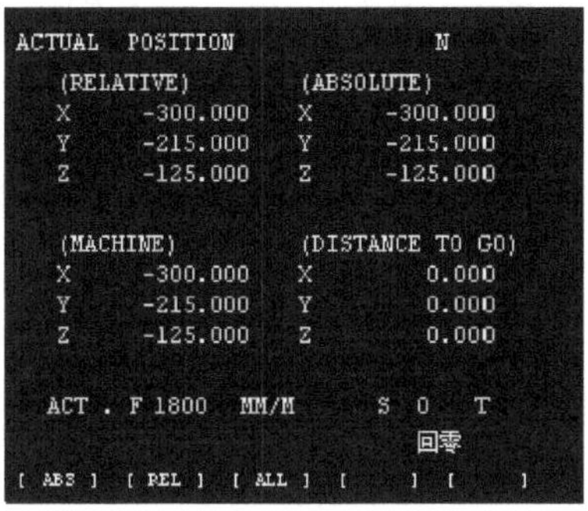

图 8-10 显示所有位置

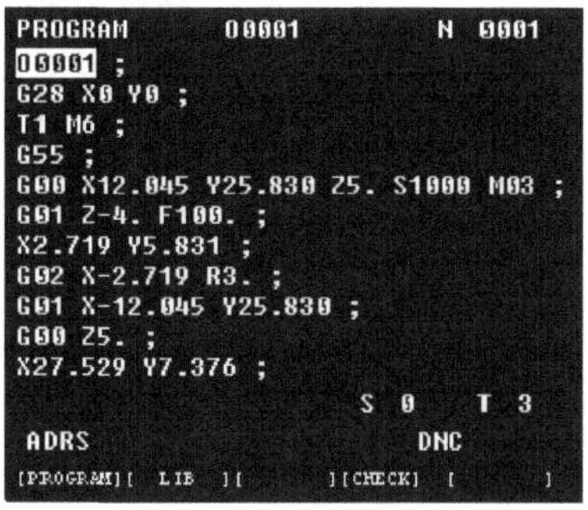

图 8-11 显示当前程序

2. 开机及回机床原点

操作内容及步骤如下：

(1) 合总电源开关。

(2) 合稳压器、气源等辅助设备的电源开关。

(3) 合数控铣床(加工中心)控制柜总电源。

(4) 合操作面板电源，显示屏显示正常，无报警。

(5) 将功能选择旋钮置于回原点位置。

(6) 旋转进给速度倍率按钮，选择较小的快速进给倍率。

图 8-12 显示程序列表

(7) 先将 Z 轴回原点，然后将 X 或 Y 轴回原点，即依次按【+Z】、【+X】、【+Y】坐标键。

(8) 当坐标原点指示灯点亮，表示回原点操作完成，此时机床坐标系各坐标显示均为零，开机及回原点成功。

3. 机床的手动控制

使用机床操作面板上的开关、按钮或手轮，用手动操作移动刀具，可使刀具沿各坐标轴移动。

1) 主轴启、停及转速控制

(1) 旋转功能选择旋钮进入手动方式。

(2) 将主轴转速倍率旋钮置于 100(100%)。

(3) 按【正转】键，此时主轴按照前一执行过的程序的主轴转速 S 值正向旋转。若开机后未执行过程序，该操作无效。

(4) 旋转主轴转速倍率旋钮提高或降低主轴转速，从显示屏上可看到转速值的变化。

(5) 按【停止】键，主轴停转。

(6) 按【反转】键，此时主轴按照前一执行过的程序的 S 值反向旋转。

(7) 旋转功能选择旋钮进入手动输入方式。

(8) 将主轴转速倍率旋钮置于 100(100%)。

(9) 输入"M03 S1000"，按 Enter 或 Input 键，主轴以 1000r/min 的转速正向旋转。

(10) 旋转主轴转速倍率旋钮提高或降低主轴转速,从显示屏上可看到转速值的变化。

(11) 输入"M05",按 Enter 或 Input 键,主轴停转；也可以直接按 RESET 键。

(12) 输入"M04 S1000",按 Enter 或 Input 键,主轴以 1000r/min 的转速反向旋转。

(13) 旋转主轴转速倍率旋钮提高或降低主轴转速,从显示屏上可看到转速值的变化。

(14) 输入"M05",按 Enter 或 Input 键,主轴停转；也可以直接按 RESET 键。

2) 快速进给运动控制

(1) 各坐标轴回原点。

(2) 选择进入快速进给操作方式。

(3) 旋转快速进给速度倍率旋钮,选择较低的进给倍率(25%)。

(4) 按【-Z】键,观察机床主轴箱的运动。

(5) 至行程中点附近时松手,按【+Z】键,观察机床主轴箱的运动。

(6) 按【-X】键,观察工作台的运动。

(7) 至行程中点附近时松手,按【+X】键,观察机床工作台的运动。

(8) 按【-Y】键,观察工作台的运动。

(9) 至行程中点附近时松手,按【+Y】键,观察机床工作台的运动。

(10) 熟练后逐步提高进给倍率至 50%、100%,按照以上步骤依次练习。注意观察进给速度的变化。

(11) 当出现超程报警时,往坐标反方向移动,按【RESET】键消除报警。

3) 手摇脉冲发生器进给控制

(1) 各坐标轴回原点。

(2) 选择进入手动脉冲操作方式。

(3) 选择 Z 轴。

(4) 选择"100"移动量。

(5) 向"-"方向旋转手轮,观察主轴箱的运动和显示屏的坐标显示。

(6) 选择 X 轴。

(7) 选择"100"移动量。

(8) 向"-"方向旋转手轮,观察主轴箱的运动和显示屏的坐标显示。

(9) 选择 Y 轴。

(10) 选择"100"移动量。

(11) 向"-"方向旋转手轮,观察主轴箱的运动和显示屏的坐标显示。

(12) 分别选择"10"、"1"的移动量进行操作。

注意：

① 手摇脉冲发生器以 5r/s 的速度转动,如超过了此速度,可能会造成刻度和移动量不符。

② 如果选择了"100"倍率,快速的移动手轮,刀具以接近于快速进给的速度移动,此时机床会产生振动。

4. 刀具补偿的设置

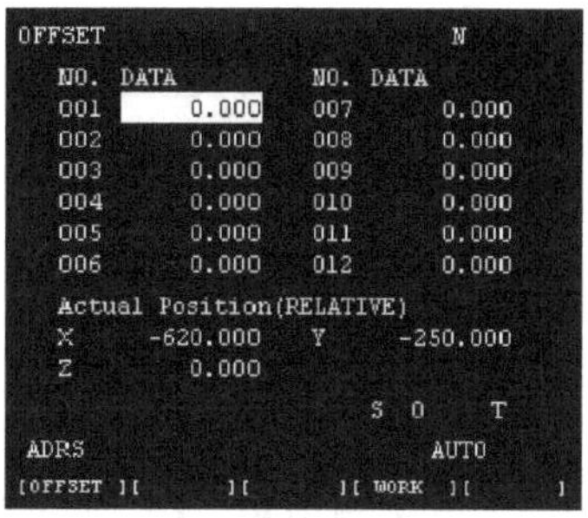

（1）单击  直到切换进入刀具半径补偿参数设定界面，如图 8-13 所示。

（2）选择要修改的补偿参数编号，单击 MDI 键盘，将所需的刀具半径输入到输入域内。按  键，把输入域中间的补偿值输入到所指定的位置。

（3）用同样的方法进入刀具长度补偿参数设定界面设置长度补偿，如图 8-14 所示。

图 8-13 刀具半径补偿参数设定界面

5. 程序的输入、调试与运行

（1）选择编辑方式，如图 8-15 所示。

（2）按"程序"功能键 PRGRM，使显示屏显示程序画面，如图 8-16 所示。

图 8-14 刀具长度补偿参数设定界面

图 8-15 选择编辑方式

（3）输入程序名，如图 8-17 所示。

图 8-16 "程序"功能键

图 8-17 输入程序名

（4）输入程序内容，如图 8-18 所示。

（5）NC 程序导入后，可检查运行轨迹。将操作面板的【MODE】旋钮切换到【AUTO】挡或【DRY RUN】挡，如图 8-19 所示。

图 8-18 输入程序内容

图 8-19 【MODE】旋钮

(6) 单击控制面板中的【AUX GRAPH】按钮,转入检查运行轨迹模式,如图 8-20 所示。

(7) 单击操作面板上的【Start】按钮,即可观察数控程序的运行轨迹,如图 8-21 所示。

图 8-20　检查轨迹按钮

图 8-21　开始按钮

注意:检查运行轨迹时,暂停运行、停止运行、单段执行等同样有效。

(8) 将控制面板上【MODE】旋钮置于【AUTO】挡,进入自动加工模式。

(9) 将单步运行开关置【on】上,如图 8-22 所示。

(10) 按【Start】按钮,数控程序开始运行。

注意:自动/单段方式执行每一行程序均需单击一次【Start】按钮。

(11) 选择跳过开关置【on】上,数控程序中的跳过符号"/"有效,如图 8-23 所示。

图 8-22　单步运行开关

图 8-23　程序段执行跳过旋钮

(12) 将【M01 Stop】开关置于【on】位置上,"M01"代码有效,如图 8-24 所示。

(13) 根据需要调节进给速度(F)调节旋钮,来控制数控程序运行的进给速度,调节范围从 0~150%,如图 8-25 所示。

图 8-24　"M01"代码有效旋钮

图 8-25　进给速度调节旋钮

第 9 章 实训项目

9.1 实训目的和要求

数字化设计及制造实训是学生较为全面、系统掌握和深化数控技术、数控加工及编程等课程的基本原理和方法的重要实践环节,是使学生应用数控原理和知识对加工对象进行实际操作能力培养的一门课程。其目的和要求为:

(1) 了解数控车床、数控铣床、线切割的基本结构组成及工作原理。
(2) 熟练掌握待加工零件的装夹、定位、加工路线设计及加工参数调校等实际操作工艺。
(3) 掌握阶梯轴、成形面、螺纹等车削零件和平面轮廓、槽形、孔等类型铣削零件的手工及自动换刀的编程技术,能分析判断并解决加工程序中所出现的错误。
(4) 较为熟练操作数控车床、数控铣床和线切割,并能加工出中等复杂程度的零件。

9.2 实训内容和步骤

针对不同专业的学生,所完成的实训内容有所不同。

1. 机械类学生

(1) 数控车床的操作与编程训练
① 操作面板的熟悉和控制软件的基本使用。
② 坐标系的建立,工件和刀具的装夹,基准刀具的对刀找正。
③ 基本编程指令的熟悉。手工编程与程序输入训练,空运行校验。
④ 固定循环指令的熟悉。编程与程序输入训练,空运行校验。
⑤ 螺纹零件的车削编程训练。学会排除程序及加工方面的简单故障。
⑥ 刀具补偿及编程训练。学会手工换刀与自动换刀的基本操作。
⑦ 多把刀具的对刀、刀库数据设置。
⑧ 实际车削训练,合理设置各工艺参数。

(2) 数控铣床操作与编程训练
① 熟悉操作面板和控制软件的基本使用。
② 坐标系的建立,工件和刀具的装夹,基准刀具的对刀找正。
③ 基本编程指令的熟悉。手工编程与程序输入训练,空运行校验模拟。
④ 轮廓铣削和槽形铣削编程训练与上机调试,掌握程序校验方法。
⑤ 刀长与刀径补偿及其编程训练。手工换刀基本操作,多把刀具的对刀、刀库数据设置。

⑥ 子程序调用技术、程序调试技巧以及钻孔加工的基本编程。
⑦ 实际铣削训练,合理设置、调校工艺参数,排除基本故障。
⑧ 润滑与冷却系统,机床的维护与保养。
(3) 线切割操作与编程训练
① 操作面板和控制软件的简单用法。
② 线切割电火花加工的基本知识及应用状况。
③ 线切割加工工艺特点。
④ 线切割编程的特点,空运行校验。
(4) 数控加工工艺编制训练
① 掌握数控加工工艺规程。
② 图纸分析,基本加工零件图形的绘制,复杂曲面类零件的绘制。
③ 轮廓车削、铣削、挖槽、钻孔等基本刀具加工路线的建立。
④ 工艺参数、刀具补偿等的设定,模拟加工校验。
⑤ 曲面铣削加工刀路的建立,粗、精加工的参数设定。
⑥ 刀具加工轨迹的设定。

2. 近机类学生

(1) 数控车床的操作与编程训练
① 操作面板的熟悉和控制软件的基本使用。
② 坐标系的建立,工件和刀具的装夹,基准刀具的对刀找正。
③ 基本编程指令的了解。手工编程与程序输入训练,空运行校验。
④ 螺纹零件的车削编程训练。学会排除程序及加工方面的简单故障。
⑤ 手工换刀与自动换刀的基本操作。
⑥ 实际车削训练。
(2) 数控铣床操作与编程训练
① 操作面板的熟悉和控制软件的基本使用。
② 坐标系的建立,工件和刀具的装夹,基准刀具的对刀找正。
③ 基本编程指令的了解。手工编程与程序输入训练,空运行校验模拟。
④ 轮廓铣削和槽形铣削编程训练与上机调试,掌握程序校验方法。
⑤ 了解润滑与冷却系统,机床的维护与保养。
(3) 线切割操作与编程训练
① 操作面板和控制软件的简单用法。
② 线切割电火花加工基本知识及应用状况。
③ 线切割加工工艺特点。
④ 线切割编程的特点。
(4) 数控加工工艺编制训练
① 掌握数控加工工艺规程。
② 轮廓车削、铣削、挖槽、钻孔等基本刀具加工路线的建立。
③ 工艺参数、刀具补偿等的设定,模拟加工校验。

④ 曲面铣削加工刀路的建立,粗、精加工的参数设定。

3. 非机类学生

(1) 数控车床的演示性操作

① 了解数控车床的组成。

② 观察数控加工的车削加工。

③ 了解基本的数控车削加工工艺。

(2) 数控铣床的演示性操作

① 了解数控铣床的组成。

② 观察数控加工的铣削加工。

③ 了解基本的数控铣削加工工艺。

(3) 线切割的演示性操作

① 了解数控线切割机床的组成。

② 观察数控线切割加工。

③ 了解切割加工工艺特点。

9.3 进度安排与成绩考核

不同专业的学生,所完成的内容不同,进度安排亦有所不同。

1. 机械类学生(见表 9-1)

表 9-1 实训内容与学时总体分配表(机械类)

序号	实 训 内 容	实训时间/周
1	数控加工及编程训练	1.5
2	数控车床操作	1.0
3	数控铣床操作	1.5
4	线切割机床操作	0.7
5	实训报告撰写	0.3
	合计实训周数	5.0

2. 近机类学生(见表 9-2)

表 9-2 实训内容与学时总体分配表(近机类)

序号	实 训 内 容	实训时间/周
1	数控加工及编程训练	1.0
2	数控车床操作	1.0
3	数控铣床操作	1.0
4	线切割机床操作	0.7
5	实训报告撰写	0.3
	合计实训周数	4.0

3. 非机类学生（见表 9-3）

表 9-3　实训内容与学时总体分配表（非机类）

序号	实训内容	实训时间/周
1	数控机床的了解	0.5
2	数控车床演示性操作	0.5
3	数控铣床演示性操作	0.5
4	线切割机床演示性操作	0.3
5	实训报告撰写	0.2
合计实训周数		2.0

9.4　实训过程中的注意事项

在进行机床操作前后及过程中，应注意以下安全事项：

（1）进行实训的学生必须经过数控加工知识培训和操作安全教育，且需要在指导教师指导下进行操作；数控机床操作的学生人员必须熟悉所使用机床的操作、编程方法，同时应具备相应金属切削加工知识和机械加工工艺知识。

（2）开机前，检查各润滑点状况，待稳压器电压稳定后，打开主电源开关。

（3）检查电压、气压、油压是否正常。

（4）机床通电后，检查各开关、按键是否正常、灵活，机床有无异常现象。

（5）在确认主轴处于安全区域后，执行回零操作。各坐标轴手动回零时，如果回零前某轴已在零点或接近零点，必须先将该轴移动离零点一段距离后，再进行手动回零操作。

（6）手动进给和手动连续进给操作时，必须检查各种开关所选择的位置是否正确，认准操作正负方向，然后再进行操作。

（7）程序输入后，应认真核对，保证无误；其中包括对代码、指令、地址、数值、正负号、小数点及语法的检查。

（8）正确测量和计算工作坐标系，将工件坐标值输入到偏置页面，并对坐标轴、坐标值、正负号和小数点进行认真核对。

（9）刀具补偿值（刀长和刀具半径）输入偏置页面后要对刀补号、补偿值、正负号、小数点进行认真核对。

（10）实训学生自编程序应进行模拟调试；计算机编程应进行切削仿真，并掌握编程设置。在必要情况下，应进行空运行试切，密切关注刀具切入和切出过程，及时做出判断和调整。

（11）在不装工件的情况下，空运行一次程序，看程序能否顺利执行，刀具长度选取和夹具安装是否合理，有无超程现象。

（12）检查各刀杆前后部位的形状和尺寸是否符合加工工艺要求，是否碰撞工件和夹具。

（13）不管是首件试切，还是多工件重复加工，第一件都必须对照图纸、工艺和刀具参数,进行逐把刀具、逐段程序的试切。

(14) 逐段试切时,快速倍率开关必须调到最低挡,并密切注意移动量的坐标值是否与程序相符。

(15) 试切进刀时,在刀具运行至工件表面 30～50mm 处,必须在进给保持下,验证 Z 轴剩余坐标值及 X、Y 轴坐标值与编程要求是否一致。

(16) 机床运行过程中操作者须密切注意系统状况,不得擅自离开控制台。

(17) 自动循环加工时,应关好防护拉门,在主轴旋转同时需要进行手动操作时,一定要使自己的身体和衣物远离旋转及运动部件,以免将衣物卷入机床造成事故。

(18) 主轴或装刀操作一定要在机械运动停止状态下进行,并注意和协作人员的配合,以免出现事故。在手动换刀或自动换刀时,要注意刀塔、刀库、机械手臂转动及刀具等的安装位置,身体和头部要远离刀具回转部位,以免碰伤。

(19) 工件装夹时要夹牢,以免工件飞出造成事故,完成装夹后,要注意将卡盘扳手及其他调整工具取出拿开,以免主轴旋转后甩出造成事故。

(20) 关机前,移动机床各轴到中间位置或安全区域,按下急停按钮,关主电源开关,关稳压电源、气源开关等。

(21) 在下课前应清理现场,擦净机床,关闭车间总电源。

(22) 严禁带电插拔通信接口,严禁擅自修改机床设置参数。

(23) 发生不能自行处理的设备故障应及时报告主管领导或指导教师,故障处理应在确保设备安全的前提下进行。

(24) 不得在实习现场嬉戏、打闹以及进行任何与实训无关的活动。

9.5 减速箱部件的数控加工实例

1. 实训目的

(1) 掌握简单零部件的数控加工工艺;
(2) 熟练掌握运用常用 G 指令编程的方法;
(3) 掌握工件坐标系建立原则,确定刀具轨迹方法。

2. 实训设备

(1) 数控车床、数控铣床;
(2) 加工用的刀具、夹具、量具及其他辅助工具。

3. 实训内容

(1) 编制各零件数控加工工艺过程卡;
(2) 用手工编程编制各组成零件的数控加工程序;
(3) 在各类数控机床上加工各组成零件;
(4) 测量零件的各尺寸,并进行加工质量的分析。

4. 减速箱零件(见图 9-1～图 9-6)

5. 加工工艺规程

根据零件的结构特点和精度要求,设计安排零件加工的定位基准、加工路径、加工余

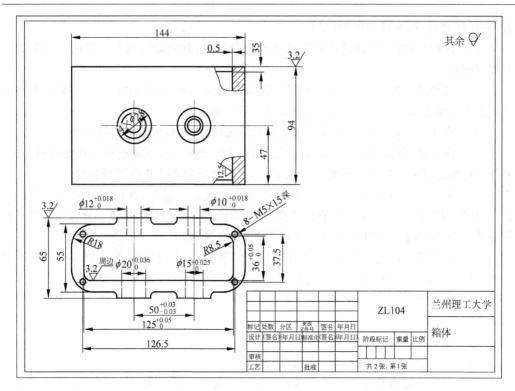

图 9-1 箱体零件图

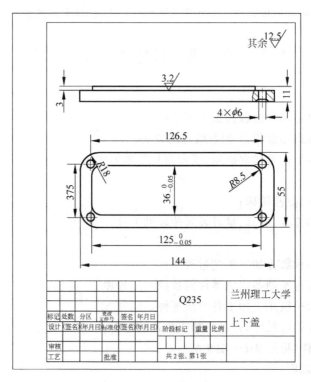

图 9-2 上下盖零件图

第 9 章 实训项目

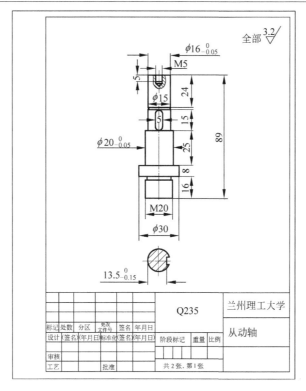

图 9-3 从动轴零件图

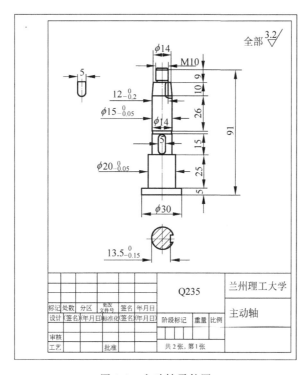

图 9-4 主动轴零件图

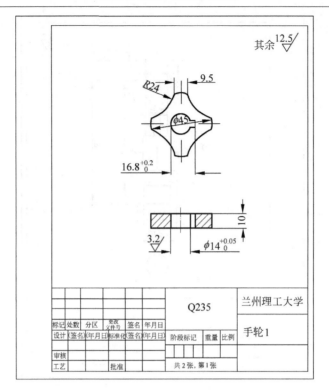

图 9-5　手轮零件图 1

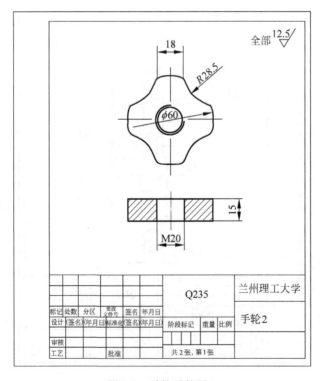

图 9-6　手轮零件图 2

量、切削用量等工艺规程,将所确定的工艺参数输入CAXA工艺图表的工艺过程卡,如图9-7～图9-12所示。

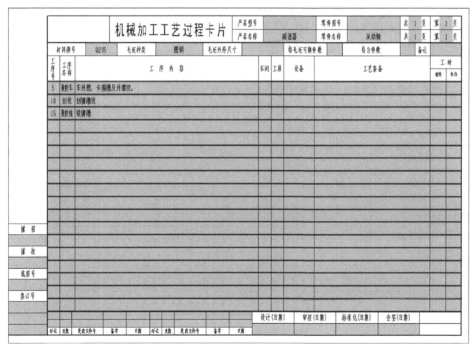

图9-7 主动轴工艺过程卡片

图9-8 从动轴工艺过程卡片

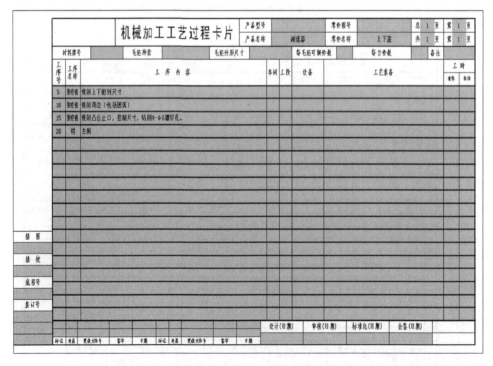

图 9-9 轴体工艺过程卡片

图 9-10 上下盖工艺过程卡片

机械加工工艺过程卡片		产品型号		零件图号		总 1 页		第 1 页			
		产品名称	减速器	零件名称	手轮1	共 1 页		第 1 页			
材料牌号	Q235	毛坯种类	圆钢	毛坯外形尺寸	Φ50×200	每毛坯可制件数	10	每台件数		备注	

工序号	工序名称	工序内容	车间	工段	设备	工艺装备	工时 准终	工时 单件
5	数控车	车削内外圆						
10	划线	键槽线						
15	线切割	线切割键槽						
20	数控铣	铣削4—R24圆弧				夹具		

描图
描校
底图号
装订号

标记	处数	更改文件号	签字	日期	标记	处数	更改文件号	签字	日期	设计(日期)	审核(日期)	标准化(日期)	会签(日期)

图 9-11　手轮 1 工艺过程卡片

机械加工工艺过程卡片		产品型号		零件图号		总 1 页		第 1 页			
		产品名称	减速器	零件名称	大齿轮	共 1 页		第 1 页			
材料牌号	Q235	毛坯种类	圆钢	毛坯外形尺寸	Φ65×250	每毛坯可制件数	10	每台件数		备注	

工序号	工序名称	工序内容	车间	工段	设备	工艺装备	工时 准终	工时 单件
5	刨	刨一直角边						
10	磨	磨上下面						
15	钳	钻穿丝孔2-Φ3						
20	线切割	线切割（包括内孔、键槽及渐开线齿形）						
25	钳	尖角倒钝						

描图
描校
底图号
装订号

标记	处数	更改文件号	签字	日期	标记	处数	更改文件号	签字	日期	设计(日期)	审核(日期)	标准化(日期)	会签(日期)

图 9-12　大齿轮工艺过程卡片

6. G 指令编程(略)

7. 误差分析

将加工结束后的零件进行检测,分析产生误差的原因。

同时填写完成附录"数控加工实训报告"中的相关内容。经指导教师签字确认后,方可结束全部实训任务,并取得相应学分。

9.6 二维文字加工实训

1. 实训目的

(1) 掌握二维文字加工工艺;

(2) 熟练掌握运用 G00、G01、G02、G03 指令编程的方法;

(3) 掌握工件坐标系建立原则,确定刀具轨迹方法。

2. 实训设备

(1) 数控立式铣床;

(2) 加工用的刀具、夹具、量具及其他辅助工具。

3. 实训内容

(1) 用手工编程编制下列零件的划线数控加工程序;

(2) 在数控机床上加工零件;

(3) 测量零件的各尺寸,并进行加工质量的分析;

(4) 编制零件数控加工工艺过程卡,完成附录"数控加工实训报告"的填写。

零件材料为 Q235 钢板,尺寸为 200mm×100mm×5mm,零件如图 9-13 所示。

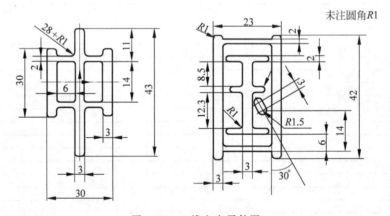

图 9-13 二维文字零件图

4. 思考题

(1) G00、G01、G02、G03 指令的格式是什么?

(2) 铣床的坐标系是怎么规定的? 机床返回参考点时有哪些注意事项?

(3) 如何正确建立工件坐标系?

9.7 二维外轮廓加工实训

1. 实训目的
(1) 掌握二维外轮廓类零件的加工工艺；
(2) 掌握工件装卡和对刀的方法；
(3) 熟练掌握 G00、G01、G02、G03、G92、S、F、M 编程指令；
(4) 掌握刀具直径和长度补偿 G41、G42、G43 指令及其应用；
(5) 熟练掌握零件的测量技术。

2. 实训设备
(1) 数控立式铣床；
(2) 加工用的刀具、夹具、量具及其他辅助工具。

3. 实训内容
(1) 用手工编程编制下列零件的数控粗精加工程序；
(2) 在数控加工仿真软件上进行仿真加工；
(3) 在数控机床上加工零件；
(4) 测量零件的各尺寸，并进行加工质量的分析；
(5) 编制零件数控加工工艺过程卡，完成附录实训报告的填写。

零件如图 9-14 所示，零件材料为 Q235 钢，规格为 100mm×100mm×34mm。

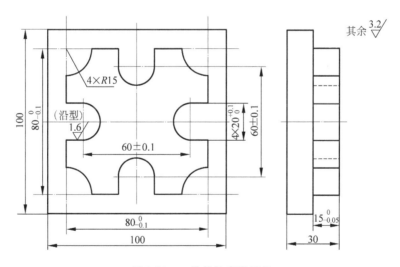

图 9-14 二维外轮廓类零件

4. 思考题
(1) G00 与 G01 指令的区别是什么？
(2) 刀具半径左补偿和右补偿及刀具长度补偿区别如何？
(3) 建立工件坐标系的原则是什么？

9.8 二维内型腔加工实训

1. 实训目的
(1) 掌握二维内型腔的加工工艺；
(2) 掌握 G54 指令的用法；
(3) 掌握内型腔加工的进刀方法；
(4) 掌握加工内轮廓时刀具选择的原则；
(5) 熟练掌握刀具补偿功能。

2. 实训设备
(1) 数控立式铣床；
(2) 加工用的刀具、夹具、量具及其他辅助工具。

3. 实训内容
(1) 用手工编程编制下列零件的数控加工程序；
(2) 在数控加工仿真软件上进行仿真加工；
(3) 在数控机床上加工零件；
(4) 测量零件的各尺寸，并进行加工质量的分析；
(5) 编制零件数控加工工艺过程卡，完成附录实训报告的填写。
零件如图 9-15 所示，零件材料为 Q235 钢，规格为 105mm×105mm×24mm。

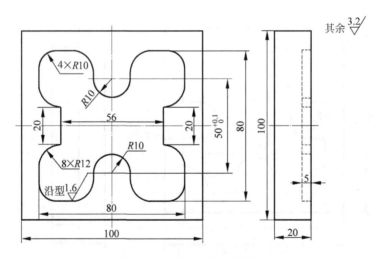

图 9-15　二维内型腔类零件

4. 思考题
(1) G54 指令的格式是什么？与 G92 有什么不同？
(2) 如何用 G54 在机床上建立工件坐标系？
(3) 内型腔加工在工艺上有什么要求？

9.9 孔及外轮廓加工实训

1. 实训目的
(1) 掌握孔(通孔及盲孔)的加工工艺;
(2) 掌握 G73、G81 孔加工指令的编程方法;
(3) 掌握 G98、G99 的使用场合。

2. 实训设备
(1) 数控立式铣床;
(2) 加工用的刀具、夹具、量具及其他辅助工具。

3. 实训内容
(1) 用手工编程编制下列零件的数控加工程序;
(2) 在数控加工仿真软件上进行仿真加工;
(3) 在数控机床上加工零件;
(4) 测量零件的各尺寸,并进行加工质量的分析;
(5) 编制零件数控加工工艺过程卡,完成附录实训报告的填写。
零件如图 9-16 所示,零件材料为 Q235 钢,规格为 105mm×105mm×24mm。

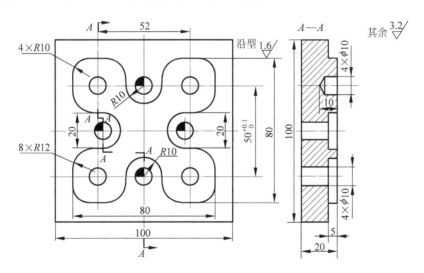

图 9-16 孔及外轮廓类零件

4. 思考题
(1) G73、G81 指令的格式是什么? 分别适用在什么场合?
(2) G99、G99 指令区别在哪里? 分别适用在什么场合?
(3) 加工通孔时主要有哪些注意事项?

9.10 子程序应用实训

1. 实训目的
(1) 掌握复杂二维零件的加工工艺,合理选择刀具;
(2) 熟练掌握 G90、G91、G92 指令的编程方法;
(3) 掌握应用子程序的零件加工方法;
(4) 掌握游标卡尺及 R 规的测量方法;
(5) 通过加工深刻理解表面粗糙度值不同的表面。

2. 实训设备
(1) 数控立式铣床;
(2) 加工用的刀具、夹具、量具及其他辅助工具。

3. 实训内容
(1) 用手工编程编制下列零件的数控加工程序;
(2) 在数控加工仿真软件上进行仿真加工;
(3) 在数控机床上加工零件;
(4) 测量零件的各尺寸,并进行加工质量的分析;
(5) 编制零件数控加工工艺过程卡,完成附录实训报告的填写。
零件图如图 9-17 所示,零件材料为 Q235 钢,规格为 205mm×105mm×34mm。

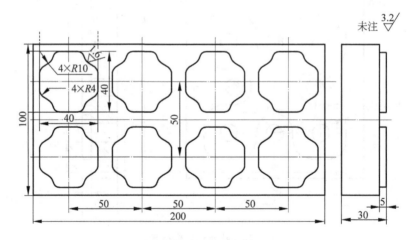

图 9-17 复杂二维零件

4. 思考题
(1) 子程序指令的格式是什么?指令中各参数的含义是什么?
(2) G90、G91、G92 指令的区别在哪里?分别适用在什么场合?
(3) 子程序适合什么零件的加工?有什么优点?

9.11 数控铣削综合训练

1. 实训目的
(1) 掌握配合零件加工的工艺及程序的编制;
(2) 掌握刀具选择的方法;
(3) 掌握配合部位的加工要领;
(4) 掌握配合件的检测方法。

2. 实训设备
(1) 数控立式铣床;
(2) 加工用的刀具、夹具、量具及其他辅助工具。

3. 实训内容
(1) 用手工编程编制下列零件的数控加工程序;
(2) 在数控加工仿真软件上进行仿真加工;
(3) 在数控机床上加工零件;
(4) 测量零件的各尺寸,并进行加工质量的分析;
(5) 编制零件数控加工工艺过程卡,完成附录实训报告的填写。

装配图及零件图如图 9-18,图 9-19 所示,零件材料均为 Q235 钢,规格为 205mm×205mm×34mm,2 件。

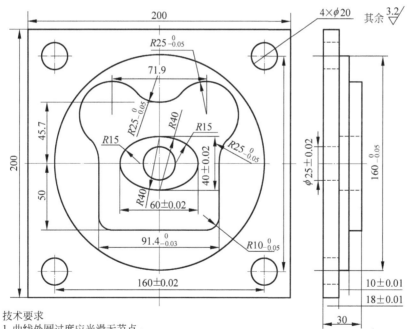

技术要求
1. 曲线外圆过度应光滑无节点。
2. 轮廓周边应保证粗糙度值 Ra3.2。
3. 此图为 1 号零件,加工完成后需与 2 号零件配合安装,相应部位应清根或倒角。

(a)

图 9-18
(a) 零件 1;(b) 零件 2

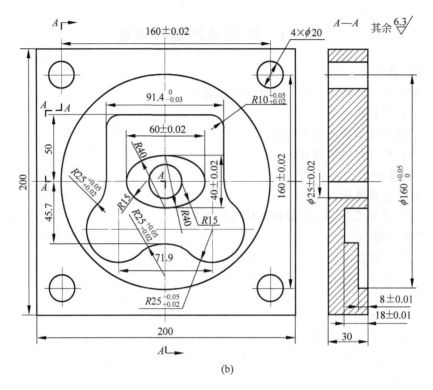

(b)

图 9-18（续）

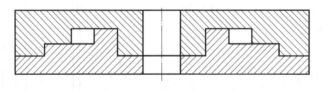

图 9-19 装孔图

4. 思考题

（1）配合件如何检测？

（2）加工配合件时需要注意哪些事项？

（3）配合件数控加工坐标系建立有何特点？

（4）如何确定配合件数控加工程序的刀具起始点位置？

附录 数控加工实训报告

课题名称：

班级		学号		姓名	
指导教师签字		日期		成绩	
一、实训目的					
二、实训设备					
三、零件图					

续表

四、工艺分析	1. 零件图分析及加工路线的确定
	2. 装夹方案的确定及坐标系的建立
	3. 刀具的选择及切削用量的确定

续表

五、节点坐标的计算	1. 刀具点位图							
	2. 节点坐标表							
	节点序号	节点坐标值			节点序号	节点坐标值		
		X	Y	Z		X	Y	Z
	P1 点				P17 点			
	P2 点				P18 点			
	P3 点				P19 点			
	P4 点				P20 点			
	P5 点				P21 点			
	P6 点				P22 点			
	P7 点				P23 点			
	P8 点				P24 点			
	P9 点				P25 点			
	P10 点				P26 点			
	P11 点				P27 点			
	P12 点				P28 点			
	P13 点				P29 点			
	P14 点				P30 点			
	P15 点				P31 点			
	P16 点				P32 点			
六、加工程序的编制	程序清单见下表。							

加工程序清单

程序号：

程序段号	程序内容	程序说明
N0005		
N0010		
N0015		
N0020		
N0025		
N0030		
N0035		
N0040		
N0045		
N0050		
N0055		
N0060		
N0065		
N0070		
N0075		
N0080		
N0085		
N0090		
N0095		
N0100		
N0105		
N0110		
N0115		
N0120		
N0125		
N0130		
N0135		
N0140		
N0145		
N0150		
N0155		
N0160		
N0165		
N0170		
N0175		
N0180		
N0185		
N0190		
N0195		
N0200		
N0205		
N0210		
N0215		
N0220		
N0225		
N0230		
N0235		

续表

七、零件的数控加工及测量	1. 加工步骤

续表

2. 零件的测量

基本检查		序号	检测项目	配分	教师评分
	编程	1	切削加工工艺制定正确	2	
		2	切削用量选用合理	2	
		3	程序正确、简单、明确且规范	6	
	操作	4	设备的正确操作与维护保养	2	
		5	安全、文明生产	2	
			基本检查结果总计	15	

七、零件的数控加工及测量

尺寸检测	序号	图样尺寸/mm	允差/mm	量具		配分	实际尺寸		分数
				名称	规格/mm		学生自测	教师检测	
	1								
	2								
	3								
	4								
	5								
	6								
	7								
	8								
	9								
	10								
	11								
	12								
		尺寸检测结果总计				85			
	基本检查结果			尺寸检测结果			成绩		
	学生签字:			实习指导教师签字:					

续表

八、实训总结与思考	1. 思考题
	2. 实训体会

参 考 文 献

[1] 徐宏海. 数控加工工艺. 北京：化学工业出版社，2004
[2] 杨继宏，富恩强，郭传东. 数控加工工艺手册. 北京：化学工业出版社，2008
[3] 王先逵. 机械加工工艺规程制定. 北京：机械工业出版社，2008
[4] 王爱玲，李梦群，庞学慧，等. 数控加工技术新篇. 北京：电子工业出版社，2008
[5] 顾崇衔. 机械制造工艺学. 陕西：陕西科学技术出版社，1991
[6] http://www.caxa.com. CAXA 工艺图表 2007 用户手册
[7] http://www.caxa.com. CAXA 制造工程师 2008 用户手册
[8] http://www.caxa.com. CAXA 数控车 2008 用户手册
[9] 刘颖. CAXA 制造工程师 2008 实例教程. 北京：清华大学出版社，2009
[10] 郑红. 数控加工编程与操作. 北京：北京大学出版社，2005
[11] 王志勇，翁迅. 数控机床与编程技术. 北京：北京大学出版社，2008
[12] 程叔重. 数控加工工艺. 浙江：浙江大学出版社，2003
[13] 李斌. 数控加工技术. 北京：高等教育出版社，2001
[14] 陈志雄. 数控机床与数控编程技术. 北京：电子工业出版社，2004
[15] Micheal Fitzpatrick. CNC 技术. 北京：科学出版社，2009
[16] 王凡，宋建新，王玲. 实用机械制造工艺设计手册. 北京：机械工业出版社，2009